Peter Kahlig

Graphische Darstellung mit dem Taschenrechner (TI-58/58C und TI-59)

Anwendung programmierbarer Taschenrechner

Band 1 Angewandte Mathematik – Finanzmathematik – Statistik – Informatik für UPN-Rechner, von H. Alt

Band 2 Allgemeine Elektrotechnik – Nachrichtentechnik – Impulstechnik für UPN-Rechner, von H. Alt

Band 3/I Mathematische Routinen der Physik, Chemie und Technik für AOS-Rechner, Teil I, von P. Kahlig

Band 3/II Mathematische Routinen der Physik, Chemie und Technik für AOS-Rechner, Teil II, von P. Kahlig

Band 4 Statik – Kinematik – Kinetik für AOS-Rechner, von H. Nahrstedt

Band 5 Numerische Mathematik. Programme für den TI-59, von J. Kahmann

Band 6 Elektrische Energietechnik – Steuerungstechnik – Elektrizitätswirtschaft für UPN-Rechner, von H. Alt

Band 7 Festigkeitslehre für AOS-Rechner (TI-59), von H. Nahrstedt

Band 8 Graphische Darstellung mit dem Taschenrechner (TI-58/58C und TI-59), von P. Kahlig

Anwendung programmierbarer Taschenrechner

Band 8

Peter Kahlig

Graphische Darstellung mit dem Taschenrechner (TI-58/58C und TI-59)

Mit 88 Programmen, 51 neuen Zeichnungen, 26 Beispielen und 85 Abbildungen

Friedr. Vieweg & Sohn Braunschweig/Wiesbaden

CIP-Kurztitelaufnahme der Deutschen Bibliothek

Kahlig, Peter:
Graphische Darstellung mit dem Taschenrechner
(TI-58/58C und TI-59)/Peter Kahlig. –
Braunschweig, Wiesbaden: Vieweg, 1981.
(Anwendung programmierbarer Taschenrechner; Bd. 8)
ISBN-13: 978-3-528-04187-8 e-ISBN-13: 978-3-322-87425-2
DOI: 10.1007/978-3-322-87425-2

NE: GT.

1981

Satz: Friedr. Vieweg & Sohn, Braunschweig

ISBN-13: 978-3-528-04187-8

Vorwort

Für Susanne

Diese Zeichenprogrammsammlung leistet erste Hilfe bei der Erzeugung von graphischen Darstellungen durch Taschenrechner. Sie dient als Ergänzung zu vorhandener Plotter-Software. Durch die Verwendung einer besonderen Variante von Hierarchie-Arithmetik sind die Programme dieser Sammlung *kürzer* und *schneller* als frühere TI-Zeichenroutinen.

Mit speziellen Hilfsprogrammen (*Prompter* und *Monitor*) erreicht man eine sehr komfortable Plotter-Bedienung. Mit einem *Makro-Monitor* lassen sich beliebige Vergrößerungen (bei verbesserter Auflösung) leicht herstellen. Einige Programme scheinen auch vom Prinzip her neu zu sein, z.B. die hier veröffentlichten *Histogramm-Routinen.* – Die Idee zu diesem Buch geht auf Anregungen von Studenten der Naturwissenschaften an der Universität Wien und auf Gespräche mit Herrn H. J. Niclas vom Vieweg Verlag zurück. Die Auswahl der Programme erfolgte durch Stoppuhr und Bewährung im Einsatz.

Bei vielen Darstellungen sind mehrere Programmversionen angegeben: ‚Schnelle' Versionen (meist mit größerem Speicherbedarf) und ‚kurze' Versionen (meist mit größerer Laufzeit). Zur Archivierung benötigt jedes Programm inklusive Monitor *bloß 1 Magnetkartenhälfte* (Block 2). – Zeichenprogramme, die sich auch für die kleineren Taschenrechner TI-58/58C eignen, sind als solche gekennzeichnet.

Zur Verminderung der Programmlaufzeit wurde durchgehend absolute Adressierung angewandt. Auf Modul-Programme wird nicht zugegriffen; daher sind die Programme dieses Buchs *parallel zu jedem beliebigen Modul* verwendbar.

Übersichtliche *Tabellen* in der Einleitung helfen dem Benutzer, ein optimales Zeichenprogramm rasch herauszufinden. Typische *Beispiele* in Kapitel 8 erleichtern das erste Kennenlernen der Plotter-Routinen und machen mit zahlreichen Anwendungsmöglichkeiten vertraut.

Der Autor wünscht dem Leser Anregung und Erfolg bei der Verwendung dieses Buchs. Vorschläge für Verbesserungen und Beispiele werden gern entgegengenommen. Den Mitarbeitern des Vieweg Verlags, im besonderen Herrn M. Langfeld, wird für die angenehme Zusammenarbeit gedankt. Unterstützung in einigen technischen Fragen durch Texas Instruments Wien wird dankend vermerkt.

Peter Kahlig

Wien, Im Juni 1980

Inhaltsverzeichnis

Einleitung 1
Tabelle 1:
Programm-Koordination für TI-58/58C und TI-59 (bei Betrieb ohne Monitor) 2
Tabelle 2:
Programm-Koordination für TI-59 bei Betrieb mit Monitor und Prompter 2
Tabelle 3:
Mini-Betriebssystem für komfortable Plotter-Bedienung 2
Tabelle 4:
Auswahl-Hilfe für Kurven-Darstellungen 4
Tabelle 5:
Auswahl-Hilfe für Histogramm-Darstellungen 4
Tabelle 6:
Richtwerte für Laufzeiten von Kurven-Plottern 5
Tabelle 7:
Richtwerte für Laufzeiten von Histogramm-Plottern 5
Tabelle 8:
Codes für Plotter-Symbole 6

1 Plotter für 1 bis 3 Kurven 7

1.1 Kurven-Plotter mit fixen Symbolen 7
Programm Q0:
Konventioneller Plotter 7
Programm Q1:
Plotter für 1 Kurve 8
Programm Q2:
Plotter für 2 Kurven 9
Programm Q3:
Plotter für 3 Kurven 10

1.2 Kurven-Plotter mit variablen Symbolen 12
Programm R1:
Plotter für 1 Kurve 12
Programm R2:
Plotter für 2 Kurven 12
Programm R3:
Plotter für 3 Kurven 14

1.3 Schnelle Plotter für 1 Kurve (mit fixem Symbol) und x-Achse 15
Programm S1:
Plotter für 1 Kurve (und x-Achse am unteren Streifenrand) 15
Programm S2:
Plotter für 1 Kurve (und grobe x-Achse am unteren Streifenrand) 16

Programm S3:
Plotter für 1 Kurve (und x-Achse in Streifenmitte) 17
Programm S4:
Plotter für 1 Kurve (und grobe x-Achse in Streifenmitte) 19

1.4 Schnelle Plotter für 2 Kurven (mit fixen Symbolen) und x-Achse 20
Programm T1:
Plotter für 2 Kurven (und x-Achse am unteren Streifenrand) 20
Programm T2:
Plotter für 2 Kurven (und grobe x-Achse am unteren Streifenrand) 21
Programm T3:
Plotter für 2 Kurven (und x-Achse in Streifenmitte) 23
Programm T4:
Plotter für 2 Kurven (und grobe x-Achse in Streifenmitte) 24

1.5 Schnelle Plotter für 1 Kurve (mit variablem Symbol) und x-Achse 26
Programm U1:
Plotter für 1 Kurve (und x-Achse am unteren Streifenrand) 26
Programm U2:
Plotter für 1 Kurve (und grobe x-Achse am unteren Streifenrand) 27
Programm U3:
Plotter für 1 Kurve (und x-Achse in Streifenmitte) 28
Programm U4:
Plotter für 1 Kurve (und grobe x-Achse in Streifenmitte) 29

1.6 Schnelle Plotter für 2 Kurven (mit variablen Symbolen) und x-Achse 30
Programm V1:
Plotter für 2 Kurven (und x-Achse am unteren Streifenrand) 30
Programm V2:
Plotter für 2 Kurven (und grobe x-Achse am unteren Streifenrand) 31
Programm V3:
Plotter für 2 Kurven (und x-Achse in Streifenmitte) 32
Programm V4:
Plotter für 2 Kurven (und grobe x-Achse in Streifenmitte) 34

1.7 Kurven-Plotter vom Typ W 35
Programm W2:
Plotter für 2 Kurven 35
Programm W3:
Plotter für 3 Kurven 36

1.8 Kurven-Plotter vom Typ X 37
Programm X2:
Plotter für 2 Kurven 37
Programm X3:
Plotter für 3 Kurven 38

2 Plotter für 4 bis 8 Kurven 40

2.1 Kurven-Plotter vom Typ W 40
Programm W4:
Plotter für 4 Kurven 40

Programm W5:
Plotter für 5 Kurven 41
Programm W6:
Plotter für 6 Kurven 43
Programm W7:
Plotter für 7 Kurven 44
Programm W8:
Plotter für 8 Kurven 46

2.2 Kurven-Plotter vom Typ X 47
Programm X4:
Plotter für 4 Kurven 47
Programm X5:
Plotter für 5 Kurven 48
Programm X6:
Plotter für 6 Kurven 49
Programm X7:
Plotter für 7 Kurven 50
Programm X8:
Plotter für 8 Kurven 51

3 Plotter für 9 bis 12 Kurven 53

3.1 Kurven-Plotter vom Typ W 53
Programm W9:
Plotter für 9 Kurven 53
Programm W10:
Plotter für 10 Kurven 54
Programm W11:
Plotter für 11 Kurven 56
Programm W12:
Plotter für 12 Kurven 57

3.2 Kurven-Plotter vom Typ X 59
Programm X9:
Plotter für 9 Kurven 59
Programm X10:
Plotter für 10 Kurven 60
Programm X11:
Plotter für 11 Kurven 62
Programm X12:
Plotter für 12 Kurven 63

4 Plotter für Histogramme 65

4.1 Histogramm-Plotter mit fixen Symbolen 65
Programm Y1:
Plotter für Histogramm 65
Programm Y2:
Plotter für Kurve und Histogramm 66

4.2 Histogramm-Plotter mit variablen Symbolen . . . 68
Programm Z1:
Plotter für Histogramm . . . 68
Programm Z2:
Plotter für Kurve und Histogramm . . . 69

5 Monitor-Unterstützung für Kurven-Plotter . . . 71

5.1 Monitor-Unterstützung für Kurven-Plotter vom Typ Q . . . 71
Programm Q0m:
Monitor und Makro-Monitor für Q0 . . . 71
Programm Q1m:
Monitor und Makro-Monitor für Q1 . . . 73
Programm Q2m:
Monitor und Makro-Monitor für Q2 . . . 74
Programm Q3m:
Monitor für Q3 . . . 76

5.2 Monitor-Unterstützung für Kurven-Plotter vom Typ R . . . 78
Programm R1m:
Monitor und Makro-Monitor für R1 . . . 78
Programm R2m:
Monitor und Makro-Monitor für R2 . . . 79
Programm R3m:
Monitor für R3 . . . 81

5.3 Monitor-Unterstützung für Kurven-Plotter vom Typ S . . . 82
Programm S1m:
Monitor für S1 . . . 82
Programm S2m:
Monitor für S2 . . . 83
Programm S3m:
Monitor für S3 . . . 84
Programm S4m:
Monitor für S4 . . . 85

5.4 Monitor-Unterstützung für Kurven-Plotter vom Typ T . . . 86
Programm T1m:
Monitor für T1 . . . 86
Programm T2m:
Monitor für T2 . . . 87
Programm T3m:
Monitor für T3 . . . 88
Programm T4m:
Monitor für T4 . . . 90

5.5 Monitor-Unterstützung für Kurven-Plotter vom Typ U . . . 91
Programm U1m:
Monitor für U1 . . . 91
Programm U2m:
Monitor für U2 . . . 92

Programm U3m:
Monitor für U3 92
Programm U4m:
Monitor für U4 93

5.6 Monitor-Unterstützung für Kurven-Plotter vom Typ V 94
Programm V1m:
Monitor für V1 94
Programm V2m:
Monitor für V2 95
Programm V3m:
Monitor für V3 96
Programm V4m:
Monitor für V4 97

5.7 Monitor-Unterstützung für Kurven-Plotter vom Typ W 98
Programm W2m:
Monitor und Makro-Monitor für W2 98
Programm W3m:
Monitor und Makro-Monitor für W3 100
Programm W4m:
Monitor für W4 101
Programm W5m:
Monitor für W5 103
Programm W6m:
Monitor für W6 104
Programm W7m:
Monitor für W7 105
Programm W8m.
Monitor für W8 106

6 Monitor-Unterstützung für Histogramm-Plotter 108

6.1 Monitor-Unterstützung für Histogramm-Plotter vom Typ Y 108
Programm Y1m:
Monitor und Makro-Monitor für Y1 108

6.2 Monitor-Unterstützung für Histogramm-Plotter vom Typ Z 110
Programm Z1m:
Monitor und Makro-Monitor für Z1 110
Programm Z1m/2:
Monitor und Makro-Monitor für Z1 (Doppel-Histogramm) 111
Programm Z1m/3:
Monitor und Makro-Monitor für Z1 (Dreifach-Histogramm) 113
Programm Z2m:
Monitor für Z2 115

7 Prompter-Unterstützung für Parameter-Eingabe 117
Programm P0:
Prompter bei fixen Symbolen 117

Programm P1:
Prompter bei 1 variablen Symbol 118
Programm P2:
Prompter bei 2 variablen Symbolen 119
Programm P3:
Prompter bei 3 variablen Symbolen 120

8 Anwendungen 122

8.1 Darstellung von Funktionen in Kurvenform 122

8.2 Darstellung von Daten in Kurvenform 145

8.3 Darstellung von Funktionen in Histogrammform 149

8.4 Darstellung von Daten in Histogrammform 152

Anhang A: Eingabe des Befehls HIR 158

Anhang B: Korrekt gerundete Ordinatenwerte 158

Anhang C: y-Achse (mit gleichmäßiger Teilung) 160

Namenverzeichnis 163

Sachverzeichnis 163

Einleitung

Übersicht über die Programmsammlung

Kapitel 1 behandelt Plotter für maximal drei Kurven, Kapitel 2 und 3 bringen Plotter für mehr als drei Kurven. Kapitel 4 enthält Plotter für Histogramme.

Kapitel 5 bietet Monitor-Unterstützung für bis zu acht Kurven, Kapitel 6 bringt Monitor-Unterstützung für Histogramme. Kapitel 7 enthält Prompter-Unterstützung für interaktive Parameter-Eingabe (im Dialog). In Kapitel 8 findet man zahlreiche typische Anwendungsbeispiele.

Anhang A gibt Hinweise zur Eingabe des Hierarchie-Befehls HIR. Anhang B demonstriert die Wichtigkeit von korrekt gerundeten Ordinatenwerten. Anhang C enthält Programmteile zum Zeichnen der y-Achse.

Die Ausdrücke ‚Prompter', ‚Monitor' und ‚Makro-Monitor' werden in folgender Bedeutung verwendet:

Prompter: Hilfsprogramm für bequemen Plotter-Start (durch Zwiegespräch mit dem menschlichen Benutzer).

Monitor: Hilfsprogramm für Plotter-Selbststeuerung (durch Überwachung von Plotter-Abläufen).

Makro-Monitor: Hilfsprogramm zur automatisierten Herstellung von Vergrößerungen (durch Zerlegung der Darstellung).

Technische Details

Als Ordinatenwert $y_2, y_3, \ldots$ wird der ganzzahlige Teil des Werts im Datenregister $R_{02}, R_{03}, \ldots$ genommen. Für den ersten Ordinatenwert y_1 wird in Kapitel 1 und 4 der ganzzahlige Teil des Werts im Anzeigeregister genommen (und in R_{01} gespeichert); in Kapitel 2 und 3 erwies es sich als zweckmäßig, für y_1 den ganzzahligen Teil des Werts in R_{01} zu nehmen (der Wert im Anzeigeregister ist hier gleichgültig).

Geplottet werden nur Ordinatenwerte y, für die gilt $0 \leqslant y < 20$; Werte außerhalb dieses Bereichs werden ignoriert (verwendbar zum Unterdrücken von Punkten oder ganzen Kurven). Beim Zusammentreffen mehrerer Kurven hat y_1 höchste Priorität, gefolgt von $y_2, y_3, \ldots$

Jedes Zeichenprogramm belegt nur einen Teil von Block 2, so daß dem Anwender relativ viel Platz zur eigenen Verfügung steht und viele Programme auch für die kleineren Taschenrechner TI-58/58C geeignet sind. Zum Zeichnen von n Kurven reichen n + 1 Datenregister (Beispiel: 5 Kurven benötigen nur 6 Datenregister). Für Prompter und Monitor werden zusätzlich einige wenige Datenregister verbraucht.

Zur Einsparung von Speicherplatz und Laufzeit dient eine besondere Variante von Hierarchie-Arithmetik (u.a. Ersatz von Op 01–Op 04 durch direkten Zugriff auf Druckregister mittels HIR-Befehlen), ferner die Verwendung der Befehle = und CLR. (Die Verwendung der Befehle = und CLR ist hier zweckmäßig und erlaubt, da Funktions-Berechnungen mit Klammern und unvollständigen Operationen beendet sind, bevor eine Plotter-Routine aufgerufen wird.) In den Anwendungsbeispielen (Kapitel 8) sowie in den Monitor- und Prompter-Programmen werden nur konventionelle Befehle benutzt; der unkonventionelle Befehl HIR kommt ausschließlich in den eigentlichen Plotter-Routinen zum Einsatz.

Die Programm-Koordination beim Plotten ist aus Tabelle 1 und 2 ersichtlich.

Tabelle 1: Programm-Koordination für TI-58/58C und TI-59 (bei Betrieb ohne Monitor)

Block 1	Block 2
frei verfügbar [z.B. auch für Funktionsroutinen]	Zeichenprogramm, steuerndes Hauptprogramm [gegebenenfalls inklusive Funktionsroutinen], Datenregister

Tabelle 2: Programm-Koordination für TI-59 bei Betrieb mit Monitor und Prompter

Block 1	Block 2	Block 3	Block 4
Funktionsroutinen	Zeichenprogramm, Monitor, Makro-Monitor, y-Achsen-Routine	Prompter (kann entfallen)	Datenregister

Jeder Block läßt sich auf einer Magnetkartenhälfte archivieren. Jede Magnetkartenhälfte wird in Grundstellung der Speicherbereichsverteilung eingelesen.

Alle Programme beginnen mit einer benutzerfreundlichen Kurzbeschreibung; es folgen Programmkenndaten und Programmliste. Zuletzt kommt ein primitiver, aber wirksamer Linearitäts-Test, auf dessen Wichtigkeit an anderer Stelle beim Vergleich der Plotter von Hewlett-Packard und Texas

Tabelle 3: Mini-Betriebssystem für komfortable Plotter-Bedienung

Routine	Realisierung	Aufruf
(a) *Prompter* zur interaktiven Eingabe von Parametern (z.B. Länge und Breite der graphischen Darstellung)	P0, P1, ...	4 Op 17 SBR –
(b) *y-Achsen-Routine* zum Zeichnen der y-Achse	C0, C1, ...	SBR +
(c) *Funktionsroutinen* (vom Anwender bereitzustellen)	Unterprogramme	A, B, ...
(d) Zeilenroutine (‚Zeichenprogramm') zur Positionierung der Symbole in einer Druckerzeile	Q0, Q1, ...	SBR 240
(e) *Monitor* für Start, Betrieb und Beendigung des Plottens (Überwachung der Koordination und Datenversorgung von Funktionsroutinen und Zeilenroutine). Als Zusatz-Einrichtung: *Makro-Monitor* zur Erzeugung von n-fachen Vergrößerungen (durch Aufteilung der Darstellung auf n = 2, 3, 4, ... Streifen).	Q0m, Q1m, ...	SBR = n SBR X

Instruments hingewiesen wurde[1]. Dort wurde auch gezeigt, daß eine komfortable Plotter-Bedienung durch ein Mini-Betriebssystem erreicht wird; es besteht aus fünf Routinen, deren Bezeichnung, Realisierung und Aufruf (in der vorliegenden Sammlung) in Tabelle 3 angegeben ist.

Untereinander liegende Tasten rechts unten im Tastenfeld sind ein mnemotechnisches Hilfsmittel für den Aufruf:

I. Tasten-Schema bei Betrieb mit Monitor:

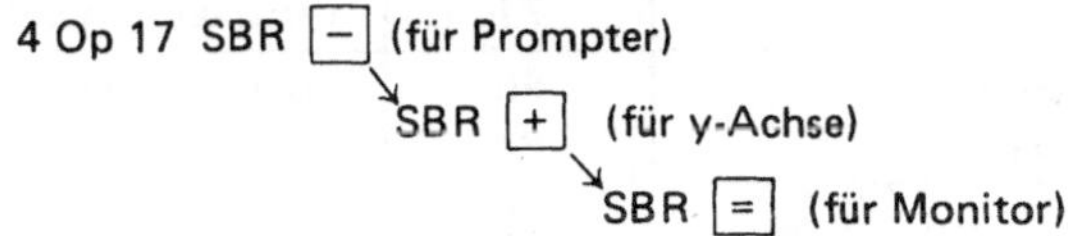

II. Tasten-Schema bei Betrieb mit Makro-Monitor:

n SBR [×] (für Makro-Monitor)

4 Op 17 SBR [−] (für Prompter)

Bemerkung: Durch die bewußte Beschränkung auf Block 2 ist die Unterstützung durch Prompter, Monitor und Makro-Monitor aus Platzmangel nicht bei jedem Plotter möglich.

Hinweise zur Auswahl eines Zeichenprogramms

Als Auswahl-Hilfe für Kurven dient Tabelle 4, für Histogramme Tabelle 5. Für jede Darstellung stehen i.a. mehrere Programme zur Verfügung. Beispiel: eine Kurve mit x-Achse kann durch die Programme S1 bis S4 und U1 bis U4 gezeichnet werden, aber auch durch die Programme Q2, R2, W2 und X2 (indem die x-Achse als 2. Kurve aufgefaßt wird; wichtig bei Vergrößerungen durch Makro-Monitor). Ferner kann man 2 Kurven auch mit den Programmen für 3, 4, 5, ... Kurven zeichnen, indem die überflüssigen Ordinaten (y_3, y_4, y_5, ...) unterdrückt werden [durch Zuordnung von Werten, die außerhalb des darzustellenden y-Bereichs liegen]; doch ist es nicht ökonomisch, überflüssige Ordinaten mitzuführen.

In Tabelle 4 und 5 erscheinen i.a. zuerst die ‚schnellen' Programme (meist mit größerem Speicherbedarf), zuletzt die ‚kurzen' Programme (meist mit größerer Laufzeit). Die zugehörige Monitor- und Prompter-Unterstützung ist ebenfalls aus Tabelle 4 und 5 zu entnehmen. (Man vergleiche auch die ausführlichen Anwendungsbeispiele in Kapitel 8.)

Logarithmisches Plotten wurde in Band 3/II (Anhang b) dieser Reihe behandelt. – In Band 3/I (Anhang B) dieser Reihe wurden Prototypen von multiplen Kurven-Plottern vorgestellt; sie sind durch weiterentwickelte (kürzere und schnellere) Programme der vorliegenden Sammlung ersetzbar (mit gleicher Bedienung und gleicher Wirkung): Programm B1 ist ersetzbar durch das neue Q2; Programm B2 ist ersetzbar durch das neue W5.

---

[1] *Kahlig, P.* (1980): Zeichnen mit Taschenrechnern. In: Taschenrechner + Mikrocomputer Jahrbuch 1981 (H. Schumny ed.). Vieweg, Braunschweig/Wiesbaden.

Tabelle 4: Auswahl-Hilfe für Kurven-Darstellungen

Darstellung	Programm	Monitor	Makro-Monitor	Prompter	Bemerkung
1 Kurve	Q0 *) Q1 *) R1 *)	Q0m Q1m R1m	ja ja ja	P0 P0 P1	nur Symbol * kurze Laufzeit variables Symbol
1 Kurve und x-Achse	S1–S4 *) U1–U4 *)	S1m–S4m U1m–U4m		P0 P1	kurze Laufzeit variables Symbol
2 Kurven	Q2 *) R2 *) W2 *) X2 *)	Q2m R2m W2m	ja ja ja	P0 P2 P0	kurze Laufzeit variables Symbol kurzes Programm
2 Kurven und x-Achse	T1–T4 *) V1–V4 *)	T1m–T4m V1m–V4m		P0 P2	kurze Laufzeit variable Symbole
3 Kurven	Q3 *) R3 *) W3 *) X3 *)	Q3m R3m W3m	 ja	P0 P3 P0	kurze Laufzeit variable Symbole kurzes Programm
4–8 Kurven	W4–W8 *) X4–X8 *)	W4m–W8m		P0	kurzes Programm
9–12 Kurven	W9–W12 X9–X12				kurzes Programm

*) auch für TI-58/58C geeignet

Tabelle 5: Auswahl-Hilfe für Histogramm-Darstellungen

Darstellung	Programm	Monitor	Makro-Monitor	Prompter	Bemerkung
Histogramm	Y1 *) Z1 *)	Y1m Z1m	ja ja	P0 P1	 variables Symbol
Doppel-Histogramm	Z1	Z1m/2	ja	P2	
Dreifach-Histogramm	Z1	Z1m/3	ja	P3	
Kurve und Histogramm	Y2 Z2 *)	Z2m		P2	variable Symbole

*) auch für TI-58/58C geeignet

Laufzeiten

Als Anhaltspunkt für Laufzeiten ist in Tabelle 6 und 7 die Dauer des Linearitäts-Tests angegeben. Man erkennt, daß die ‚schnellen' Programme nur 1 bis 2 Minuten benötigen, während die ‚kurzen' Programme länger brauchen. Die ökonomische Grenze zwischen ‚schnellen' und ‚kurzen' Programmen liegt bei 3 Kurven (Beispiel: das schnelle Programm Q3 ist relativ umfangreich, das kurze Programm W3 ist relativ langsam.)

Tabelle 6: Richtwerte für Laufzeiten von Kurven-Plottern (Dauer des Linearitäts-Tests, in Minuten und Sekunden)

Darstellung	Programm	Laufzeit
1 Kurve	Q0	0'21"
	Q1	0'44"
	R1	0'47"
1 Kurve und x-Achse	S1	0'51"
	S2	0'54"
	S3	0'51"
	S4	0'54"
	U1	0'53"
	U2	0'56"
	U3	0'53"
	U4	0'56"
2 Kurven	Q2	1'41"
	R2	1'49"
	W2	2'23"
	X2	2'55"
2 Kurven und x-Achse	T1	1'56"
	T2	1'55"
	T3	1'56"
	T4	1'55"
	V1	1'58"
	V2	1'57"
	V3	1'58"
	V4	1'57"

Darstellung	Programm	Laufzeit
3 Kurven	Q3	2'47"
	R3	2'52"
	W3	3'44"
	X3	4'13"
4–8 Kurven	W4	5'33"
	W5	7'23"
	W6	9'53"
	W7	12'12"
	W8	14'43"
	X4	5'57"
	X5	7'31"
	X6	9'34"
	X7	11'16"
	X8	13'03"
9–12 Kurven	W9	17'23"
	W10	20'20"
	W11	23'25"
	W12	26'46"
	X9	14'49"
	X10	16'40"
	X11	18'36"
	X12	20'30"

Tabelle 7: Richtwerte für Laufzeiten von Histogramm-Plottern (Dauer des Linearitäts-Tests, in Minuten und Sekunden)

Darstellung	Programm	Laufzeit
Histogramm	Y1	1'37"
Kurve und Histogramm	Y2	3'02"

Darstellung	Programm	Laufzeit
Histogramm	Z1	1'29"
Kurve und Histogramm	Z2	2'48"

Für multiples Plotten eignen sich zur Feststellung der Priorität (beim Zusammentreffen mehrerer Kurven) zwei Strategien:

I. Prüfung auf gleiche Ordinatenwerte (Plotter vom Typ W)
II. Prüfung auf freien Platz im Druckregister (Plotter vom Typ X)

Plotter vom Typ W benötigen durchwegs weniger Programmspeicherplatz als Plotter vom Typ X und sind bis zu 5 Kurven auch die schnelleren. Ab 6 Kurven haben Plotter vom Typ X die kürzere Laufzeit (Tabelle 6); dieser Vorteil wird durch den Nachteil größeren Programmspeicherbedarfs teilweise kompensiert. Die unterschiedliche Laufzeit ist im wesentlichen durch die unterschiedliche Anzahl N der Vergleichs-Operationen zur Feststellung der Priorität begründet:

I. Bei Plottern vom Typ W ist für n Kurven die Anzahl der Vergleichs-Operationen

$$N = \sum_{k=1}^{n-1} k = \frac{n(n-1)}{2}.$$

II. Bei Plottern vom Typ X ist für n Kurven die Anzahl der Vergleichs-Operationen nur

$N = \sum_{k=1}^{n} 1 = n$. (Die kleinstmögliche Anzahl wäre sogar nur $N = \sum_{k=1}^{n-1} 1 = n-1$, doch würden dazu mehr Programmschritte verbraucht.)

Für Realisierung durch Software (wie im vorliegenden Buch) erscheint Strategie I vorteilhaft. Für Realisierung durch Hardware wäre Strategie II zu bevorzugen.

Plotter-Symbole und Codes

Abschnitt VI des TI-Handbuchs enthält 63 Codes für Schriftzeichen (und Code 00 für Leerstelle). Die folgende Tabelle 8 bringt eine Auswahl von Schriftzeichen, die als Plotter-Symbole besonders geeignet erscheinen. Bei allen Programmen dieser Sammlung (mit Ausnahme von Q0) sind die Plotter-Symbole beliebig austauschbar (durch Ersatz von Codes in Programmschritten oder in Datenregistern).

Tabelle 8: Codes für Plotter-Symbole

Symmetrische Symbole (klein)	*	+	×	·I·	II	I	
Code	51	47	50	72	64	20	
Symmetrische Symbole (groß)	X	⊢⊣	⊟	O	□	OO	I
Code	44	24	74	01	32	11	23
Schiefsymmetrische Symbole	\	N	C	Z	N		
Code	63	61	36	31	46		
Unsymmetrische Symbole	←	<	"	"	",		
Code	60	75	65	40	57		

1 Plotter für 1 bis 3 Kurven

1.1 Kurven-Plotter mit fixen Symbolen

Programm Q0: Konventioneller Plotter

Zweck: Zeichnen einer Kurve mit konventionellem Symbol *
Ordinate y: ganzzahliger Teil des Werts im Anzeigeregister
(wird vom Programm nicht gespeichert).
Unterschied zum Standard-Plotter Op 07: Ordinatenwerte, die nicht zwischen 0 und 20 liegen, bewirken eine Leerspalte (ohne Blinken).
Aufruf: SBR 240

Eignung: TI-59 und TI-58/58C
Speicherbereichsverteilung: TI-59: Grundstellung (6 Op 17); TI-58/58C: 2 Op 17
Programm laden: TI-59: 1 Magnetkartenhälfte einlesen (Block 2); TI-58/58C: Programm eintasten
Winkelmodus: beliebig; Anzeigeformat: Standard (INV Eng, INV Fix)

Programmkenndaten

Speicherbedarf: 20 Programmschritte, keine Datenregister
Labels: keine; abs. Adressen: ja; T-Reg.: verwendet; Flags: keine
SBR-Ebenen / Klammer-Ebenen / unvollständige Op.-Ebenen: 0/0/4

Liste zu Programm Q0

```
240  69 OP       245  77  GE      250  32 X:T      255  07  07
241  00  00      246  02   2      251  77  GE      256  92 RTN
242  32 X:T      247  57  57      252  02   2      257  69 OP
243  01  1       248  02  2       253  57  57      258  05  05
244  94 +/-      249  00  0       254  69 OP       259  92 RTN
```

Archivierung des Programms (bei TI-59): Speicherbereichsverteilung in Grundstellung (6 Op 17). Programm eintasten. Block 2 auf eine Magnetkartenhälfte aufzeichnen.

Linearitäts-Test (Aufruf: SBR SBR; Bild 1.1-1)

```
000  76 LBL      005  00  00      010  40  40      015  00  0
001  71 SBR      006  43 RCL      011  97 DSZ      016  61 GTO
002  01  1       007  00  00      012  00   0      017  02   2
003  09  9       008  71 SBR      013  00   0      018  40  40
004  42 STO      009  02   2      014  06  06
```

Bild 1.1-1
Linearitäts-Test
für Q0, Q1 und R1

Programm Q1: Plotter für 1 Kurve

> *Zweck:* Zeichnen einer Kurve mit beliebigem, fixem Symbol.
> *Ordinate* y: ganzzahliger Teil des Werts im Anzeigeregister (wird vom Programm nicht gespeichert).
> *Code* für Plotter-Symbol: in Programmschritt 273–274.
> *Aufruf:* SBR 240

Eignung: TI-59 und TI-58/58C
Speicherbereichsverteilung: TI-59: Grundstellung (6 Op 17); TI-58/58C: 2 Op 17
Programm laden: TI-59: 1 Magnetkartenhälfte einlesen (Block 2); TI-58/58C: Programm eintasten
Winkelmodus: beliebig; Anzeigeformat: Standard (INV Eng, INV Fix)

Programmkenndaten

Speicherbedarf: 41 Programmschritte, 1 Datenregister (R_{01} für Adresse)
Labels: keine; abs. Adressen: ja; T-Reg.: verwendet; Flags: keine
SBR-Ebenen / Klammer-Ebenen / unvollständige Op.-Ebenen: 0/0/5

Liste zu Programm Q1

```
240  69 OP     251  77  GE    262  01  01    273  05  5
241  00  00    252  02   2    263  65  ×     274  01  1
242  32 X:T    253  78  78    264  05  5     275  95  =
243  01  1     254  55  ÷     265  75  -     276  84 OP*
244  94 +/-    255  32 X:T    266  32 X:T    277  01  01
245  77  GE    256  05  5     267  95  =     278  69 OP
246  02   2    257  85  +     268  22 INV    279  05  05
247  78  78    258  01  1     269  28 LOG    280  92 RTN
248  02  2     259  95  =     270  33 X²
249  00  0     260  59 INT    271  65  ×
250  32 X:T    261  42 STO    272  93  .
```

Archivierung des Programms (bei TI-59): Speicherbereichsverteilung in Grundstellung (6 Op 17). Programm eintasten. Block 2 auf eine Magnetkartenhälfte aufzeichnen.

Linearitäts-Test: wie bei Programm Q0 (Bild 1.1-1)

Programm Q2: Plotter für 2 Kurven

Zweck: Zeichnen von zwei Kurven mit beliebigen, fixen Symbolen.
Ordinaten: y_1: ganzzahliger Teil des Werts im Anzeigeregister (wird vom Programm in R_{01} gespeichert);
y_2: ganzzahliger Teil des Werts in R_{02}.
Codes für Plotter-Symbole: Code 1: in Programmschritt 260–261; Code 2: in 286–287.
Aufruf: SBR 240

Eignung: TI-59 und TI-58/58C
Speicherbereichsverteilung: TI-59: Grundstellung (6 Op 17); TI-58/58C: 1 Op 17
Programm laden: TI-59: 1 Magnetkartenhälfte einlesen (Block 2); TI-58/58C: Programm eintasten
Winkelmodus: beliebig; Anzeigeformat: Standard (INV Eng, INV Fix)

Programmkenndaten

Speicherbedarf: 102 Programmschritte, 3 Datenregister (R_{01} – R_{02} für Ordinaten, R_{03} für Adressen)
Labels: keine; abs. Adressen: ja; T-Reg.: verwendet; Flags: keine
SBR-Ebenen / Klammer-Ebenen / unvollständige Op.-Ebenen: 1/0/6

Liste zu Programm Q2

```
240  69  OP
241  00  00
242  42  STO
243  01  01
244  32  X:T
245  01  1
246  94  +/-
247  77  GE
248  02  2
249  65  65
250  02  2
251  00  0
252  32  X:T
253  77  GE
254  02  2
255  65  65
256  71  SBR
257  03  3
258  21  21
259  93  .
260  05  5
261  01  1
262  95  =
263  84  OP*
264  03  03
265  43  RCL
266  02  02
267  59  INT
268  67  EQ
269  03  3
270  06  06
271  32  X:T
272  01  1
273  94  +/-
274  77  GE
275  03  3
276  06  06
277  02  2
278  00  0
279  32  X:T
280  77  GE
281  03  3
282  06  06
283  71  SBR
284  03  3
285  21  21
286  02  2
287  00  0
288  52  EE
289  94  +/-
290  01  1
291  04  4
292  85  +
293  01  1
294  00  0
295  02  2
296  44  SUM
297  03  03
298  03  3
299  49  PRD
300  03  03
301  95  =
302  71  SBR
303  40  IND
304  03  03
305  25  CLR
306  69  OP
307  05  05
308  92  RTN
309  82  HIR
310  35  35
311  92  RTN
312  82  HIR
313  36  36
314  92  RTN
315  82  HIR
316  37  37
317  92  RTN
318  82  HIR
319  38  38
320  92  RTN
321  55  ÷
322  32  X:T
323  05  5
324  85  +
325  01  1
326  95  =
327  59  INT
328  42  STO
329  03  03
330  32  X:T
331  75  -
332  32  X:T
333  65  ×
334  05  5
335  95  =
336  94  +/-
337  22  INV
338  28  LOG
339  33  X²
340  65  ×
341  92  RTN
```

Archivierung des Programms (bei TI-59): Speicherbereichsverteilung in Grundstellung (6 Op 17).
Programm eintasten. (Eingabe des Befehls HIR: Anhang A.) Block 2 auf eine Magnetkartenhälfte aufzeichnen.

Linearitäts-Test (Aufruf: SBR SBR; Bild 1.1-2)

000	76	LBL	007	00	0	014	40	40	021	43	RCL
001	71	SBR	008	42	STO	015	69	OP	022	01	01
002	01	1	009	02	02	016	31	31	023	61	GTO
003	09	9	010	43	RCL	017	97	DSZ	024	02	2
004	42	STO	011	01	01	018	02	2	025	40	40
005	01	01	012	71	SBR	019	00	0			
006	02	2	013	02	2	020	10	10			

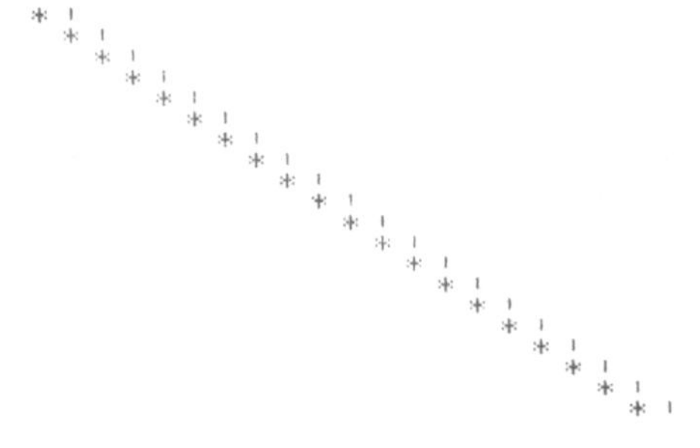

Bild 1.1-2
Linearitäts-Test für Q2, R2, W2 und X2

Programm Q3: Plotter für 3 Kurven

Zweck: Zeichnen von drei Kurven mit beliebigen, fixen Symbolen.
Ordinaten: y_1: ganzzahliger Teil des Werts im Anzeigeregister (wird vom Programm in R_{01} gespeichert);
y_2: ganzzahliger Teil des Werts in R_{02};
y_3: ganzzahliger Teil des Werts in R_{03}.
Codes für Plotter-Symbole: Code 1: in Programmschritt 260–261; Code 2: in 286–287; Code 3: in 357–358.
Aufruf: SBR 240

Eignung: TI-59 und TI-58/58C
Speicherbereichsverteilung: TI-59: Grundstellung (6 Op 17); TI-58/58C: 1 Op 17
Programm laden: TI-59: 1 Magnetkartenhälfte einlesen (Block 2); TI-58/58C: Programm eintasten
Winkelmodus: beliebig; Anzeigeformat: Standard (INV Eng, INV Fix)

Programmkenndaten

Speicherbedarf: 135 Programmschritte, 4 Datenregister (R_{01} – R_{03} für Ordinaten, R_{04} für Adressen)
Labels: keine; abs. Adressen: ja; T-Reg.: verwendet; Flags: keine
SBR-Ebenen / Klammer-Ebenen / unvollständige Op.-Ebenen: 1/0/6

Liste zu Programm Q3

```
240  69 OP
241  00  00
242  42 STO
243  01  01
244  32 X:T
245  01  1
246  94 +/-
247  77  GE
248  02   2
249  65  65
250  02  2
251  00  0
252  32 X:T
253  77  GE
254  02   2
255  65  65
256  71 SBR
257  03   3
258  36  36
259  93  .
260  05  5
261  01  1
262  95  =
263  84 OP*
264  04  04
265  43 RCL
266  02  02
267  59 INT
268  32 X:T
269  67  EQ
270  02   2
271  92  92
272  01  1
273  94 +/-
274  77  GE
275  02   2
276  92  92
277  02  2
278  00  0
279  32 X:T
280  77  GE
281  02   2
282  92  92
283  71 SBR
284  03   3
285  36  36
286  04  4
287  07  7
288  71 SBR
289  03   3
290  59  59
291  25 CLR
292  43 RCL
293  03  03
294  59 INT
295  67  EQ
296  03   3
297  22  22
298  32 X:T
299  43 RCL
300  01  01
301  67  EQ
302  03   3
303  22  22
304  01  1
305  94 +/-
306  77  GE
307  03   3
308  22  22
309  02  2
310  00  0
311  32 X:T
312  77  GE
313  03   3
314  22  22
315  71 SBR
316  03   3
317  36  36
318  71 SBR
319  03   3
320  57  57
321  25 CLR
322  69 OP
323  05  05
324  82 HIR
325  35  35
326  92 RTN
327  82 HIR
328  36  36
329  92 RTN
330  82 HIR
331  37  37
332  92 RTN
333  82 HIR
334  38  38
335  92 RTN
336  55  ÷
337  32 X:T
338  05  5
339  85  +
340  01  1
341  95  =
342  59 INT
343  42 STO
344  04  04
345  32 X:T
346  75  -
347  32 X:T
348  65  ×
349  05  5
350  95  =
351  94 +/-
352  22 INV
353  28 LOG
354  33 X²
355  65  ×
356  92 RTN
357  02  2
358  00  0
359  52 EE
360  94 +/-
361  01  1
362  04  4
363  85  +
364  01  1
365  00  0
366  07  7
367  44 SUM
368  04  04
369  03  3
370  49 PRD
371  04  04
372  95  =
373  83 GO*
374  04  04
```

Archivierung des Programms (bei TI-59): Speicherbereichsverteilung in Grundstellung (6 Op 17). Programm eintasten. (Eingabe des Befehls HIR: Anhang A.) Block 2 auf eine Magnetkartenhälfte aufzeichnen.

Linearitäts-Test (Aufruf: SBR SBR; Bild 1.1-3)

```
000  76 LBL
001  71 SBR
002  01  1
003  09  9
004  42 STO
005  01  01
006  02  2
007  00  0
008  42 STO
009  02  02
010  02  2
011  01  1
012  42 STO
013  03  03
014  43 RCL
015  01  01
016  71 SBR
017  02   2
018  40  40
019  69 OP
020  31  31
021  69 OP
022  32  32
023  97 DSZ
024  03   3
025  00   0
026  14  14
027  43 RCL
028  01  01
029  61 GTO
030  02   2
031  40  40
```

Bild 1.1-3
Linearitäts-Test
für Q3, R3, W3
und X3

1.2 Kurven-Plotter mit variablen Symbolen

Programm R1: Plotter für 1 Kurve

> *Zweck:* Zeichnen einer Kurve mit beliebigem, variablem Symbol.
> *Ordinate* y: ganzzahliger Teil des Werts im Anzeigeregister
> (wird vom Programm nicht gespeichert).
> *Code* für Plotter-Symbol: in R_{09}.
> *Aufruf:* SBR 240

Eignung: TI-59 und TI-58/58C
Speicherbereichsverteilung: TI-59: Grundstellung (6 Op 17); TI-58/58C: 2 Op 17
Programm laden: TI-59: 1 Magnetkartenhälfte einlesen (Block 2); TI-58/58C: Programm eintasten
Winkelmodus: beliebig; Anzeigeformat: Standard (INV Eng, INV Fix)

Programmkenndaten

Speicherbedarf: 42 Programmschritte, 2 Datenregister (R_{01} für Adresse, R_{09} für Code)
Labels: keine; abs. Adressen: ja; T-Reg.: verwendet; Flags: keine
SBR-Ebenen / Klammer-Ebenen / unvollständige Op.-Ebenen: 0/0/5

Liste zu Programm R1

```
240  69 OP      251  77  GE     262  01  01     273  65  ×
241  00  00     252  02   2     263  65  ×      274  43 RCL
242  32 X:T     253  79  79     264  05  5      275  09  09
243  01  1      254  55  ÷      265  75  -      276  95  =
244  94 +/-     255  32 X:T     266  32 X:T     277  84 OP*
245  77  GE     256  05  5      267  75  -      278  01  01
246  02   2     257  85  +      268  01  1      279  69 OP
247  79  79     258  01  1      269  95  =      280  05  05
248  02  2      259  95  =      270  22 INV     281  92 RTN
249  00  0      260  59 INT     271  28 LOG
250  32 X:T     261  42 STO     272  33 X²
```

Archivierung des Programms (bei TI-59): Speicherbereichsverteilung in Grundstellung (6 Op 17). Programm eintasten. Block 2 auf eine Magnetkartenhälfte aufzeichnen.

Linearitäts-Test (Aufruf: SBR SBR; Bild 1.1-1)

```
000  76 LBL     006  01  1      012  71 SBR     018  10  10
001  71 SBR     007  09  9      013  02   2     019  00  0
002  05  5      008  42 STO     014  40  40     020  61 GTO
003  01  1      009  00  00     015  97 DSZ     021  02   2
004  42 STO     010  43 RCL     016  00   0     022  40  40
005  09  09     011  00  00     017  00   0
```

Programm R2: Plotter für 2 Kurven

> *Zweck:* Zeichnen von zwei Kurven mit beliebigen, variablen Symbolen.
> *Ordinaten:* y_1: ganzzahliger Teil des Werts im Anzeigeregister
> (wird vom Programm in R_{01} gespeichert);
> y_2: ganzzahliger Teil des Werts in R_{02}.
> *Codes* für Plotter-Symbole: Code 1: in R_{08}; Code 2: in R_{09}.
> *Aufruf:* SBR 240

Eignung: TI-59 und TI-58/58C
Speicherbereichsverteilung: TI-59: Grundstellung (6 Op 17); TI-58/58C: 1 Op 17
Programm laden: TI-59: 1 Magnetkartenhälfte einlesen (Block 2); TI-58/58C: Programm eintasten
Winkelmodus: beliebig; **Anzeigeformat:** Standard (INV Eng, INV Fix)

Programmkenndaten

Speicherbedarf: 103 Programmschritte, 5 Datenregister ($R_{01}-R_{02}$ für Ordinaten, R_{03} für Adressen, $R_{08}-R_{09}$ für Codes)
Labels: keine; abs. Adressen: ja; T-Reg.: verwendet; Flags: keine
SBR-Ebenen / Klammer-Ebenen / unvollständige Op.-Ebenen: 1/0/6

Liste zu Programm R2

```
240  69 OP
241  00  00
242  42 STO
243  01  01
244  32 X:T
245  01  1
246  94 +/-
247  77  GE
248  02   2
249  65  65
250  02  2
251  00  0
252  32 X:T
253  77  GE
254  02   2
255  65  65
256  71 SBR
257  03   3
258  21  21
259  65  ×
260  43 RCL
261  08  08
262  95  =
263  84 OP*
264  03  03
265  43 RCL
266  02  02
267  59 INT
268  67  EQ
269  03   3
270  07  07
271  32 X:T
272  01  1
273  94 +/-
274  77  GE
275  03   3
276  07  07
277  02  2
278  00  0
279  32 X:T
280  77  GE
281  03   3
282  07  07
283  71 SBR
284  03   3
285  21  21
286  65  ×
287  43 RCL
288  09  09
289  52 EE
290  94 +/-
291  01  1
292  02  2
293  85  +
294  01  1
295  00  0
296  02  2
297  44 SUM
298  03  03
299  03  3
300  49 PRD
301  03  03
302  95  =
303  71 SBR
304  40 IND
305  03  03
306  25 CLR
307  69 OP
308  05  05
309  82 HIR
310  35  35
311  92 RTN
312  82 HIR
313  36  36
314  92 RTN
315  82 HIR
316  37  37
317  92 RTN
318  82 HIR
319  38  38
320  92 RTN
321  55  ÷
322  32 X:T
323  05  5
324  85  +
325  01  1
326  95  =
327  59 INT
328  42 STO
329  03  03
330  32 X:T
331  75  -
332  32 X:T
333  65  ×
334  05  5
335  85  +
336  01  1
337  95  =
338  94 +/-
339  22 INV
340  28 LOG
341  33 X²
342  92 RTN
```

Archivierung des Programms (bei TI-59): Speicherbereichsverteilung in Grundstellung (6 Op 17). Programm eintasten. (Eingabe des Befehls HIR: Anhang A.) Block 2 auf eine Magnetkartenhälfte aufzeichnen.

Linearitäts-Test (Aufruf: SBR SBR; Bild 1.1-2)

```
000  76 LBL
001  71 SBR
002  05  5
003  01  1
004  42 STO
005  08  08
006  02  2
007  00  0
008  42 STO
009  09  09
010  01  1
011  09  9
012  42 STO
013  01  01
014  02  2
015  00  0
016  42 STO
017  02  02
018  43 RCL
019  01  01
020  71 SBR
021  02   2
022  40  40
023  69 OP
024  31  31
025  97 DSZ
026  02   2
027  00   0
028  18  18
029  43 RCL
030  01  01
031  61 GTO
032  02   2
033  40  40
```

Programm R3: Plotter für 3 Kurven

Zweck: Zeichnen von drei Kurven mit beliebigen, variablen Symbolen.
Ordinaten: y_1: ganzzahliger Teil des Werts im Anzeigeregister (wird vom Programm in R_{01} gespeichert);
y_2: ganzzahliger Teil des Werts in R_{02};
y_3: ganzzahliger Teil des Werts in R_{03}.
Codes für Plotter-Symbole: Code 1: in R_{07}; Code 2: in R_{08}; Code 3: in R_{09}.
Aufruf: SBR 240

Eignung: TI-59 und TI-58/58C
Speicherbereichsverteilung: TI-59: Grundstellung (6 Op 17); TI-58/58C: 1 Op 17
Programm laden: TI-59: 1 Magnetkartenhälfte einlesen (Block 2); TI-58/58C: Programm eintasten
Winkelmodus: beliebig; Anzeigeformat: Standard (INV Eng, INV Fix)

Programmkenndaten

Speicherbedarf: 137 Programmschritte, 7 Datenregister ($R_{01}-R_{03}$ für Ordinaten, R_{04} für Adressen, $R_{07}-R_{09}$ für Codes)
Labels: keine; abs. Adressen: ja; T-Reg.: verwendet; Flags: keine
SBR-Ebenen / Klammer-Ebenen / unvollständige Op.-Ebenen: 1/0/6

Liste zu Programm R3

```
240  69  OP
241  00  00
242  42  STO
243  01  01
244  32  X:T
245  01  1
246  94  +/-
247  77  GE
248  02  2
249  64  64
250  02  2
251  00  0
252  32  X:T
253  77  GE
254  02  2
255  64  64
256  71  SBR
257  03  3
258  36  36
259  43  RCL
260  07  07
261  95  =
262  84  OP*
263  04  04
264  43  RCL
265  02  02
266  59  INT
267  32  X:T
268  67  EQ
269  02  2
270  91  91
271  01  1
272  94  +/-
273  77  GE
274  02  2
275  91  91
276  02  2
277  00  0
278  32  X:T
279  77  GE
280  02  2
281  91  91
282  71  SBR
283  03  3
284  36  36
285  43  RCL
286  08  08
287  71  SBR
288  03  3
289  61  61
290  25  CLR
291  43  RCL
292  03  03
293  59  INT
294  67  EQ
295  03  3
296  21  21
297  32  X:T
298  43  RCL
299  01  01
300  67  EQ
301  03  3
302  21  21
303  01  1
304  94  +/-
305  77  GE
306  03  3
307  21  21
308  02  2
309  00  0
310  32  X:T
311  77  GE
312  03  3
313  21  21
314  71  SBR
315  03  3
316  36  36
317  71  SBR
318  03  3
319  59  59
320  25  CLR
321  69  OP
322  05  05
323  92  RTN
324  82  HIR
325  35  35
326  92  RTN
327  82  HIR
328  36  36
329  92  RTN
330  82  HIR
331  37  37
332  92  RTN
333  82  HIR
334  38  38
335  92  RTN
336  55  ÷
337  32  X:T
338  05  5
339  85  +
340  01  1
341  95  =
342  59  INT
343  42  STO
344  04  04
345  32  X:T
346  75  -
347  32  X:T
348  65  ×
349  05  5
350  85  +
351  01  1
352  95  =
353  94  +/-
354  22  INV
355  28  LOG
356  33  X²
357  65  ×
358  92  RTN
359  43  RCL
360  09  09
361  52  EE
362  94  +/-
363  01  1
364  02  2
365  85  +
366  01  1
367  00  0
368  07  7
369  44  SUM
370  04  04
371  03  3
372  49  PRD
373  04  04
374  95  =
375  83  GO*
376  04  04
```

Archivierung des Programms (bei TI-59): Speicherbereichsverteilung in Grundstellung (6 Op 17). Programm eintasten. (Eingabe des Befehls HIR: Anhang A.) Block 2 auf eine Magnetkartenhälfte aufzeichnen.

Linearitäts-Test (Aufruf: SBR SBR; Bild 1.1-3)

000	76	LBL	011	00	0	022	02	2	033	69	OP
001	71	SBR	012	42	STO	023	01	1	034	32	32
002	05	5	013	09	09	024	42	STO	035	97	DSZ
003	01	1	014	01	1	025	03	03	036	03	3
004	42	STO	015	09	9	026	43	RCL	037	00	0
005	07	07	016	42	STO	027	01	01	038	26	26
006	04	4	017	01	01	028	71	SBR	039	43	RCL
007	07	7	018	02	2	029	02	2	040	01	01
008	42	STO	019	00	0	030	40	40	041	61	GTO
009	08	08	020	42	STO	031	69	OP	042	02	2
010	02	2	021	02	02	032	31	31	043	40	40

1.3 Schnelle Plotter für 1 Kurve (mit fixem Symbol) und x-Achse

Programm S1: Plotter für 1 Kurve (und x-Achse am unteren Streifenrand)

Zweck: Zeichnen einer Kurve (mit beliebigem, fixem Symbol) und einer x-Achse (am unteren Streifenrand).
Ordinate y: ganzzahliger Teil des Werts im Anzeigeregister (wird vom Programm nicht gespeichert).
Code für Plotter-Symbol: in Programmschritt 275–276.
Aufruf: SBR 240

Eignung: TI-59 und TI-58/58C
Speicherbereichsverteilung: TI-59: Grundstellung (6 Op 17); TI-58/58C: 2 Op 17
Programm laden: TI-59: 1 Magnetkartenhälfte einlesen (Block 2); TI-58/58C: Programm eintasten
Winkelmodus: beliebig; Anzeigeformat: Standard (INV Eng, INV Fix)

Programmkenndaten

Speicherbedarf: 56 Programmschritte, 1 Datenregister (R_{01} für Adresse)
Labels: keine; abs. Adressen: ja; T-Reg.: verwendet; Flags: keine
SBR-Ebenen / Klammer-Ebenen / unvollständige Op.-Ebenen: 0/0/6

Liste zu Programm S1

240	69	OP	254	55	÷	268	95	=	282	02	2
241	00	00	255	32	X:T	269	94	+/-	283	93	93
242	32	X:T	256	05	5	270	22	INV	284	01	1
243	01	1	257	85	+	271	28	LOG	285	93	.
244	94	+/-	258	01	1	272	33	X²	286	00	0
245	77	GE	259	95	=	273	65	×	287	00	0
246	02	2	260	59	INT	274	93	.	288	00	0
247	84	84	261	42	STO	275	05	5	289	00	0
248	02	2	262	01	01	276	01	1	290	02	2
249	00	0	263	32	X:T	277	95	=	291	82	HIR
250	32	X:T	264	75	-	278	84	OP*	292	35	35
251	77	GE	265	32	X:T	279	01	01	293	69	OP
252	02	2	266	65	×	280	01	1	294	05	05
253	84	84	267	05	5	281	67	EQ	295	92	RTN

Archivierung des Programms (bei TI-59): Speicherbereichsverteilung in Grundstellung (6 Op 17). Programm eintasten. (Eingabe des Befehls HIR: Anhang A.) Block 2 auf eine Magnetkartenhälfte aufzeichnen.

Linearitäts-Test (Aufruf: SBR SBR; Bild 1.3-1)

```
000  76 LBL     005  00  00     010  40  40     015  00   0
001  71 SBR     006  43 RCL     011  97 DSZ     016  61 GTO
002  01   1     007  00  00     012  00   0     017  02   2
003  09   9     008  71 SBR     013  00   0     018  40  40
004  42 STO     009  02   2     014  06  06
```

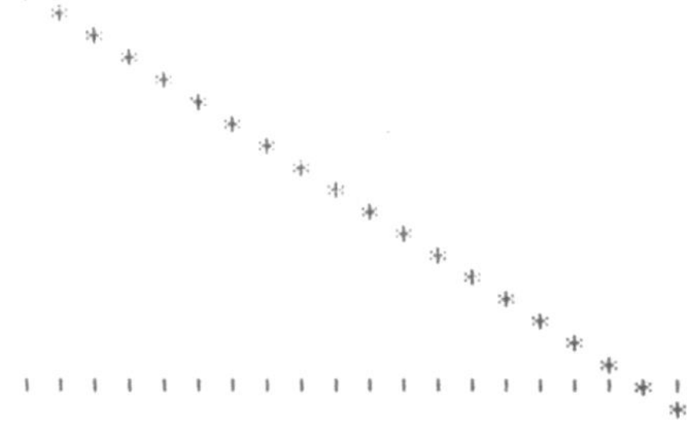

Bild 1.3-1
Linearitäts-Test
für S1 und U1

Programm S2: Plotter für 1 Kurve (und grobe x-Achse am unteren Streifenrand)

> *Zweck:* Zeichnen einer Kurve (mit beliebigem, fixem Symbol) und einer groben x-Achse (am unteren Streifenrand).
> *Ordinate* y: ganzzahliger Teil des Werts im Anzeigeregister (wird vom Programm nicht gespeichert).
> *Code* für Plotter-Symbol: in Programmschritt 275–276.
> *Aufruf:* SBR 240; vor dem ersten Aufruf ist Flag 0 zu setzen.

Eignung: TI-59 und TI-58/58C
Speicherbereichsverteilung: TI-59: Grundstellung (6 Op 17); TI-58/58C: 2 Op 17
Programm laden: TI-59: 1 Magnetkartenhälfte einlesen (Block 2); TI-58/58C: Programm eintasten
Winkelmodus: beliebig; Anzeigeformat: Standard (INV Eng, INV Fix)

Programmkenndaten

Speicherbedarf: 64 Programmschritte, 1 Datenregister (R_{01} für Adresse)
Labels: keine; abs. Adressen: ja; T-Reg.: verwendet; Flags: Nr. 0
SBR-Ebenen / Klammer-Ebenen / unvollständige Op.-Ebenen: 0/0/6

Liste zu Programm S2

```
240  69 OP       256  05  5      272  33 X²      288  98  98
241  00  00      257  85  +      273  65  ×      289  01  1
242  32 X:T      258  01  1      274  93  .      290  93  .
243  01  1       259  95  =      275  05  5      291  00  0
244  94 +/-      260  59 INT     276  01  1      292  00  0
245  77  GE      261  42 STO     277  95  =      293  00  0
246  02   2      262  01  01     278  84 OP*     294  00  0
247  80  80      263  32 X:T     279  01  01     295  02  2
248  02  2       264  75  -      280  22 INV     296  82 HIR
249  00  0       265  32 X:T     281  87 IFF     297  35  35
250  32 X:T      266  65  ×      282  00   0     298  22 INV
251  77  GE      267  05  5      283  02   2     299  86 STF
252  02   2      268  95  =      284  99  99     300  00   0
253  80  80      269  94 +/-     285  01  1      301  69 OP
254  55  ÷       270  22 INV     286  67  EQ     302  05  05
255  32 X:T      271  28 LOG     287  02   2     303  92 RTN
```

Archivierung des Programms (bei TI-59): Speicherbereichsverteilung in Grundstellung (6 Op 17). Programm eintasten. (Eingabe des Befehls HIR: Anhang A.) Block 2 auf eine Magnetkartenhälfte aufzeichnen.

Linearitäts-Test (Aufruf: SBR SBR; Bild 1.3-2)

```
000  76 LBL      006  42 STO     012  40  40     018  61 GTO
001  71 SBR      007  00  00     013  97 DSZ     019  02   2
002  86 STF      008  43 RCL     014  00   0     020  40  40
003  00   0      009  00  00     015  00   0
004  01  1       010  71 SBR     016  08  08
005  09  9       011  02   2     017  00  0
```

```
*
 *
  *
   *
    *
     *
      *
       *
        *
         *
          *
           *
            *
             *
              *
               *
                *
ı  ı  ı  ı  ı  ı  ı  ı  ı  ı   *
                                 *
                                  *
```

Bild 1.3-2
Linearitäts-Test
für S2 und U2

Programm S3: Plotter für 1 Kurve (und x-Achse in Streifenmitte)

Zweck: Zeichnen einer Kurve (mit beliebigem, fixem Symbol) und einer x-Achse (in Streifenmitte). *Ordinate* y: ganzzahliger Teil des Werts im Anzeigeregister (wird vom Programm nicht gespeichert). *Code* für Plotter-Symbol: in Programmschritt 275–276. *Aufruf:* SBR 240

Eignung: TI-59 und TI-58/58C
Speicherbereichsverteilung: TI-59: Grundstellung (6 Op 17); TI-58/58C: 2 Op 17
Programm laden: TI-59: 1 Magnetkartenhälfte einlesen (Block 2); TI-58/58C: Programm eintasten
Winkelmodus: beliebig; **Anzeigeformat:** Standard (INV Eng, INV Fix)

Programmkenndaten

Speicherbedarf: 55 Programmschritte, 1 Datenregister (R_{01} für Adresse)
Labels: keine; abs. Adressen: ja; T-Reg.: verwendet; Flags: keine
SBR-Ebenen / Klammer-Ebenen / unvollständige Op.-Ebenen: 0/0/6

Liste zu Programm S3

240	69	OP	254	55	÷	268	95	=	282	67	EQ
241	00	00	255	32	X⇌T	269	94	+/-	283	02	2
242	32	X⇌T	256	05	5	270	22	INV	284	92	92
243	01	1	257	85	+	271	28	LOG	285	01	1
244	94	+/-	258	01	1	272	33	X²	286	93	.
245	77	GE	259	95	=	273	65	×	287	00	0
246	02	2	260	59	INT	274	93	.	288	00	0
247	85	85	261	42	STO	275	05	5	289	02	2
248	02	2	262	01	01	276	01	1	290	82	HIR
249	00	0	263	32	X⇌T	277	95	=	291	37	37
250	32	X⇌T	264	75	-	278	84	OP*	292	69	OP
251	77	GE	265	32	X⇌T	279	01	01	293	05	05
252	02	2	266	65	×	280	01	1	294	92	RTN
253	85	85	267	05	5	281	00	0			

Archivierung des Programms (bei TI-59): Speicherbereichsverteilung in Grundstellung (6 Op 17). Programm eintasten. (Eingabe des Befehls HIR: Anhang A.) Block 2 auf eine Magnetkartenhälfte aufzeichnen.

Linearitäts-Test (Aufruf: SBR SBR; Bild 1.3-3)

000	76	LBL	005	00	00	010	40	40	015	00	0
001	71	SBR	006	43	RCL	011	97	DSZ	016	61	GTO
002	01	1	007	00	00	012	00	0	017	02	2
003	09	9	008	71	SBR	013	00	0	018	40	40
004	42	STO	009	02	2	014	06	06			

Bild 1.3-3
Linearitäts-Test
für S3 und U3

Programm S4: Plotter für 1 Kurve (und grobe x-Achse in Streifenmitte)

Zweck: Zeichnen einer Kurve (mit beliebigem, fixem Symbol) und einer groben x-Achse (in Streifenmitte).
Ordinate y: ganzzahliger Teil des Werts im Anzeigeregister (wird vom Programm nicht gespeichert).
Code für Plotter-Symbol: in Programmschritt 275–276.
Aufruf: SBR 240; vor dem ersten Aufruf ist Flag 0 zu setzen.

Eignung: TI-59 und TI-58/58C
Speicherbereichsverteilung: TI-59: Grundstellung (6 Op 17); TI-58/58C: 2 Op 17
Programm laden: TI-59: 1 Magnetkartenhälfte einlesen (Block 2); TI-58/58C: Programm eintasten
Winkelmodus: beliebig; Anzeigeformat: Standard (INV Eng, INV Fix)

Programmkenndaten

Speicherbedarf: 63 Programmschritte, 1 Datenregister (R_{01} für Adresse)
Labels: keine; abs. Adressen: ja; T-Reg.: verwendet; Flags: Nr. 0
SBR-Ebenen / Klammer-Ebenen / unvollständige Op.-Ebenen: 0/0/6

Liste zu Programm S4

```
240  69 OP
241  00  00
242  32 X:T
243  01  1
244  94 +/-
245  77  GE
246  02   2
247  80  80
248  02  2
249  00  0
250  32 X:T
251  77  GE
252  02   2
253  80  80
254  55  ÷
255  32 X:T
256  05   5
257  85   +
258  01  1
259  95  =
260  59 INT
261  42 STO
262  01  01
263  32 X:T
264  75  -
265  32 X:T
266  65  ×
267  05  5
268  95  =
269  94 +/-
270  22 INV
271  28 LOG
272  33 X²
273  65   ×
274  93  .
275  05  5
276  01  1
277  95  =
278  84 OP*
279  01  01
280  22 INV
281  87 IFF
282  00   0
283  02   2
284  98  98
285  01  1
286  00  0
287  67  EQ
288  02   2
289  97  97
290  01  1
291  93  .
292  00  0
293  00  0
294  02  2
295  82 HIR
296  37  37
297  22 INV
298  86 STF
299  00   0
300  69 OP
301  05  05
302  92 RTN
```

Archivierung des Programms (bei TI-59): Speicherbereichsverteilung in Grundstellung (6 Op 17). Programm eintasten. (Eingabe des Befehls HIR: Anhang A.) Block 2 auf eine Magnetkartenhälfte aufzeichnen.

Linearitäts-Test (Aufruf: SBR SBR; Bild 1.3-4)

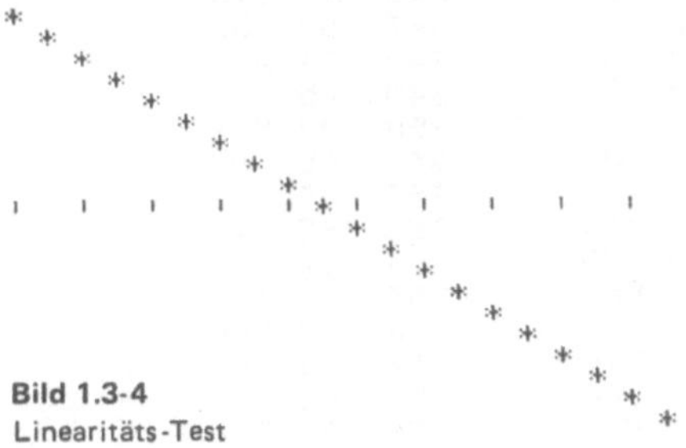

Bild 1.3-4
Linearitäts-Test
für S4 und U4

```
000  76 LBL
001  71 SBR
002  86 STF
003  00   0
004  01  1
005  09  9
006  42 STO
007  00  00
008  43 RCL
009  00  00
010  71 SBR
011  02   2
012  40  40
013  97 DSZ
014  00   0
015  00   0
016  08  08
017  00  0
018  61 GTO
019  02   2
020  40  40
```

1.4 Schnelle Plotter für 2 Kurven (mit fixen Symbolen) und x-Achse

Programm T1: Plotter für 2 Kurven (und x-Achse am unteren Streifenrand)

Zweck: Zeichnen von zwei Kurven (mit beliebigen, fixen Symbolen) und einer x-Achse (am unteren Streifenrand).
Ordinaten: y_1: ganzzahliger Teil des Werts im Anzeigeregister (wird vom Programm in R_{01} gespeichert);
y_2: ganzzahliger Teil des Werts in R_{02}.
Codes für Plotter-Symbole: Code 1: in Programmschritt 260–261; Code 2: in 286–287.
Aufruf: SBR 240

Eignung: TI-59 und TI-58/58C
Speicherbereichsverteilung: TI-59: Grundstellung (6 Op 17); TI-58/58C: 1 Op 17
Programm laden: TI-59: 1 Magnetkartenhälfte einlesen (Block 2); TI-58/58C: Programm eintasten
Winkelmodus: beliebig; Anzeigeformat: Standard (INV Eng, INV Fix)

Programmkenndaten

Speicherbedarf: 120 Programmschritte, 3 Datenregister ($R_{01}-R_{02}$ für Ordinaten, R_{03} für Adressen)
Labels: keine; abs. Adressen: ja; T-Reg.: verwendet; Flags: keine
SBR-Ebenen / Klammer-Ebenen / unvollständige Op.-Ebenen: 1/0/6

Liste zu Programm T1

```
240  69 OP      270  03   3     300  03  03     330  82 HIR
241  00  00     271  06  06     301  95   =     331  36  36
242  42 STO     272  01  1      302  71 SBR     332  92 RTN
243  01  01     273  94 +/-     303  40 IND     333  82 HIR
244  32 X:T     274  77  GE     304  03  03     334  37  37
245  01  1      275  03   3     305  25 CLR     335  92 RTN
246  94 +/-     276  06  06     306  01  1      336  82 HIR
247  77  GE     277  02  2      307  67  EQ     337  38  38
248  02   2     278  00  0      308  03   3     338  92 RTN
249  65  65     279  32 X:T     309  25  25     339  55   ÷
250  02  2      280  77  GE     310  32 X:T     340  32 X:T
251  00  0      281  03   3     311  43 RCL     341  05  5
252  32 X:T     282  06  06     312  01  01     342  85  +
253  77  GE     283  71 SBR     313  67  EQ     343  01  1
254  02   2     284  03   3     314  03   3     344  95  =
255  65  65     285  39  39     315  25  25     345  59 INT
256  71 SBR     286  04  4      316  01  1      346  42 STO
257  03   3     287  07  7      317  93  .      347  03  03
258  39  39     288  52 EE      318  00  0      348  32 X:T
259  93  .      289  94 +/-     319  00  0      349  75  -
260  05  5      290  01  1      320  00  0      350  32 X:T
261  01  1      291  04  4      321  00  0      351  65  ×
262  95  =      292  85  +      322  02  2      352  05  5
263  84 OP*     293  01  1      323  82 HIR     353  95  =
264  03  03     294  00  0      324  35  35     354  94 +/-
265  43 RCL     295  08  8      325  69 OP      355  22 INV
266  02  02     296  44 SUM     326  05  05     356  28 LOG
267  59 INT     297  03  03     327  82 HIR     357  33 X²
268  32 X:T     298  03  3      328  35  35     358  65  ×
269  67  EQ     299  49 PRD     329  92 RTN     359  92 RTN
```

Archivierung des Programms (bei TI-59): Speicherbereichsverteilung in Grundstellung (6 Op 17). Programm eintasten. (Eingabe des Befehls HIR: Anhang A.) Block 2 auf eine Magnetkartenhälfte aufzeichnen.

Linearitäts-Test (Aufruf: SBR SBR; Bild 1.4-1)

```
000  76 LBL     007  00  0      014  40  40     021  43 RCL
001  71 SBR     008  42 STO     015  69 OP      022  01  01
002  01  1      009  02  02     016  31  31     023  61 GTO
003  09  9      010  43 RCL     017  97 DSZ     024  02  2
004  42 STO     011  01  01     018  02  2      025  40  40
005  01  01     012  71 SBR     019  00  0
006  02  2      013  02  2      020  10  10
```

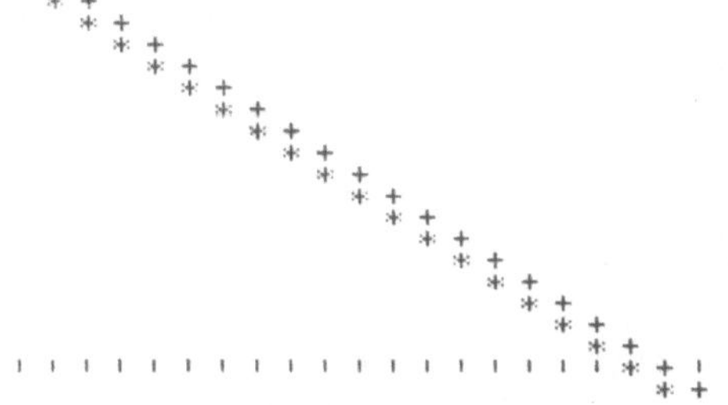

Bild 1.4-1
Linearitäts-Test
für T1 und V1

Programm T2: Plotter für 2 Kurven (und grobe x-Achse am unteren Streifenrand)

Zweck: Zeichnen von zwei Kurven (mit beliebigen, fixen Symbolen) und einer groben x-Achse (am unteren Streifenrand).
Ordinaten: y_1: ganzzahliger Teil des Werts im Anzeigeregister (wird vom Programm in R_{01} gespeichert);
y_2: ganzzahliger Teil des Werts in R_{02}.
Codes für Plotter-Symbole: Code 1: in Programmschritt 260–261; Code 2: in 286–287.
Aufruf: SBR 240; vor dem ersten Aufruf ist Flag 0 zu setzen.

Eignung: TI-59 und TI-58/58C
Speicherbereichsverteilung: TI-59: Grundstellung (6 Op 17); TI-58/58C: 1 Op 17
Programm laden: TI-59: 1 Magnetkartenhälfte einlesen (Block 2); TI-58/58C: Programm eintasten
Winkelmodus: beliebig; Anzeigeformat: Standard (INV Eng, INV Fix)

Programmkenndaten

Speicherbedarf: 129 Programmschritte, 3 Datenregister ($R_{01}-R_{02}$ für Ordinaten, R_{03} für Adressen)
Labels: keine; abs. Adressen: ja; T-Reg.: verwendet; Flags: Nr. 0
SBR-Ebenen / Klammer-Ebenen / unvollständige Op.-Ebenen: 1/0/6

Liste zu Programm T2

```
240  69 OP       273  94 +/-      306  22 INV      339  82 HIR
241  00  00      274  77  GE      307  87 IFF      340  36  36
242  42 STO      275  03   3      308  00   0      341  92 RTN
243  01  01      276  06  06      309  03   3      342  82 HIR
244  32 X:T      277  02  2       310  31  31      343  37  37
245  01  1       278  00  0       311  01  1       344  92 RTN
246  94 +/-      279  32 X:T      312  67  EQ      345  82 HIR
247  77  GE      280  77  GE      313  03   3      346  38  38
248  02   2      281  03   3      314  30  30      347  92 RTN
249  65  65      282  06  06      315  32 X:T      348  55  ÷
250  02  2       283  71 SBR      316  43 RCL      349  32 X:T
251  00  0       284  03   3      317  01  01      350  05  5
252  32 X:T      285  48  48      318  67  EQ      351  85  +
253  77  GE      286  04  4       319  03   3      352  01  1
254  02   2      287  07  7       320  30  30      353  95  =
255  65  65      288  52 EE       321  01  1       354  59 INT
256  71 SBR      289  94 +/-      322  93  .       355  42 STO
257  03  03      290  01  1       323  00  0       356  03  03
258  48  48      291  04  4       324  00  0       357  32 X:T
259  93  .       292  85  +       325  00  0       358  75  -
260  05  5       293  01  1       326  00  0       359  32 X:T
261  01  1       294  01  1       327  02  2       360  65  ×
262  95  =       295  01  1       328  82 HIR      361  05  5
263  84 OP*      296  44 SUM      329  35  35      362  95  =
264  03  03      297  03  03      330  22 INV      363  94 +/-
265  43 RCL      298  03  3       331  86 STF      364  22 INV
266  02  02      299  49 PRD      332  00   0      365  28 LOG
267  59 INT      300  03  03      333  69 OP       366  33 X²
268  32 X:T      301  95  =       334  05  05      367  65  ×
269  67  EQ      302  71 SBR      335  92 RTN      368  92 RTN
270  03   3      303  40 IND      336  82 HIR
271  06  06      304  03  03      337  35  35
272  01  1       305  25 CLR      338  92 RTN
```

Archivierung des Programms (bei TI-59): Speicherbereichsverteilung in Grundstellung (6 Op 17). Programm eintasten. (Eingabe des Befehls HIR: Anhang A.) Block 2 auf eine Magnetkartenhälfte aufzeichnen.

Linearitäts-Test (Aufruf: SBR SBR; Bild 1.4-2)

```
000  76 LBL      007  01  01      014  71 SBR      021  00   0
001  71 SBR      008  02  2       015  02   2      022  12  12
002  86 STF      009  00  0       016  40  40      023  43 RCL
003  00   0      010  42 STO      017  69 OP       024  01  01
004  01  1       011  02  02      018  31  31      025  61 GTO
005  09  9       012  43 RCL      019  97 DSZ      026  02   2
006  42 STO      013  01  01      020  02   2      027  40  40
```

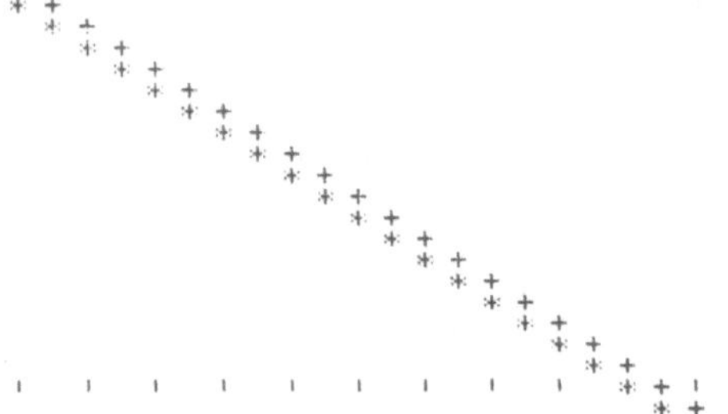

Bild 1.4-2
Linearitäts-Test
für T2 und V2

Programm T3: Plotter für 2 Kurven (und x-Achse in Streifenmitte)

Zweck: Zeichnen von zwei Kurven (mit beliebigen, fixen Symbolen) und einer x-Achse (in Streifenmitte).
Ordinaten: y_1: ganzzahliger Teil des Werts im Anzeigeregister (wird vom Programm in R_{01} gespeichert);
y_2: ganzzahliger Teil des Werts in R_{02}.
Codes für Plotter-Symbole: Code 1: in Programmschritt 260–261; Code 2: in 286–287.
Aufruf: SBR 240

Eignung: TI-59 und TI-58/58C
Speicherbereichsverteilung: TI-59: Grundstellung (6 Op 17); TI-58/58C: 1 Op 17
Programm laden: TI-59: 1 Magnetkartenhälfte einlesen (Block 2); TI-58/58C: Programm eintasten
Winkelmodus: beliebig; Anzeigeformat: Standard (INV Eng, INV Fix)

Programmkenndaten

Speicherbedarf: 120 Programmschritte, 3 Datenregister ($R_{01}-R_{02}$ für Ordinaten, R_{03} für Adressen)
Labels: keine; abs. Adressen: ja; T-Reg.: verwendet; Flags: keine
SBR-Ebenen / Klammer-Ebenen / unvollständige Op.-Ebenen: 1/0/6

Liste zu Programm T3

```
240  69 OP      270  03   3     300  03  03     330  82 HIR
241  00  00     271  06  06     301  95   =     331  36  36
242  42 STO     272  01   1     302  71 SBR     332  92 RTN
243  01  01     273  94 +/-     303  40 IND     333  82 HIR
244  32 X:T     274  77  GE     304  03  03     334  37  37
245  01   1     275  03   3     305  25 CLR     335  92 RTN
246  94 +/-     276  06  06     306  01   1     336  82 HIR
247  77  GE     277  02   2     307  00   0     337  38  38
248  02   2     278  00   0     308  67  EQ     338  92 RTN
249  65  65     279  32 X:T     309  03   3     339  55   ÷
250  02   2     280  77  GE     310  24  24     340  32 X:T
251  00   0     281  03   3     311  32 X:T     341  05   5
252  32 X:T     282  06  06     312  43 RCL     342  85   +
253  77  GE     283  71 SBR     313  01  01     343  01   1
254  02   2     284  03   3     314  67  EQ     344  95   =
255  65  65     285  39  39     315  03   3     345  59 INT
256  71 SBR     286  04   4     316  24  24     346  42 STO
257  03   3     287  07   7     317  01   1     347  03  03
258  39  39     288  52  EE     318  93   .     348  32 X:T
259  93   .     289  94 +/-     319  00   0     349  75   -
260  05   5     290  01   1     320  00   0     350  32 X:T
261  01   1     291  04   4     321  02   2     351  65   ×
262  95   =     292  85   +     322  82 HIR     352  05   5
263  84 OP*     293  01   1     323  37  37     353  95   =
264  03  03     294  00   0     324  69  OP     354  94 +/-
265  43 RCL     295  08   8     325  05  05     355  22 INV
266  02  02     296  44 SUM     326  92 RTN     356  28 LOG
267  59 INT     297  03  03     327  82 HIR     357  33  X²
268  32 X:T     298  03   3     328  35  35     358  65   ×
269  67  EQ     299  49 PRD     329  92 RTN     359  92 RTN
```

Archivierung des Programms (bei TI-59): Speicherbereichsverteilung in Grundstellung (6 Op 17). Programm eintasten. (Eingabe des Befehls HIR: Anhang A.) Block 2 auf eine Magnetkartenhälfte aufzeichnen.

Linearitäts-Test (Aufruf: SBR SBR; Bild 1.4-3)

```
000  76 LBL     007  00   0     014  40  40     021  43 RCL
001  71 SBR     008  42 STO     015  69 OP      022  01  01
002  01   1     009  02  02     016  31  31     023  61 GTO
003  09   9     010  43 RCL     017  97 DSZ     024  02   2
004  42 STO     011  01  01     018  02   2     025  40  40
005  01  01     012  71 SBR     019  00   0
006  02   2     013  02   2     020  10  10
```

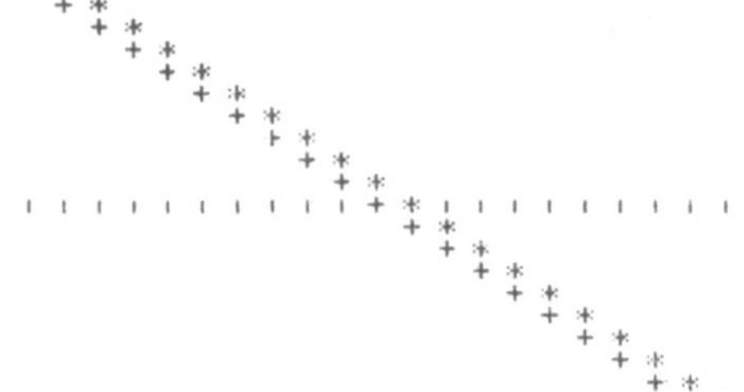

Bild 1.4-3
Linearitäts-Test
für T3 und V3

Programm T4: Plotter für 2 Kurven (und grobe x-Achse in Streifenmitte)

> *Zweck:* Zeichnen von zwei Kurven (mit beliebigen, fixen Symbolen) und einer groben x-Achse (in Streifenmitte).
> *Ordinaten:* y_1: ganzzahliger Teil des Werts im Anzeigeregister (wird vom Programm in R_{01} gespeichert);
> y_2: ganzzahliger Teil des Werts in R_{02}.
> *Codes* für Plotter-Symbole: Code 1: in Programmschritt 261–262; Code 2: in 288–289.
> *Aufruf:* SBR 240; vor dem ersten Aufruf ist Flag 0 zu setzen.

Eignung: TI-59 und TI-58/58C
Speicherbereichsverteilung: TI-59: Grundstellung (6 Op 17); TI-58/58C: 1 Op 17
Programm laden: TI-59: 1 Magnetkartenhälfte einlesen (Block 2); TI-58/58C: Programm eintasten
Winkelmodus: beliebig; Anzeigeformat: Standard (INV Eng, INV Fix)

Programmkenndaten

Speicherbedarf: 128 Programmschritte, 3 Datenregister ($R_{01}-R_{02}$ für Ordinaten, R_{03} für Adressen)
Labels: keine; abs. Adressen: ja; T-Reg.: verwendet; Flags: Nr. 0
SBR-Ebenen / Klammer-Ebenen / unvollständige Op.-Ebenen: 1/0/6

Liste zu Programm T4

240	69	OP	272	08	08	304	71	SBR	336	82	HIR
241	00	00	273	01	1	305	40	IND	337	35	35
242	42	STO	274	94	+/-	306	03	03	338	92	RTN
243	01	01	275	77	GE	307	25	CLR	339	82	HIR
244	32	X:T	276	03	3	308	22	INV	340	36	36
245	01	1	277	08	08	309	87	IFF	341	92	RTN
246	94	+/-	278	02	2	310	00	0	342	82	HIR
247	77	GE	279	00	0	311	03	3	343	37	37
248	02	2	280	32	X:T	312	32	32	344	92	RTN
249	66	66	281	77	GE	313	01	1	345	82	HIR
250	02	2	282	03	3	314	00	0	346	38	38
251	00	0	283	08	08	315	67	EQ	347	92	RTN
252	32	X:T	284	71	SBR	316	03	3	348	55	÷
253	77	GE	285	03	3	317	31	31	349	32	X:T
254	02	2	286	48	48	318	32	X:T	350	05	5
255	66	66	287	65	×	319	43	RCL	351	85	+
256	71	SBR	288	04	4	320	01	01	352	01	1
257	03	3	289	07	7	321	67	EQ	353	95	=
258	48	48	290	52	EE	322	03	3	354	59	INT
259	65	×	291	94	+/-	323	31	31	355	42	STO
260	93	.	292	01	1	324	01	1	356	03	03
261	05	5	293	04	4	325	93	.	357	32	X:T
262	01	1	294	85	+	326	00	0	358	75	-
263	95	=	295	01	1	327	00	0	359	32	X:T
264	84	OP*	296	01	1	328	02	2	360	65	×
265	03	03	297	01	1	329	82	HIR	361	05	5
266	43	RCL	298	44	SUM	330	37	37	362	95	=
267	02	02	299	03	03	331	22	INV	363	94	+/-
268	59	INT	300	03	3	332	86	STF	364	22	INV
269	32	X:T	301	49	PRD	333	00	0	365	28	LOG
270	67	EQ	302	03	03	334	69	OP	366	33	X^2
271	03	3	303	95	=	335	05	05	367	92	RTN

Archivierung des Programms (bei TI-59): Speicherbereichsverteilung in Grundstellung (6 Op 17). Programm eintasten. (Eingabe des Befehls HIR: Anhang A.) Block 2 auf eine Magnetkartenhälfte aufzeichnen.

Linearitäts-Test (Aufruf: SBR SBR; Bild 1.4-4)

000	76	LBL	007	01	01	014	71	SBR	021	00	0
001	71	SBR	008	02	2	015	02	2	022	12	12
002	86	STF	009	00	0	016	40	40	023	43	RCL
003	00	0	010	42	STO	017	69	OP	024	01	01
004	01	1	011	02	02	018	31	31	025	61	GTO
005	09	9	012	43	RCL	019	97	DSZ	026	02	2
006	42	STO	013	01	01	020	02	2	027	40	40

Bild 1.4-4
Linearitäts-Test
für T4 und V4

1.5 Schnelle Plotter für 1 Kurve (mit variablem Symbol) und x-Achse

Programm U1: Plotter für 1 Kurve (und x-Achse am unteren Streifenrand)

Zweck: Zeichnen einer Kurve (mit beliebigem, variablem Symbol) und einer x-Achse (am unteren Streifenrand).
Ordinate y: ganzzahliger Teil des Werts im Anzeigeregister (wird vom Programm nicht gespeichert).
Code für Plotter-Symbol: in R_{09}.
Aufruf: SBR 240

Eignung: TI-59 und TI-58/58C
Speicherbereichsverteilung: TI-59: Grundstellung (6 Op 17); TI-58/58C: 2 Op 17
Programm laden: TI-59: 1 Magnetkartenhälfte einlesen (Block 2); TI-58/58C: Programm eintasten
Winkelmodus: beliebig; Anzeigeformat: Standard (INV Eng, INV Fix)

Programmkenndaten

Speicherbedarf: 57 Programmschritte, 2 Datenregister (R_{01} für Adresse, R_{09} für Code)
Labels: keine; abs. Adressen: ja; T-Reg.: verwendet; Flags: keine
SBR-Ebenen / Klammer-Ebenen / unvollständige Op.-Ebenen: 0/0/6

Liste zu Programm U1

```
240  69  OP
241  00  00
242  32  X:T
243  01  1
244  94  +/-
245  77  GE
246  02  2
247  85  85
248  02  2
249  00  0
250  32  X:T
251  77  GE
252  02  2
253  85  85
254  55  ÷
255  32  X:T
256  05  5
257  85  +
258  01  1
259  95  =
260  59  INT
261  42  STO
262  01  01
263  32  X:T
264  75  -
265  32  X:T
266  65  ×
267  05  5
268  85  +
269  01  1
270  95  =
271  94  +/-
272  22  INV
273  28  LOG
274  33  X²
275  65  ×
276  43  RCL
277  09  09
278  95  =
279  84  OP*
280  01  01
281  01  1
282  67  EQ
283  02  2
284  94  94
285  01  1
286  93  .
287  00  0
288  00  0
289  00  0
290  00  0
291  02  2
292  82  HIR
293  35  35
294  69  OP
295  05  05
296  92  RTN
```

Archivierung des Programms (bei TI-59): Speicherbereichsverteilung in Grundstellung (6 Op 17). Programm eintasten. (Eingabe des Befehls HIR: Anhang A.) Block 2 auf eine Magnetkartenhälfte aufzeichnen.

Linearitäts-Test (Aufruf: SBR SBR; Bild 1.3-1)

```
000  76  LBL
001  71  SBR
002  05  5
003  01  1
004  42  STO
005  09  09
006  01  1
007  09  9
008  42  STO
009  00  00
010  43  RCL
011  00  00
012  71  SBR
013  02  2
014  40  40
015  97  DSZ
016  00  0
017  00  0
018  10  10
019  00  0
020  61  GTO
021  02  2
022  40  40
```

Programm U2: Plotter für 1 Kurve (und grobe x-Achse am unteren Streifenrand)

> *Zweck:* Zeichnen einer Kurve (mit beliebigem, variablem Symbol) und einer groben x-Achse (am unteren Streifenrand).
> *Ordinate* y: ganzzahliger Teil des Werts im Anzeigeregister (wird vom Programm nicht gespeichert).
> *Code* für Plotter-Symbol: in R_{09}.
> *Aufruf:* SBR 240; vor dem ersten Aufruf ist Flag 0 zu setzen.

Eignung: TI-59 und TI-58/58C
Speicherbereichsverteilung: TI-59: Grundstellung (6 Op 17); TI-58/58C: 2 Op 17
Programm laden: TI-59: 1 Magnetkartenhälfte einlesen (Block 2); TI-58/58C: Programm eintasten
Winkelmodus: beliebig; Anzeigeformat: Standard (INV Eng, INV Fix)

Programmkenndaten

Speicherbedarf: 65 Programmschritte, 2 Datenregister (R_{01} für Adresse, R_{09} für Code)
Labels: keine; abs. Adressen: ja; T-Reg.: verwendet; Flags: Nr. 0
SBR-Ebenen / Klammer-Ebenen / unvollständige Op.-Ebenen: 0/0/6

Liste zu Programm U2

```
240  69 OP      257  85  +      274  33 X²      291  93  .
241  00  00     258  01  1      275  65  ×      292  00  0
242  32 X:T     259  95  =      276  43 RCL     293  00  0
243  01  1      260  59 INT     277  09  09     294  00  0
244  94 +/-     261  42 STO     278  95  =      295  00  0
245  77  GE     262  01  01     279  84 OP*     296  02  2
246  02   2     263  32 X:T     280  01  01     297  82 HIR
247  81  81     264  75  -      281  22 INV     298  35  35
248  02  2      265  32 X:T     282  87 IFF     299  22 INV
249  00  0      266  65  ×      283  00   0     300  86 STF
250  32 X:T     267  05  5      284  03   3     301  00   0
251  77  GE     268  85  +      285  00  00     302  69 OP
252  02   2     269  01  1      286  01  1      303  05  05
253  81  81     270  95  =      287  67  EQ     304  92 RTN
254  55  ÷      271  94 +/-     288  02   2
255  32 X:T     272  22 INV     289  99  99
256  05  5      273  28 LOG     290  01  1
```

Archivierung des Programms (bei TI-59): Speicherbereichsverteilung in Grundstellung (6 Op 17). Programm eintasten. (Eingabe des Befehls HIR: Anhang A.) Block 2 auf eine Magnetkartenhälfte aufzeichnen.

Linearitäts-Test (Aufruf: SBR SBR; Bild 1.3-2)

```
000  76 LBL     007  09  09     014  71 SBR     021  00  0
001  71 SBR     008  01  1      015  02   2     022  61 GTO
002  86 STF     009  09  9      016  40  40     023  02   2
003  00   0     010  42 STO     017  97 DSZ     024  40  40
004  05  5      011  00  00     018  00   0
005  01  1      012  43 RCL     019  00   0
006  42 STO     013  00  00     020  12  12
```

Programm U3: Plotter für 1 Kurve (und x-Achse in Streifenmitte)

> *Zweck:* Zeichnen einer Kurve (mit beliebigem, variablem Symbol) und einer x-Achse (in Streifenmitte).
> *Ordinate* y: ganzzahliger Teil des Werts im Anzeigeregister (wird vom Programm nicht gespeichert).
> *Code* für Plotter-Symbol: in R_{09}.
> *Aufruf:* SBR 240

Eignung: TI-59 und TI-58/58C
Speicherbereichsverteilung: TI-59: Grundstellung (6 Op 17); TI-58/58C: 2 Op 17
Programm laden: TI-59: 1 Magnetkartenhälfte einlesen (Block 2); TI-58/58C: Programm eintasten
Winkelmodus: beliebig; Anzeigeformat: Standard (INV Eng, INV Fix)

Programmkenndaten

Speicherbedarf: 56 Programmschritte, 2 Datenregister (R_{01} für Adresse, R_{09} für Code)
Labels: keine; abs. Adressen: ja; T-Reg.: verwendet; Flags: keine
SBR-Ebenen / Klammer-Ebenen / unvollständige Op.-Ebenen: 0/0/6

Liste zu Programm U3

```
240  69  OP
241  00  00
242  32  X:T
243  01  1
244  94  +/-
245  77  GE
246  02  2
247  86  86
248  02  2
249  00  0
250  32  X:T
251  77  GE
252  02  2
253  86  86
254  55  ÷
255  32  X:T
256  05  5
257  85  +
258  01  1
259  95  =
260  59  INT
261  42  STO
262  01  01
263  32  X:T
264  75  -
265  32  X:T
266  65  ×
267  05  5
268  85  +
269  01  1
270  95  =
271  94  +/-
272  22  INV
273  28  LOG
274  33  X²
275  65  ×
276  43  RCL
277  09  09
278  95  =
279  84  OP*
280  01  01
281  01  1
282  00  0
283  67  EQ
284  02  2
285  93  93
286  01  1
287  93  .
288  00  0
289  00  0
290  02  2
291  82  HIR
292  37  37
293  69  OP
294  05  05
295  92  RTN
```

Archivierung des Programms (bei TI-59): Speicherbereichsverteilung in Grundstellung (6 Op 17). Programm eintasten. (Eingabe des Befehls HIR: Anhang A.) Block 2 auf eine Magnetkartenhälfte aufzeichnen.

Linearitäts-Test (Aufruf: SBR SBR; Bild 1.3-3)

```
000  76  LBL
001  71  SBR
002  05  5
003  01  1
004  42  STO
005  09  09
006  01  1
007  09  9
008  42  STO
009  00  00
010  43  RCL
011  00  00
012  71  SBR
013  02  2
014  40  40
015  97  DSZ
016  00  0
017  00  0
018  10  10
019  00  0
020  61  GTO
021  02  2
022  40  40
```

Programm U4: Plotter für 1 Kurve (und grobe x-Achse in Streifenmitte)

Zweck: Zeichnen einer Kurve (mit beliebigem, variablem Symbol) und einer groben x-Achse (in Streifenmitte).
Ordinate y: ganzzahliger Teil des Werts im Anzeigeregister (wird vom Programm nicht gespeichert).
Code für Plotter-Symbol: in R_{09}.
Aufruf: SBR 240; vor dem ersten Aufruf ist Flag 0 zu setzen.

Eignung: TI-59 und TI-58/58C
Speicherbereichsverteilung: TI-59: Grundstellung (6 Op 17); TI-58/58C: 2 Op 17
Programm laden: TI-59: 1 Magnetkartenhälfte einlesen (Block 2); TI-58/58C: Programm eintasten
Winkelmodus: beliebig; Anzeigeformat: Standard (INV Eng, INV Fix)

Programmkenndaten

Speicherbedarf: 64 Programmschritte, 2 Datenregister (R_{01} für Adresse, R_{09} für Code)
Labels: keine; abs. Adressen: ja; T-Reg.: verwendet; Flags: Nr. 0
SBR-Ebenen / Klammer-Ebenen / unvollständige Op.-Ebenen: 0/0/6

Liste zu Programm U4

```
240  69 OP
241  00  00
242  32 X:T
243  01  1
244  94 +/-
245  77  GE
246  02  2
247  81  81
248  02  2
249  00  0
250  32 X:T
251  77  GE
252  02  2
253  81  81
254  55  ÷
255  32 X:T
256  05  5
257  85  +
258  01  1
259  95  =
260  59 INT
261  42 STO
262  01  01
263  32 X:T
264  75  -
265  32 X:T
266  65  ×
267  05  5
268  85  +
269  01  1
270  95  =
271  94 +/-
272  22 INV
273  28 LOG
274  33 X²
275  65  ×
276  43 RCL
277  09  09
278  95  =
279  84 OP*
280  01  01
281  22 INV
282  87 IFF
283  00  0
284  02  2
285  99  99
286  01  1
287  00  0
288  67  EQ
289  02  2
290  98  98
291  01  1
292  93  .
293  00  0
294  00  0
295  02  2
296  82 HIR
297  37  37
298  22 INV
299  86 STF
300  00  0
301  69 OP
302  05  05
303  92 RTN
```

Archivierung des Programms (bei TI-58): Speicherbereichsverteilung in Grundstellung (6 Op 17). Programm eintasten. (Eingabe des Befehls HIR: Anhang A.) Block 2 auf eine Magnetkartenhälfte aufzeichnen.

Linearitäts-Test (Aufruf: SBR SBR; Bild 1.3-4)

```
000  76 LBL
001  71 SBR
002  86 STF
003  00  0
004  05  5
005  01  1
006  42 STO
007  09  09
008  01  1
009  09  9
010  42 STO
011  00  00
012  43 RCL
013  00  00
014  71 SBR
015  02  2
016  40  40
017  97 DSZ
018  00  0
019  00  0
020  12  12
021  00  0
022  61 GTO
023  02  2
024  40  40
```

1.6 Schnelle Plotter für 2 Kurven (mit variablen Symbolen) und x-Achse

Programm V1: Plotter für 2 Kurven (und x-Achse am unteren Streifenrand)

Zweck: Zeichnen von zwei Kurven (mit beliebigen, variablen Symbolen) und einer x-Achse (am unteren Streifenrand).
Ordinaten: y_1: ganzzahliger Teil des Werts im Anzeigeregister (wird vom Programm in R_{01} gespeichert);
y_2: ganzzahliger Teil des Werts in R_{02}.
Codes für Plotter-Symbole: Code 1: in R_{08}; Code 2: in R_{09}.
Aufruf: SBR 240

Eignung: TI-59 und TI-58/58C
Speicherbereichsverteilung: TI-59: Grundstellung (6 Op 17); TI-58/58C: 1 Op 17
Programm laden: TI-59: 1 Magnetkartenhälfte einlesen (Block 2); TI-58/58C: Programm eintasten
Winkelmodus: beliebig; Anzeigeformat: Standard (INV Eng, INV Fix)

Programmkenndaten

Speicherbedarf: 122 Programmschritte, 5 Datenregister ($R_{01}-R_{02}$ für Ordinaten, R_{03} für Adressen, $R_{08}-R_{09}$ für Codes)
Labels: keine; abs. Adressen: ja; T-Reg.: verwendet; Flags: keine
SBR-Ebenen / Klammer-Ebenen / unvollständige Op.-Ebenen: 1/0/6

Liste zu Programm V1

```
240  69 OP
241  00  00
242  42 STO
243  01  01
244  32 X:T
245  01  1
246  94 +/-
247  77  GE
248  02  2
249  64  64
250  02  2
251  00  0
252  32 X:T
253  77  GE
254  02  2
255  64  64
256  71 SBR
257  03  3
258  39  39
259  43 RCL
260  08  08
261  95  =
262  84 OP*
263  03  03
264  43 RCL
265  02  02
266  59 INT
267  32 X:T
268  67  EQ
269  03  3
270  05  05
271  01  1
272  94 +/-
273  77  GE
274  03  3
275  05  05
276  02  2
277  00  0
278  32 X:T
279  77  GE
280  03  3
281  05  05
282  71 SBR
283  03  3
284  39  39
285  43 RCL
286  09  09
287  52  EE
288  94 +/-
289  01  1
290  02  2
291  85  +
292  01  1
293  00  0
294  08  8
295  44 SUM
296  03  03
297  03  3
298  49 PRD
299  03  03
300  95  =
301  71 SBR
302  40 IND
303  03  03
304  25 CLR
305  01  1
306  67  EQ
307  03  3
308  24  24
309  32 X:T
310  43 RCL
311  01  01
312  67  EQ
313  03  3
314  24  24
315  01  1
316  93  .
317  00  0
318  00  0
319  00  0
320  00  0
321  02  2
322  82 HIR
323  35  35
324  69 OP
325  05  05
326  92 RTN
327  82 HIR
328  35  35
329  92 RTN
330  82 HIR
331  36  36
332  92 RTN
333  82 HIR
334  37  37
335  92 RTN
336  82 HIR
337  38  38
338  92 RTN
339  55  ÷
340  32 X:T
341  05  5
342  85  +
343  01  1
344  95  =
345  59 INT
346  42 STO
347  03  03
348  32 X:T
349  75  -
350  32 X:T
351  65  ×
352  05  5
353  85  +
354  01  1
355  95  =
356  94 +/-
357  22 INV
358  28 LOG
359  33  X²
360  65  ×
361  92 RTN
```

Archivierung des Programms (bei TI-59): Speicherbereichsverteilung in Grundstellung (6 Op 17). Programm eintasten. (Eingabe des Befehls HIR: Anhang A.) Block 2 auf eine Magnetkartenhälfte aufzeichnen.

Linearitäts-Test (Aufruf: SBR SBR; Bild 1.4-1)

```
000  76 LBL     009  09  09     018  43 RCL     027  00   0
001  71 SBR     010  01  1      019  01  01     028  18  18
002  05  5      011  09  9      020  71 SBR     029  43 RCL
003  01  1      012  42 STO     021  02   2     030  01  01
004  42 STO     013  01  01     022  40  40     031  61 GTO
005  08  08     014  02  2      023  69 OP      032  02   2
006  04  4      015  00  0      024  31  31     033  40  40
007  07  7      016  42 STO     025  97 DSZ
008  42 STO     017  02  02     026  02   2
```

Programm V2: Plotter für 2 Kurven (und grobe x-Achse am unteren Streifenrand)

Zweck: Zeichnen von zwei Kurven (mit beliebigen, variablen Symbolen) und einer groben x-Achse (am unteren Streifenrand).
Ordinaten: y_1: ganzzahliger Teil des Werts im Anzeigeregister (wird vom Programm in R_{01} gespeichert);
y_2: ganzzahliger Teil des Werts in R_{02}.
Codes für Plotter-Symbole: Code 1: in R_{08}; Code 2: in R_{09}.
Aufruf: SBR 240; vor dem ersten Aufruf ist Flag 0 zu setzen.

Eignung: TI-59 und TI-58/58C
Speicherbereichsverteilung: TI-59: Grundstellung (6 Op 17); TI-58/68C: 1 Op 17
Programm laden: TI-59: 1 Magnetkartenhälfte einlesen (Block 2); TI-58/58C: Programm eintasten
Winkelmodus: beliebig; Anzeigeformat: Standard (INV Eng, INV Fix)

Programmkenndaten

Speicherbedarf: 130 Programmschritte, 5 Datenregister ($R_{01}-R_{02}$ für Ordinaten, R_{03} für Adressen, $R_{08}-R_{09}$ für Codes)
Labels: keine; abs. Adressen: ja; T-Reg.: verwendet; Flags: Nr. 0
SBR-Ebenen / Klammer-Ebenen / unvollständige Op.-Ebenen: 1/0/6

Liste zu Programm V2

```
240  69 OP
241  00  00
242  42 STO
243  01  01
244  32 X:T
245  01  1
246  94 +/-
247  77  GE
248  02   2
249  65  65
250  02  2
251  00  0
252  32 X:T
253  77  GE
254  02   2
255  65  65
256  71 SBR
257  03   3
258  48  48
259  65  ×
260  43 RCL
261  08  08
262  95  =
263  84 OP*
264  03  03
265  43 RCL
266  02  02
267  59 INT
268  32 X:T
269  67  EQ
270  03   3
271  07  07
272  01  1
273  94 +/-
274  77  GE
275  03   3
276  07  07
277  02  2
278  00  0
279  32 X:T
280  77  GE
281  03   3
282  07  07
283  71 SBR
284  03   3
285  48  48
286  65  ×
287  43 RCL
288  09  09
289  52 EE
290  94 +/-
291  01  1
292  02  2
293  85  +
294  01  1
295  01  1
296  01  1
297  44 SUM
298  03  03
299  03  3
300  49 PRD
301  03  03
302  95  =
303  71 SBR
304  40 IND
305  03  03
306  25 CLR
307  22 INV
308  87 IFF
309  00   0
310  03   3
311  32  32
312  01  1
313  67  EQ
314  03   3
315  31  31
316  32 X:T
317  43 RCL
318  01  01
319  67  EQ
320  03   3
321  31  31
322  01  1
323  93  .
324  00  0
325  00  0
326  00  0
327  00  0
328  02  2
329  82 HIR
330  35  35
331  22 INV
332  86 STF
333  00   0
334  69 OP
335  05  05
336  82 HIR
337  35  35
338  92 RTN
339  82 HIR
340  36  36
341  92 RTN
342  82 HIR
343  37  37
344  92 RTN
345  82 HIR
346  38  38
347  92 RTN
348  55  ÷
349  32 X:T
350  05  5
351  85  +
352  01  1
353  95  =
354  59 INT
355  42 STO
356  03  03
357  32 X:T
358  75  -
359  32 X:T
360  65  ×
361  05  5
362  85  +
363  01  1
364  95  =
365  94 +/-
366  22 INV
367  28 LOG
368  33 X²
369  92 RTN
```

Archivierung des Programms (bei TI-59): Speicherbereichsverteilung in Grundstellung (6 Op 17). Programm eintasten. (Eingabe des Befehls HIR: Anhang A.) Block 2 auf eine Magnetkartenhälfte aufzeichnen.

Linearitäts-Test (Aufruf: SBR SBR; Bild 1.4-2)

```
000  76 LBL
001  71 SBR
002  86 STF
003  00   0
004  05  5
005  01  1
006  42 STO
007  08  08
008  04  4
009  07  7
010  42 STO
011  09  09
012  01  1
013  09  9
014  42 STO
015  01  01
016  02  2
017  00  0
018  42 STO
019  02  02
020  43 RCL
021  01  01
022  71 SBR
023  02   2
024  40  40
025  69 OP
026  31  31
027  97 DSZ
028  02   2
029  00   0
030  20  20
031  43 RCL
032  01  01
033  61 GTO
034  02   2
035  40  40
```

Programm V3: Plotter für 2 Kurven (und x-Achse in Streifenmitte)

Zweck: Zeichnen von zwei Kurven (mit beliebigen, variablen Symbolen) und einer x-Achse (in Streifenmitte).
Ordinaten: y_1: ganzzahliger Teil des Werts im Anzeigeregister (wird vom Programm in R_{01} gespeichert);
y_2: ganzzahliger Teil des Werts in R_{02}.
Codes für Plotter-Symbole: Code 1: in R_{08}; Code 2: in R_{09}.
Aufruf: SBR 240

Eignung: TI-59 und TI-58/58C
Speicherbereichsverteilung: TI-59: Grundstellung (6 Op 17); TI-58/58C: 1 Op 17
Programm laden: TI-59: 1 Magnetkartenhälfte einlesen (Block 2); TI-58/58C: Programm eintasten
Winkelmodus: beliebig; Anzeigeformat: Standard (INV Eng, INV Fix)

Programmkenndaten

Speicherbedarf: 121 Programmschritte, 5 Datenregister ($R_{01}-R_{02}$ für Ordinaten, R_{03} für Adressen, $R_{08}-R_{09}$ für Codes)
Labels: keine; abs. Adressen: ja; T-Reg.: verwendet; Flags: keine
SBR-Ebenen / Klammer-Ebenen / unvollständige Op.-Ebenen: 1/0/6

Liste zu Programm V3

```
240  69 OP
241  00  00
242  42 STO
243  01  01
244  32 X:T
245  01  1
246  94 +/-
247  77  GE
248  02  2
249  65  65
250  02  2
251  00  0
252  32 X:T
253  77  GE
254  02  2
255  65  65
256  71 SBR
257  03  3
258  39  39
259  65  ×
260  43 RCL
261  08  08
262  95  =
263  84 OP*
264  03  03
265  43 RCL
266  02  02
267  59 INT
268  32 X:T
269  67  EQ
270  03  3
271  07  07
272  01  1
273  94 +/-
274  77  GE
275  03  3
276  07  07
277  02  2
278  00  0
279  32 X:T
280  77  GE
281  03  3
282  07  07
283  71 SBR
284  03  3
285  39  39
286  65  ×
287  43 RCL
288  09  09
289  52 EE
290  94 +/-
291  01  1
292  02  2
293  85  +
294  01  1
295  00  0
296  08  8
297  44 SUM
298  03  03
299  03  3
300  49 PRD
301  03  03
302  95  =
303  71 SBR
304  40 IND
305  03  03
306  25 CLR
307  01  1
308  00  0
309  67  EQ
310  03  3
311  25  25
312  32 X:T
313  43 RCL
314  01  01
315  67  EQ
316  03  3
317  25  25
318  01  1
319  93  .
320  00  0
321  00  0
322  02  2
323  82 HIR
324  37  37
325  69 OP
326  05  05
327  82 HIR
328  35  35
329  92 RTN
330  82 HIR
331  36  36
332  92 RTN
333  82 HIR
334  37  37
335  92 RTN
336  82 HIR
337  38  38
338  92 RTN
339  55  ÷
340  32 X:T
341  05  5
342  85  +
343  01  1
344  95  =
345  59 INT
346  42 STO
347  03  03
348  32 X:T
349  75  -
350  32 X:T
351  65  ×
352  05  5
353  85  +
354  01  1
355  95  =
356  94 +/-
357  22 INV
358  28 LOG
359  33 X²
360  92 RTN
```

Archivierung des Programms (bei TI-59): Speicherbereichsverteilung in Grundstellung (6 Op 17). Programm eintasten. (Eingabe des Befehls HIR: Anhang A.) Block 2 auf eine Magnetkartenhälfte aufzeichnen.

Linearitäts-Test (Aufruf: SBR SBR; Bild 1.4-3)

```
000  76 LBL
001  71 SBR
002  05  5
003  01  1
004  42 STO
005  08  08
006  04  4
007  07  7
008  42 STO
009  09  09
010  01  1
011  09  9
012  42 STO
013  01  01
014  02  2
015  00  0
016  42 STO
017  02  02
018  43 RCL
019  01  01
020  71 SBR
021  02  2
022  40  40
023  69 OP
024  31  31
025  97 DSZ
026  02  2
027  00  0
028  18  18
029  43 RCL
030  01  01
031  61 GTO
032  02  2
033  40  40
```

Programm V4: Plotter für 2 Kurven (und grobe x-Achse in Streifenmitte)

Zweck: Zeichnen von zwei Kurven (mit beliebigen, variablen Symbolen) und einer groben x-Achse (in Streifenmitte).
Ordinaten: y_1: ganzzahliger Teil des Werts im Anzeigeregister (wird vom Programm in R_{01} gespeichert);
y_2: ganzzahliger Teil des Werts in R_{02}.
Codes für Plotter-Symbole: Code 1: in R_{08}; Code 2: in R_{09}.
Aufruf: SBR 240; vor dem ersten Aufruf ist Flag 0 zu setzen.

Eignung: TI 59 und TI-58/58C
Speicherbereichsverteilung: TI-59: Grundstellung (6 Op 17); TI-58/58C: 1 Op 17
Programm laden: TI-59: 1 Magnetkartenhälfte einlesen (Block 2); TI-58/58C: Programm eintasten
Winkelmodus: beliebig; Anzeigeformat: Standard (INV Eng, INV Fix)

Programmkenndaten

Speicherbedarf: 128 Programmschritte, 5 Datenregister ($R_{01}-R_{02}$ für Ordinaten, R_{03} für Adressen, $R_{08}-R_{09}$ für Codes)
Labels: keine; abs. Adressen: ja; T-Reg.: verwendet; Flags: Nr. 0
SBR-Ebenen / Klammer-Ebenen / unvollständige Op.-Ebenen: 1/0/6

Liste zu Programm V4

```
240  69  OP
241  00  00
242  42  STO
243  01  01
244  32  X:T
245  01  1
246  94  +/-
247  77  GE
248  02  2
249  64  64
250  02  2
251  00  0
252  32  X:T
253  77  GE
254  02  2
255  64  64
256  71  SBR
257  03  3
258  45  45
259  43  RCL
260  08  08
261  95  =
262  84  OP*
263  03  03
264  43  RCL
265  02  02
266  59  INT
267  32  X:T
268  67  EQ
269  03  3
270  05  05
271  01  1
272  94  +/-
273  77  GE
274  03  3
275  05  05
276  02  2
277  00  0
278  32  X:T
279  77  GE
280  03  3
281  05  05
282  71  SBR
283  03  3
284  45  45
285  43  RCL
286  09  09
287  52  EE
288  94  +/-
289  01  1
290  02  2
291  85  +
292  01  1
293  01  1
294  00  0
295  44  SUM
296  03  03
297  03  3
298  49  PRD
299  03  03
300  95  =
301  71  SBR
302  40  IND
303  03  03
304  25  CLR
305  22  INV
306  87  IFF
307  00  0
308  03  3
309  29  29
310  01  1
311  00  0
312  67  EQ
313  03  3
314  28  28
315  32  X:T
316  43  RCL
317  01  01
318  67  EQ
319  03  3
320  28  28
321  01  1
322  93  .
323  00  0
324  00  0
325  02  2
326  82  HIR
327  37  37
328  22  INV
329  86  STF
330  00  0
331  69  OP
332  05  05
333  82  HIR
334  35  35
335  92  RTN
336  82  HIR
337  36  36
338  92  RTN
339  82  HIR
340  37  37
341  92  RTN
342  82  HIR
343  38  38
344  92  RTN
345  55  ÷
346  32  X:T
347  05  5
348  85  +
349  01  1
350  95  =
351  59  INT
352  42  STO
353  03  03
354  32  X:T
355  75  -
356  32  X:T
357  65  ×
358  05  5
359  85  +
360  01  1
361  95  =
362  94  +/-
363  22  INV
364  28  LOG
365  33  X²
366  65  ×
367  92  RTN
```

Archivierung des Programms (bei TI-59): Speicherbereichsverteilung in Grundstellung (6 Op 17). Programm eintasten. (Eingabe des Befehls HIR: Anhang A.) Block 2 auf eine Magnetkartenhälfte aufzeichnen.

Linearitäts-Test (Aufruf: SBR SBR; Bild 1.4-4)

```
000  76 LBL     009  07   7     018  42 STO     027  97 DSZ
001  71 SBR     010  42 STO     019  02  02     028  02   2
002  86 STF     011  09  09     020  43 RCL     029  00   0
003  00   0     012  01   1     021  01  01     030  20  20
004  05   5     013  09   9     022  71 SBR     031  43 RCL
005  01   1     014  42 STO     023  02   2     032  01  01
006  42 STO     015  01  01     024  40  40     033  61 GTO
007  08  08     016  02   2     025  69 OP      034  02   2
008  04   4     017  00   0     026  31  31     035  40  40
```

1 7 Kurven-Plotter vom Typ W

Programm W2: Plotter für 2 Kurven

> *Zweck:* Zeichnen von zwei Kurven mit beliebigen, fixen Symbolen.
> *Ordinaten:* y_1: ganzzahliger Teil des Werts im Anzeigeregister (wird vom Programm in R_{01} gespeichert);
> y_2: ganzzahliger Teil des Werts in R_{02}.
> *Codes* für Plotter-Symbole: Code 1: in Programmschritt 273–274; Code 2: in 250–251.
> *Aufruf:* SBR 240

Eignung: TI-59 und TI-58/58C
Speicherbereichsverteilung: TI-59: Grundstellung (6 Op 17); TI-58/58C: 1 Op 17
Programm laden: TI-59: 1 Magnetkartenhälfte einlesen (Block 2); TI-58/58C: Programm eintasten
Winkelmodus: beliebig; Anzeigeformat: Standard (INV Eng, INV Fix)

Programmkenndaten

Speicherbedarf: 97 Programmschritte, 3 Datenregister ($R_{01} - R_{02}$ für Ordinaten, R_{03} für Adressen)
Labels: keine; abs. Adressen: ja; T-Reg.: verwendet; Flags: keine
SBR-Ebenen / Klammer-Ebenen / unvollständige Op.-Ebenen: 1/0/6

Liste zu Programm W2

```
240  69 OP     265  37  37    290  98  98    315  32 X:T
241  00  00    266  92 RTN    291  92 RTN    316  75  -
242  42 STO    267  82 HIR    292  73 RC*    317  07  7
243  01  01    268  38  38    293  03  03    318  95  =
244  71 SBR    269  92 RTN    294  59 INT    319  22 INV
245  02   2    270  01  1     295  67  EQ    320  28 LOG
246  70  70    271  42 STO    296  02   2    321  52 EE
247  02  2     272  03  03    297  60  60    322  33 X²
248  42 STO    273  05  5     298  97 DSZ    323  65  ×
249  03  03    274  01  1     299  03   3    324  82 HIR
250  02  2     275  82 HIR    300  02   2    325  14  14
251  00  0     276  04   4    301  92  92    326  85  +
252  71 SBR    277  73 RC*    302  32 X:T    327  08  8
253  02   2    278  03  03    303  55  ÷     328  05  5
254  75  75    279  59 INT    304  32 X:T    329  44 SUM
255  25 CLR    280  29 CP     305  05  5     330  03  03
256  69 OP     281  77  GE    306  85  +     331  03  3
257  05  05    282  02   2    307  01  1     332  49 PRD
258  82 HIR    283  85  85    308  95  =     333  03  03
259  35  35    284  92 RTN    309  59 INT    334  95  =
260  92 RTN    285  32 X:T    310  42 STO    335  83 GO*
261  82 HIR    286  01  1     311  03  03    336  03  03
262  36  36    287  09  9     312  65  ×
263  92 RTN    288  77  GE    313  05  5
264  82 HIR    289  02   2    314  75  -
```

Archivierung des Programms (bei TI-59): Speicherbereichsverteilung in Grundstellung (6 Op 17). Programm eintasten. (Eingabe des Befehls HIR: Anhang A.) Block 2 auf eine Magnetkartenhälfte aufzeichnen.

Linearitäts-Test: wie bei Programm Q2 (Bild 1.1-2)

Programm W3: Plotter für 3 Kurven

Zweck: Zeichnen von drei Kurven mit beliebigen, fixen Symbolen.
Ordinaten: y_1: ganzzahliger Teil des Werts im Anzeigeregister (wird vom Programm in R_{01} gespeichert);
y_2: ganzzahliger Teil des Werts in R_{02};
y_3: ganzzahliger Teil des Werts in R_{03}.
Codes für Plotter-Symbole: Code 1: in Programmschritt 281–282; Code 2: in 251–252; Code 3: in 259–260.
Aufruf: SBR 240

Eignung: TI-59 und TI-58/58C
Speicherbereichsverteilung: TI-59: Grundstellung (6 Op 17); TI-58/58C: 1 Op 17
Programm laden: TI-59: 1 Magnetkartenhälfte einlesen (Block 2); TI-58/58C: Programm eintasten
Winkelmodus: beliebig; Anzeigeformat: Standard (INV Eng, INV Fix)

Programmkenndaten

Speicherbedarf: 105 Programmschritte, 4 Datenregister ($R_{01}-R_{03}$ für Ordinaten, R_{04} für Adressen)
Labels: keine; abs. Adressen: ja; T-Reg.: verwendet; Flags: keine
SBR-Ebenen / Klammer-Ebenen / unvollständige Op.-Ebenen: 1/0/6

Liste zu Programm W3

```
240  69 OP      267  82 HIR     294  01  1      321  05  5
241  00  00     268  35  35     295  09  9      322  75  -
242  42 STO     269  92 RTN     296  77  GE     323  32 X:T
243  01  01     270  82 HIR     297  03  3      324  75  -
244  01  1      271  36  36     298  06  06     325  07  7
245  71 SBR     272  92 RTN     299  92 RTN     326  95  =
246  02  2      273  82 HIR     300  73 RC*     327  22 INV
247  79  79     274  37  37     301  04  04     328  28 LOG
248  02  2      275  92 RTN     302  59 INT     329  52 EE
249  42 STO     276  82 HIR     303  67  EQ     330  33 X²
250  04  04     277  38  38     304  02  2      331  65  ×
251  04  4      278  92 RTN     305  69  69     332  82 HIR
252  07  7      279  42 STO     306  97 DSZ     333  14  14
253  71 SBR     280  04  04     307  04  4      334  85  +
254  02  2      281  05  5      308  03  3      335  08  8
255  83  83     282  01  1      309  00  00     336  08  8
256  03  3      283  82 HIR     310  32 X:T     337  44 SUM
257  42 STO     284  04  4      311  55  ÷      338  04  04
258  04  04     285  73 RC*     312  32 X:T     339  03  3
259  02  2      286  04  04     313  05  5      340  49 PRD
260  00  0      287  59 INT     314  85  +      341  04  04
261  71 SBR     288  29 CP      315  01  1      342  95  =
262  02  2      289  77  GE     316  95  =      343  83 GO*
263  83  83     290  02  2      317  59 INT     344  04  04
264  25 CLR     291  93  93     318  42 STO
265  69 OP      292  92 RTN     319  04  04
266  05  05     293  32 X:T     320  65  ×
```

Archivierung des Programms (bei TI-59): Speicherbereichsverteilung in Grundstellung (6 Op 17). Programm eintasten. (Eingabe des Befehls HIR: Anhang A.) Block 2 auf eine Magnetkartenhälfte aufzeichnen.

Linearitäts-Test: wie bei Programm Q3 (Bild 1.1-3)

1.8 Kurven-Plotter vom Typ X

Programm X2: Plotter für 2 Kurven

Zweck: Zeichnen von zwei Kurven mit beliebigen, fixen Symbolen.
Ordinaten: y_1: ganzzahliger Teil des Werts im Anzeigeregister (wird vom Programm in R_{01} gespeichert);
y_2: ganzzahliger Teil des Werts in R_{02}.
Codes für Plotter-Symbole: Code 1: in Programmschritt 247–248; Code 2: in 255–256.
Aufruf: SBR 240

Eignung: TI-59 und TI-58/58C
Speicherbereichsverteilung: TI-59: Grundstellung (6 Op 17); TI-58/58C: 1 Op 17
Programm laden: TI-59: 1 Magnetkartenhälfte einlesen (Block 2); TI-58/58C: Programm eintasten
Winkelmodus: beliebig; Anzeigeformat: Standard (INV Eng, INV Fix)

Programmkenndaten

Speicherbedarf: 120 Programmschritte, 3 Datenregister ($R_{01}-R_{02}$ für Ordinaten, R_{03} für Adressen)
Labels: keine; abs. Adressen: ja; T-Reg.: verwendet; Flags: keine
SBR-Ebenen / Klammer-Ebenen / unvollständige Op.-Ebenen: 1/0/6

Liste zu Programm X2

```
240  69 OP     270  82 HIR    300  55  ÷     330  49 PRD
241  00  00    271  16  16    301  32 X:T    331  03  03
242  42 STO    272  92 RTN    302  05  5     332  71 SBR
243  01  01    273  82 HIR    303  85  +     333  40 IND
244  01  1     274  37  37    304  01  1     334  03  03
245  42 STO    275  82 HIR    305  95  =     335  95  =
246  03  03    276  17  17    306  59 INT    336  22 INV
247  05  5     277  92 RTN    307  42 STO    337  59 INT
248  01  1     278  82 HIR    308  03  03    338  65  ×
249  71 SBR    279  38  38    309  65  ×     339  01  1
250  02  2     280  82 HIR    310  05  5     340  00  0
251  83  83    281  18  18    311  75  -     341  00  0
252  02  2     282  92 RTN    312  32 X:T    342  82 HIR
253  42 STO    283  82 HIR    313  75  -     343  64  64
254  03  03    284  04  4     314  06  6     344  95  =
255  02  2     285  73 RC*    315  85  +     345  59 INT
256  00  0     286  03  03    316  29 CP     346  67  EQ
257  71 SBR    287  59 INT    317  95  =     347  03  3
258  02  2     288  29 CP     318  94 +/-    348  50  50
259  83  83    289  77  GE    319  22 INV    349  92 RTN
260  25 CLR    290  02  2     320  28 LOG    350  82 HIR
261  69 OP     291  93  93    321  52 EE     351  14  14
262  05  05    292  92 RTN    322  82 HIR    352  85  +
263  82 HIR    293  32 X:T    323  64  64    353  02  2
264  35  35    294  02  2     324  65  ×     354  22 INV
265  82 HIR    295  00  0     325  05  5     355  44 SUM
266  15  15    296  32 X:T    326  02  2     356  03  03
267  92 RTN    297  77  GE    327  44 SUM    357  95  =
268  82 HIR    298  02  2     328  03  03    358  83 GO*
269  36  36    299  67  67    329  05  5     359  03  03
```

Archivierung des Programms (bei TI-59): Speicherbereichsverteilung in Grundstellung (6 Op 17). Programm eintasten. (Eingabe des Befehls HIR: Anhang A.) Block 2 auf eine Magnetkartenhälfte aufzeichnen.

Linearitäts-Test: wie bei Programm Q2 (Bild 1.1-2)

Programm X3: Plotter für 3 Kurven

Zweck: Zeichnen von drei Kurven mit beliebigen, fixen Symbolen.
Ordinaten: y_1: ganzzahliger Teil des Werts im Anzeigeregister (wird vom Programm in R_{01} gespeichert);
y_2: ganzzahliger Teil des Werts in R_{02};
y_3: ganzzahliger Teil des Werts in R_{03}.
Codes für Plotter-Symbole: Code 1: in Programmschritt 290–291; Code 2: in 251–252; Code 3: in 259–260.
Aufruf: SBR 240

Eignung: TI-59 und TI-58/58C
Speicherbereichsverteilung: TI-59: Grundstellung (6 Op 17); TI-58/58C: 1 Op 17
Programm laden: TI-59: 1 Magnetkartenhälfte einlesen (Block 2); TI-58/58C: Programm eintasten
Winkelmodus: beliebig; Anzeigeformat: Standard (INV Eng, INV Fix)

Programmkenndaten

Speicherbedarf: 129 Programmschritte, 4 Datenregister ($R_{01} - R_{03}$ für Ordinaten, R_{04} für Adressen)
Labels: keine; abs. Adressen: ja; T-Reg.: verwendet; Flags: keine
SBR-Ebenen / Klammer-Ebenen / unvollständige Op.-Ebenen: 1/0/6

Liste zu Programm X3

```
240  69 OP
241  00  00
242  42 STO
243  01  01
244  01  1
245  71 SBR
246  02   2
247  88  88
248  02  2
249  42 STO
250  04  04
251  04  4
252  07  7
253  71 SBR
254  02   2
255  92  92
256  03  3
257  42 STO
258  04  04
259  02  2
260  00  0
261  71 SBR
262  02   2
263  92  92
264  25 CLR
265  69 OP
266  05  05
267  92 RTN
268  82 HIR
269  35  35
270  82 HIR
271  15  15
272  92 RTN
273  82 HIR
274  36  36
275  82 HIR
276  16  16
277  92 RTN
278  82 HIR
279  37  37
280  82 HIR
281  17  17
282  92 RTN
283  82 HIR
284  38  38
285  82 HIR
286  18  18
287  92 RTN
288  42 STO
289  04  04
290  05  5
291  01  1
292  82 HIR
293  04   4
294  73 RC*
295  04  04
296  59 INT
297  29 CP
298  77  GE
299  03   3
300  02  02
301  92 RTN
302  32 X:T
303  02  2
304  00  0
305  32 X:T
306  77  GE
307  02   2
308  67  67
309  55  ÷
310  32 X:T
311  05  5
312  85  +
313  01  1
314  95  =
315  59 INT
316  42 STO
317  04  04
318  65  ×
319  05  5
320  75  -
321  32 X:T
322  75  -
323  06  6
324  85  +
325  29 CP
326  95  =
327  94 +/-
328  22 INV
329  28 LOG
330  52 EE
331  82 HIR
332  64  64
333  65  ×
334  05  5
335  03  3
336  44 SUM
337  04  04
338  05  5
339  49 PRD
340  04  04
341  71 SBR
342  40 IND
343  04  04
344  95  =
345  22 INV
346  59 INT
347  65  ×
348  01  1
349  00  0
350  00  0
351  82 HIR
352  64  64
353  95  =
354  59 INT
355  67  EQ
356  03   3
357  59  59
358  92 RTN
359  82 HIR
360  14  14
361  85  +
362  02  2
363  22 INV
364  44 SUM
365  04  04
366  95  =
367  83 GO*
368  04  04
```

Archivierung des Programms (bei TI-59): Speicherbereichsverteilung in Grundstellung (6 Op 17). Programm eintasten. (Eingabe des Befehls HIR: Anhang A.) Block 2 auf eine Magnetkartenhälfte aufzeichnen.

Linearitäts-Test: wie bei Programm Q3 (Bild 1.1-3)

2 Plotter für 4 bis 8 Kurven

2.1 Kurven-Plotter vom Typ W

Programm W4: Plotter für 4 Kurven

> *Zweck:* Zeichnen von vier Kurven mit beliebigen Symbolen.
> *Ordinaten* $y_1 - y_4$: ganzzahliger Teil des Werts in $R_{01} - R_{04}$.
> *Codes* für Plotter-Symbole: Code 1: in Programmschritt 278–279; Code 2: in 243–244; Code 3: in 248–249, Code 4: in 253–254.
> *Aufruf:* SBR 240

Eignung: TI-59 und TI-58/58C
Speicherbereichsverteilung: TI-59: Grundstellung (6 Op 17); TI-58/58C: 1 Op 17
Programm laden: TI-59: 1 Magnetkartenhälfte einlesen (Block 2); TI-58/58C: Programm eintasten
Winkelmodus: beliebig; Anzeigeformat: Standard (INV Eng, INV Fix)

Programmkenndaten

Speicherbedarf: 110 Programmschritte, 5 Datenregister ($R_{01} - R_{04}$ für Ordinaten, R_{05} für Adressen)
Labels: keine; abs. Adressen: ja; T-Reg.: verwendet; Flags: keine
SBR-Ebenen / Klammer-Ebenen / unvollständige Op.-Ebenen: 1/0/7

Liste zu Programm W4

```
240  71  SBR
241  02   2
242  73  73
243  04  4
244  07  7
245  71  SBR
246  02   2
247  80  80
248  05  5
249  00  0
250  71  SBR
251  02   2
252  80  80
253  02  2
254  00  0
255  71  SBR
256  02   2
257  80  80
258  25  CLR
259  69  OP
260  05   05
261  82  HIR
262  35   35
263  92  RTN
264  82  HIR
265  36   36
266  92  RTN
267  82  HIR
268  37   37
269  92  RTN
270  82  HIR
271  38   38
272  92  RTN
273  69  OP
274  00   00
275  00   0
276  82  HIR
277  03    3
278  05   5
279  01   1
280  82  HIR
281  04    4
282  01   1
283  82  HIR
284  33   33
285  82  HIR
286  13   13
287  42  STO
288  05   05
289  73  RC*
290  05   05
291  59  INT
292  29  CP
293  77   GE
294  02    2
295  97   97
296  92  RTN
297  32  X:T
298  01   1
299  09   9
300  77   GE
301  03    3
302  10   10
303  92  RTN
304  73  RC*
305  05   05
306  59  INT
307  67   EQ
308  02    2
309  63   63
310  97  DSZ
311  05    5
312  03    3
313  04   04
314  32  X:T
315  55   ÷
316  32  X:T
317  05   5
318  85   +
319  01   1
320  95   =
321  59  INT
322  42  STO
323  05   05
324  65   ×
325  05   5
326  75   -
327  32  X:T
328  75   -
329  07   7
330  95   =
331  22  INV
332  28  LOG
333  52  EE
334  33  X²
335  65   ×
336  82  HIR
337  14   14
338  85   +
339  08   8
340  06   6
341  44  SUM
342  05   05
343  03   3
344  49  PRD
345  05   05
346  01   1
347  95   =
348  83  GO*
349  05   05
```

Archivierung des Programms (bei TI-59): Speicherbereichsverteilung in Grundstellung (6 Op 17). Programm eintasten. (Eingabe des Befehls HIR: Anhang A.) Block 2 auf eine Magnetkartenhälfte aufzeichnen.

Linearitäts-Test (Aufruf: SBR SBR; Bild 2.1-1)

```
000  76 LBL     009  02  02     018  71 SBR     027  97 DSZ
001  71 SBR     010  02  2      019  02   2     028  04   4
002  01  1      011  01  1      020  40  40     029  00   0
003  09  9      012  42 STO     021  69 OP      030  18  18
004  42 STO     013  03  03     022  31  31     031  61 GTO
005  01  01     014  02  2      023  69 OP      032  02   2
006  02  2      015  02  2      024  32  32     033  40  40
007  00  0      016  42 STO     025  69 OP
008  42 STO     017  04  04     026  33  33
```

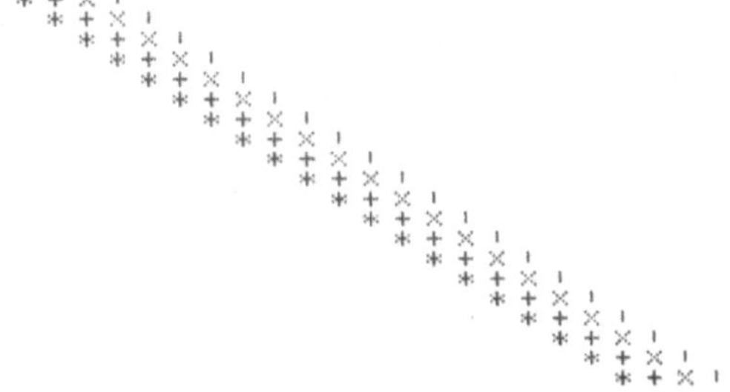

Bild 2.1-1
Linearitäts-Test
für W4 und X4

Programm W5: Plotter für 5 Kurven

Zweck: Zeichnen von fünf Kurven mit beliebigen Symbolen.
Ordinaten $y_1 - y_5$: ganzzahliger Teil des Werts in $R_{01} - R_{05}$.
Codes für Plotter-Symbole: Code 1: in Programmschritt 245–246; Code 2: in 250–251; Code 3: in 255–256; Code 4: in 260–261; Code 5: in 265–266.
Aufruf: SBR 240

Eignung: TI-59 und TI-58/58C
Speicherbereichsverteilung: TI-59: Grundstellung (6 Op 17); TI-58/58C: 1 Op 17
Programm laden: TI-59: 1 Magnetkartenhälfte einlesen (Block 2); TI-58/58C: Programm eintasten
Winkelmodus: beliebig; Anzeigeformat: Standard (INV Eng, INV Fix)

Programmkenndaten

Speicherbedarf: 115 Programmschritte, 6 Datenregister ($R_{01} - R_{05}$ für Ordinaten, R_{06} für Adressen)
Labels: keine; abs. Adressen: ja; T-Reg.: verwendet; Flags: keine
SBR-Ebenen / Klammer-Ebenen / unvollständige Op.-Ebenen: 1/0/7

Liste zu Programm W5

```
240  69 OP       269  85  85      298  77  GE      327  42 STO
241  00  00      270  25 CLR      299  03   3      328  06  06
242  00  0       271  69 OP       300  02  02      329  65  ×
243  82 HIR      272  05  05      301  92 RTN      330  05  5
244  03   3      273  82 HIR      302  32 X:T      331  75  -
245  05  5       274  35  35      303  01  1       332  32 X:T
246  01  1       275  92 RTN      304  09  9       333  75  -
247  71 SBR      276  82 HIR      305  77  GE      334  07  7
248  02   2      277  36  36      306  03   3      335  95  =
249  85  85      278  92 RTN      307  15  15      336  22 INV
250  04  4       279  82 HIR      308  92 RTN      337  28 LOG
251  07  7       280  37  37      309  73 RC*      338  52 EE
252  71 SBR      281  92 RTN      310  06  06      339  33 X²
253  02   2      282  82 HIR      311  59 INT      340  65  ×
254  85  85      283  38  38      312  67  EQ      341  82 HIR
255  05  5       284  92 RTN      313  02   2      342  14  14
256  00  0       285  82 HIR      314  75  75      343  85  +
257  71 SBR      286  04   4      315  97 DSZ      344  09  9
258  02   2      287  01  1       316  06   6      345  00  0
259  85  85      288  82 HIR      317  03   3      346  44 SUM
260  07  7       289  33  33      318  09  09      347  06  06
261  02  2       290  82 HIR      319  32 X:T      348  03  3
262  71 SBR      291  13  13      320  55  ÷       349  49 PRD
263  02   2      292  42 STO      321  32 X:T      350  06  06
264  85  85      293  06  06      322  05  5       351  01  1
265  02  2       294  73 RC*      323  85  +       352  95  =
266  00  0       295  06  06      324  01  1       353  83 GO*
267  71 SBR      296  59 INT      325  95  =       354  06  06
268  02   2      297  29 CP       326  59 INT
```

Archivierung des Programms (bei TI-59): Speicherbereichsverteilung in Grundstellung (6 Op 17). Programm eintasten. (Eingabe des Befehls HIR: Anhang A.) Block 2 auf eine Magnetkartenhälfte aufzeichnen.

Linearitäts-Test (Aufruf: SBR SBR; Bild 2.1-2)

```
000  76 LBL      010  02  2       020  42 STO      030  33  33
001  71 SBR      011  01  1       021  05  05      031  69 OP
002  01  1       012  42 STO      022  71 SBR      032  34  34
003  09  9       013  03  03      023  02   2      033  97 DSZ
004  42 STO      014  02  2       024  40  40      034  05   5
005  01  01      015  02  2       025  69 OP       035  00   0
006  02  2       016  42 STO      026  31  31      036  22  22
007  00  0       017  04  04      027  69 OP       037  61 GTO
008  42 STO      018  02  2       028  32  32      038  02   2
009  02  02      019  03  3       029  69 OP       039  40  40
```

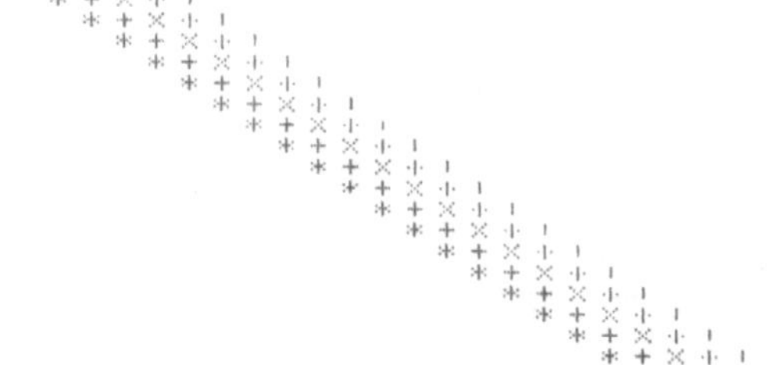

Bild 2.1-2
Linearitäts-Test
für W5 und X5

Programm W6: Plotter für 6 Kurven

Zweck: Zeichnen von sechs Kurven mit beliebigen Symbolen.
Ordinaten $y_1 - y_6$: ganzzahliger Teil des Werts in $R_{01} - R_{06}$.
Codes für Plotter-Symbole: Code 1: in Programmschritt 288–289; Code 2: in 245–246;
Code 3: in 250–251; Code 4: in 255–256; Code 5: in 260–261;
Code 6: in 265–266.
Aufruf: SBR 240

Eignung: TI-59 und TI-58/58C
Speicherbereichsverteilung: TI-59: Grundstellung (6 Op 17); TI-58/58C: 1 Op 17
Programm laden: TI-59: 1 Magnetkartenhälfte einlesen (Block 2); TI-58/58C: Programm eintasten
Winkelmodus: beliebig; Anzeigeformat: Standard (INV Eng, INV Fix)

Programmkenndaten

Speicherbedarf: 120 Programmschritte, 7 Datenregister ($R_{01} - R_{06}$ für Ordinaten, R_{07} für Adressen)
Labels: keine; abs. Adressen: ja, T-Reg.: verwendet; Flags: keine
SBR-Ebenen / Klammer-Ebenen / unvollständige Op.-Ebenen: 1/0/7

Liste zu Programm W6

```
240  69 OP      270  25 CLR     300  07  07     330  95  =
241  00  00     271  69 OP      301  59 INT     331  59 INT
242  71 SBR     272  05  05     302  29 CP      332  42 STO
243  02   2     273  82 HIR     303  77  GE     333  07  07
244  85  85     274  35  35     304  03   3     334  65  ×
245  04  4      275  92 RTN     305  07  07     335  05  5
246  07  7      276  82 HIR     306  92 RTN     336  75  -
247  71 SBR     277  36  36     307  32 X:T     337  32 X:T
248  02   2     278  92 RTN     308  01  1      338  75  -
249  90  90     279  82 HIR     309  09  9      339  07  7
250  05  5      280  37  37     310  77  GE     340  95  =
251  00  0      281  92 RTN     311  03   3     341  22 INV
252  71 SBR     282  82 HIR     312  20  20     342  28 LOG
253  02   2     283  38  38     313  92 RTN     343  52 EE
254  90  90     284  92 RTN     314  73 RC*     344  33 X²
255  07  7      285  00  0      315  07  07     345  65  ×
256  02  2      286  82 HIR     316  59 INT     346  82 HIR
257  71 SBR     287  03   3     317  67  EQ     347  14  14
258  02   2     288  05  5      318  02   2     348  85  +
259  90  90     289  01  1      319  75  75     349  09  9
260  06  6      290  82 HIR     320  97 DSZ     350  00  0
261  04  4      291  04   4     321  07   7     351  44 SUM
262  71 SBR     292  01  1      322  03   3     352  07  07
263  02   2     293  82 HIR     323  14  14     353  03  3
264  90  90     294  33  33     324  32 X:T     354  49 PRD
265  02  2      295  82 HIR     325  55  ÷      355  07  07
266  00  0      296  13  13     326  32 X:T     356  01  1
267  71 SBR     297  42 STO     327  05  5      357  95  =
268  02   2     298  07  07     328  85  +      358  83 GO*
269  90  90     299  73 RC*     329  01  1      359  07  07
```

Archivierung des Programms (bei TI-59): Speicherbereichsverteilung in Grundstellung (6 Op 17). Programm eintasten. (Eingabe des Befehls HIR: Anhang A.) Block 2 auf eine Magnetkartenhälfte aufzeichnen.

Linearitäts-Test (Aufruf: SBR SBR; Bild 2.1-3)

000	76	LBL	010	00	00	020	02	2	030	00	0
001	71	SBR	011	72	ST*	021	40	40	031	00	0
002	06	6	012	07	07	022	05	5	032	27	27
003	42	STO	013	69	OP	023	42	STO	033	97	DSZ
004	07	07	014	30	30	024	00	00	034	06	6
005	02	2	015	97	DSZ	025	01	1	035	00	0
006	04	4	016	07	7	026	94	+/-	036	19	19
007	42	STO	017	00	0	027	74	SM*	037	61	GTO
008	00	00	018	09	09	028	00	00	038	02	2
009	43	RCL	019	71	SBR	029	97	DSZ	039	40	40

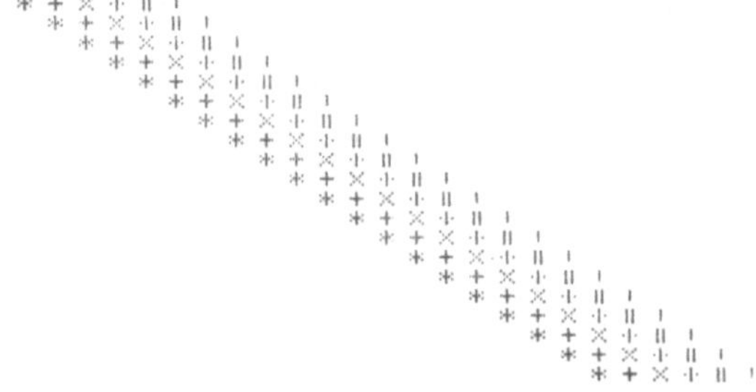

Bild 2.1-3
Linearitäts-Test
für W6 und X6

Programm W7: Plotter für 7 Kurven

> *Zweck:* Zeichnen von sieben Kurven mit beliebigen Symbolen.
> *Ordinaten* $y_1 - y_7$: ganzzahliger Teil des Werts in $R_{01} - R_{07}$.
> *Codes* für Plotter-Symbole: Code 1: in Programmschritt 293–294; Code 2: in 243–244;
> Code 3: in 248–249; Code 4: in 253–254; Code 5: in 258–259;
> Code 6: in 263–264; Code 7: in 268–269.
> *Aufruf:* SBR 240

Eignung: TI-59 und TI-58/58C
Speicherbereichsverteilung: TI-59: Grundstellung (6 Op 17); TI-58/58C: 1 Op 17
Programm laden: TI-59: 1 Magnetkartenhälfte einlesen (Block 2); TI-58/58C: Programm eintasten
Winkelmodus: beliebig; Anzeigeformat: Standard (INV Eng, INV Fix)

Programmkenndaten

Speicherbedarf: 125 Programmschritte, 8 Datenregister ($R_{01} - R_{07}$ für Ordinaten, R_{08} für Adressen)
Labels: keine; abs. Adressen: ja; T-Reg.: verwendet; Flags: keine
SBR-Ebenen / Klammer-Ebenen / unvollständige Op.-Ebenen: 1/0/7

Liste zu Programm W7

```
240  71 SBR
241  02   2
242  88  88
243  04   4
244  07   7
245  71 SBR
246  02   2
247  95  95
248  05   5
249  00   0
250  71 SBR
251  02   2
252  95  95
253  07   7
254  02   2
255  71 SBR
256  02   2
257  95  95
258  06   6
259  04   4
260  71 SBR
261  02   2
262  95  95
263  06   6
264  01   1
265  71 SBR
266  02   2
267  95  95
268  02   2
269  00   0
270  71 SBR
271  02   2
272  95  95
273  25 CLR
274  69 OP
275  05  05
276  82 HIR
277  35  35
278  92 RTN
279  82 HIR
280  36  36
281  92 RTN
282  82 HIR
283  37  37
284  92 RTN
285  82 HIR
286  38  38
287  92 RTN
288  69 OP
289  00  00
290  00   0
291  82 HIR
292  03   3
293  05   5
294  01   1
295  82 HIR
296  04   4
297  01   1
298  82 HIR
299  33  33
300  82 HIR
301  13  13
302  42 STO
303  08  08
304  73 RC*
305  08  08
306  59 INT
307  29 CP
308  77  GE
309  03   3
310  12  12
311  92 RTN
312  32 X:T
313  01   1
314  09   9
315  77  GE
316  03   3
317  25  25
318  92 RTN
319  73 RC*
320  08  08
321  59 INT
322  67  EQ
323  02   2
324  78  78
325  97 DSZ
326  08   8
327  03   3
328  19  19
329  32 X:T
330  55   ÷
331  32 X:T
332  05   5
333  85   +
334  01   1
335  95   =
336  59 INT
337  42 STO
338  08  08
339  65   ×
340  05   5
341  75   -
342  32 X:T
343  75   -
344  07   7
345  95   =
346  22 INV
347  28 LOG
348  52  EE
349  33  X²
350  65   ×
351  82 HIR
352  14  14
353  85   +
354  09   9
355  01   1
356  44 SUM
357  08  08
358  03   3
359  49 PRD
360  08  08
361  01   1
362  95   =
363  83 GO*
364  08  08
```

Archivierung des Programms (bei TI-59): Speicherbereichsverteilung in Grundstellung (6 Op 17). Programm eintasten. (Eingabe des Befehls HIR: Anhang A.) Block 2 auf eine Magnetkartenhälfte aufzeichnen.

Linearitäts-Test (Aufruf: SBR SBR; Bild 2.1-4)

```
000  76 LBL
001  71 SBR
002  07   7
003  42 STO
004  08  08
005  02   2
006  05   5
007  42 STO
008  00  00
009  43 RCL
010  00  00
011  72 ST*
012  08  08
013  69 OP
014  30  30
015  97 DSZ
016  08   8
017  00   0
018  09  09
019  71 SBR
020  02   2
021  40  40
022  06   6
023  42 STO
024  00  00
025  01   1
026  94 +/-
027  74 SM*
028  00  00
029  97 DSZ
030  00   0
031  00   0
032  27  27
033  97 DSZ
034  07   7
035  00   0
036  19  19
037  61 GTO
038  02   2
039  40  40
```

Bild 2.1-4
Linearitäts-Test
für W7 und X7

Programm W8: Plotter für 8 Kurven

Zweck: Zeichnen von acht Kurven mit beliebigen Symbolen.
Ordinaten $y_1 - y_8$: ganzzahliger Teil des Werts in $R_{01} - R_{08}$.
Codes für Plotter-Symbole: Code 1: in Programmschritt 245–246; Code 2: in 250–251; Code 3: in 255–256; Code 4: in 260–261; Code 5: in 265–266; Code 6: in 270–271; Code 7: in 275–276; Code 8: in 280–281.
Aufruf: SBR 240

Eignung: TI-59 und TI-58/58C
Speicherbereichsverteilung: TI-59: Grundstellung (6 Op 17); TI-58/58C: 1 Op 17
Programm laden: TI-59: 1 Magnetkartenhälfte einlesen (Block 2); TI-58/58C: Programm eintasten
Winkelmodus: beliebig; Anzeigeformat: Standard (INV Eng, INV Fix)

Programmkenndaten

Speicherbedarf: 130 Programmschritte, 9 Datenregister ($R_{01} - R_{08}$ für Ordinaten, R_{09} für Adressen)
Labels: keine; abs. Adressen: ja; T-Reg.: verwendet; Flags: keine
SBR-Ebenen / Klammer-Ebenen / unvollständige Op.-Ebenen: 1/0/7

Liste zu Programm W8

```
240  69  OP
241  00  00
242  00  0
243  82  HIR
244  03  3
245  05  5
246  01  1
247  71  SBR
248  03  3
249  00  00
250  04  4
251  07  7
252  71  SBR
253  03  3
254  00  00
255  05  5
256  00  0
257  71  SBR
258  03  3
259  00  00
260  07  7
261  02  2
262  71  SBR
263  03  3
264  00  00
265  06  6
266  04  4
267  71  SBR
268  03  3
269  00  00
270  06  6
271  01  1
272  71  SBR
273  03  3
274  00  00
275  04  4
276  04  4
277  71  SBR
278  03  3
279  00  00
280  02  2
281  00  0
282  71  SBR
283  03  3
284  00  00
285  25  CLR
286  69  OP
287  05  05
288  82  HIR
289  35  35
290  92  RTN
291  82  HIR
292  36  36
293  92  RTN
294  82  HIR
295  37  37
296  92  RTN
297  82  HIR
298  38  38
299  92  RTN
300  82  HIR
301  04  4
302  01  1
303  82  HIR
304  33  33
305  82  HIR
306  13  13
307  42  STO
308  09  09
309  73  RC*
310  09  09
311  59  INT
312  29  CP
313  77  GE
314  03  3
315  17  17
316  92  RTN
317  32  X:T
318  01  1
319  09  9
320  77  GE
321  03  3
322  30  30
323  92  RTN
324  73  RC*
325  09  09
326  59  INT
327  67  EQ
328  02  2
329  90  90
330  97  DSZ
331  09  9
332  03  3
333  24  24
334  32  X:T
335  55  ÷
336  32  X:T
337  05  5
338  85  +
339  01  1
340  95  =
341  59  INT
342  42  STO
343  09  09
344  65  ×
345  05  5
346  75  -
347  32  X:T
348  75  -
349  07  7
350  95  =
351  22  INV
352  28  LOG
353  52  EE
354  33  X²
355  65  ×
356  82  HIR
357  14  14
358  85  +
359  09  9
360  05  5
361  44  SUM
362  09  09
363  03  3
364  49  PRD
365  09  09
366  01  1
367  95  =
368  83  GO*
369  09  09
```

Archivierung des Programms (bei TI-59): Speicherbereichsverteilung in Grundstellung (6 Op 17). Programm eintasten. (Eingabe des Befehls HIR: Anhang A.) Block 2 auf eine Magnetkartenhälfte aufzeichnen.

Linearitäts-Test (Aufruf: SBR SBR; Bild 2.1-5)

```
000  76 LBL     010  00  00     020  02   2     030  00   0
001  71 SBR     011  72 ST*     021  40  40     031  00   0
002  08   8     012  09  09     022  07   7     032  27  27
003  42 STO     013  69 OP      023  42 STO     033  97 DSZ
004  09  09     014  30  30     024  00  00     034  08   8
005  02   2     015  97 DSZ     025  01   1     035  00   0
006  06   6     016  09   9     026  94 +/-     036  19  19
007  42 STO     017  00   0     027  74 SM*     037  61 GTO
008  00  00     018  09  09     028  00  00     038  02   2
009  43 RCL     019  71 SBR     029  97 DSZ     039  40  40
```

```
* + × ÷ = % ⋈ '
  * + × ÷ = % ⋈ '
    * + × ÷ = % ⋈ '
      * + × ÷ = % ⋈ '
        * + × ÷ = % ⋈ '
          * + × ÷ = % ⋈ '
            * + × ÷ = % ⋈ '
              * + × ÷ = % ⋈ '
                * + × ÷ = % ⋈ '
                  * + × ÷ = % ⋈ '
                    * + × ÷ = % ⋈ '
                      * + × ÷ = % ⋈ '
                        * + × ÷ = % ⋈ '
                          * + × ÷ = % ⋈ '
                            * + × ÷ = % ⋈ '
                              * + × ÷ = % ⋈ '
                                * + × ÷ = % ⋈ '
                                  * + × ÷ = % ⋈ '
                                    * + × ÷ = % ⋈ '
                                      * + × ÷ = % ⋈ '
```

Bild 2.1-5
Linearitäts-Test
für W8 und X8

2.2 Kurven-Plotter vom Typ X

Programm X4: Plotter für 4 Kurven

Zweck: Zeichnen von vier Kurven mit beliebigen Symbolen.
Ordinaten $y_1 - y_4$: ganzzahliger Teil des Werts in $R_{01} - R_{04}$.
Codes für Plotter-Symbole: Code 1: in Programmschritt 245–246; Code 2: in 250–251; Code 3: in 255–256; Code 4: in 260–261.
Aufruf: SBR 240

Eignung: TI-59 und TI-58/58C
Speicherbereichsverteilung: TI-59: Grundstellung (6 Op 17); TI-58/58C: 1 Op 17
Programm laden: TI-59: 1 Magnetkartenhälfte einlesen (Block 2); TI-58/58C: Programm eintasten
Winkelmodus: beliebig; Anzeigeformat: Standard (INV Eng, INV Fix)

Programmkenndaten

Speicherbedarf: 132 Programmschritte, 5 Datenregister ($R_{01} - R_{04}$ für Ordinaten, R_{05} für Adressen)
Labels: keine; abs. Adressen: ja; T-Reg.: verwendet; Flags: keine
SBR-Ebenen / Klammer-Ebenen / unvollständige Op.-Ebenen: 1/0/7

Liste zu Programm X4

```
240  69 OP     273  82 HIR    306  02  2     339  44 SUM
241  00  00    274  36  36    307  00  0     340  05  05
242  00  0     275  82 HIR    308  32 X:T    341  05  5
243  82 HIR    276  16  16    309  77  GE    342  49 PRD
244  03   3    277  92 RTN    310  02   2    343  05  05
245  05  5     278  82 HIR    311  72  72    344  71 SBR
246  01  1     279  37  37    312  55  ÷     345  40 IND
247  71 SBR    280  82 HIR    313  32 X:T    346  05  05
248  02   2    281  17  17    314  05  5     347  95  =
249  88  88    282  92 RTN    315  85  +     348  22 INV
250  04  4     283  82 HIR    316  01  1     349  59 INT
251  07  7     284  38  38    317  95  =     350  65  ×
252  71 SBR    285  82 HIR    318  59 INT    351  01  1
253  02   2    286  18  18    319  42 STO    352  00  0
254  88  88    287  92 RTN    320  05  05    353  00  0
255  05  5     288  82 HIR    321  65  ×     354  82 HIR
256  00  0     289  04   4    322  05  5     355  64  64
257  71 SBR    290  01  1     323  75  -     356  95  =
258  02   2    291  82 HIR    324  32 X:T    357  59 INT
259  88  88    292  33  33    325  75  -     358  67  EQ
260  02  2     293  82 HIR    326  06  6     359  03   3
261  00  0     294  13  13    327  85  +     360  62  62
262  71 SBR    295  42 STO    328  29 CP     361  92 RTN
263  02   2    296  05  05    329  95  =     362  82 HIR
264  88  88    297  73 RC*    330  94 +/-    363  14  14
265  25 CLR    298  05  05    331  22 INV    364  85  +
266  69 OP     299  59 INT    332  28 LOG    365  02  2
267  05  05    300  29 CP     333  52 EE     366  22 INV
268  82 HIR    301  77  GE    334  82 HIR    367  44 SUM
269  35  35    302  03   3    335  64  64    368  05  05
270  82 HIR    303  05  05    336  65  ×     369  95  =
271  15  15    304  92 RTN    337  05  5     370  83 GO*
272  92 RTN    305  32 X:T    338  03  3     371  05  05
```

Archivierung des Programms (bei TI-59): Speicherbereichsverteilung in Grundstellung (6 Op 17). Programm eintasten. (Eingabe des Befehls HIR: Anhang A.) Block 2 auf eine Magnetkartenhälfte aufzeichnen.

Linearitäts-Test: wie bei Programm W4 (Bild 2.1-1)

Programm X5: Plotter für 5 Kurven

Zweck: Zeichnen von fünf Kurven mit beliebigen Symbolen.
Ordinaten $y_1 - y_5$: ganzzahliger Teil des Werts in $R_{01} - R_{05}$.
Codes für Plotter-Symbole: Code 1: in Programmschritt 245–246; Code 2: in 250–251; Code 3: in 255–256; Code 4: in 260–261; Code 5: in 265–266.
Aufruf: SBR 240

Eignung: TI-59 und TI-58/58C
Speicherbereichsverteilung: TI-59: Grundstellung (6 Op 17); TI-58/58C: 1 Op 17
Programm laden: TI-59: 1 Magnetkartenhälfte einlesen (Block 2); TI-58/58C: Programm eintasten
Winkelmodus: beliebig; Anzeigeformat: Standard (INV Eng, INV Fix)

Programmkenndaten

Speicherbedarf: 138 Programmschritte, 6 Datenregister ($R_{01} - R_{05}$ für Ordinaten, R_{06} für Adressen)
Labels: keine; abs. Adressen: ja; T-Reg.: verwendet; Flags: keine
SBR-Ebenen / Klammer-Ebenen / unvollständige Op.-Ebenen: 1/0/7

Liste zu Programm X5

240	69	OP	275	82	HIR	310	32	X:T	345	06	06
241	00	00	276	15	15	311	02	2	346	05	5
242	00	0	277	92	RTN	312	00	0	347	49	PRD
243	82	HIR	278	82	HIR	313	32	X:T	348	06	06
244	03	3	279	36	36	314	77	GE	349	71	SBR
245	05	5	280	82	HIR	315	02	2	350	40	IND
246	01	1	281	16	16	316	77	77	351	06	06
247	71	SBR	282	92	RTN	317	55	÷	352	95	=
248	02	2	283	82	HIR	318	32	X:T	353	22	INV
249	93	93	284	37	37	319	05	5	354	59	INT
250	04	4	285	82	HIR	320	85	+	355	65	×
251	07	7	286	17	17	321	01	1	356	01	1
252	71	SBR	287	92	RTN	322	95	=	357	00	0
253	02	2	288	82	HIR	323	59	INT	358	00	0
254	93	93	289	38	38	324	42	STO	359	82	HIR
255	05	5	290	82	HIR	325	06	06	360	64	64
256	00	0	291	18	18	326	65	×	361	95	=
257	71	SBR	292	92	RTN	327	05	5	362	59	INT
258	02	2	293	82	HIR	328	75	-	363	67	EQ
259	93	93	294	04	4	329	32	X:T	364	03	3
260	07	7	295	01	1	330	75	-	365	67	67
261	02	2	296	82	HIR	331	06	6	366	92	RTN
262	71	SBR	297	33	33	332	85	+	367	02	2
263	02	2	298	82	HIR	333	29	CP	368	22	INV
264	93	93	299	13	13	334	95	=	369	44	SUM
265	02	2	300	42	STO	335	94	+/-	370	06	06
266	00	0	301	06	06	336	22	INV	371	82	HIR
267	71	SBR	302	73	RC*	337	28	LOG	372	14	14
268	02	2	303	06	06	338	52	EE	373	85	+
269	93	93	304	59	INT	339	82	HIR	374	01	1
270	25	CLR	305	29	CP	340	64	64	375	95	=
271	69	OP	306	77	GE	341	65	×	376	83	GO*
272	05	05	307	03	3	342	05	5	377	06	06
273	82	HIR	308	10	10	343	04	4			
274	35	35	309	92	RTN	344	44	SUM			

Archivierung des Programms (bei TI-59): Speicherbereichsverteilung in Grundstellung (6 Op 17). Programm eintasten. (Eingabe des Befehls HIR: Anhang A.) Block 2 auf eine Magnetkartenhälfte aufzeichnen.

Linearitäts-Test: wie bei Programm W5 (Bild 2.1-2)

Programm X6: Plotter für 6 Kurven

Zweck: Zeichnen von sechs Kurven mit beliebigen Symbolen.
Ordinaten $y_1 - y_6$: ganzzahliger Teil des Werts in $R_{01} - R_{06}$.
Codes für Plotter-Symbole: Code 1: in Programmschritt 245–246; Code 2: in 250–251; Code 3: in 255–256; Code 4: in 260–261; Code 5: in 265–266; Code 6: in 270–271.
Aufruf: SBR 240

Eignung: TI-59 und TI-58/58C
Speicherbereichsverteilung: TI-59: Grundstellung (6 Op 17); TI-58/58C: 1 Op 17
Programm laden: TI-59: 1 Magnetkartenhälfte einlesen (Block 2); TI-58/58C: Programm eintasten
Winkelmodus: beliebig; Anzeigeformat: Standard (INV Eng, INV Fix)

Programmkenndaten

Speicherbedarf: 143 Programmschritte, 7 Datenregister ($R_{01} - R_{06}$ für Ordinaten, R_{07} für Adressen)
Labels: keine; abs. Adressen: ja; T-Reg.: verwendet; Flags: keine
SBR-Ebenen / Klammer-Ebenen / unvollständige Op.-Ebenen: 1/0/7

Liste zu Programm X6

```
240  69 OP     276  69 OP     312  03   3    348  05   5
241  00  00    277  05  05    313  15  15    349  44 SUM
242  00  0     278  82 HIR    314  92 RTN    350  07  07
243  82 HIR    279  35  35    315  32 X:T    351  05   5
244  03   3    280  82 HIR    316  02  2     352  49 PRD
245  05  5     281  15  15    317  00  0     353  07  07
246  01  1     282  92 RTN    318  32 X:T    354  71 SBR
247  71 SBR    283  82 HIR    319  77  GE    355  40 IND
248  02   2    284  36  36    320  02   2    356  07  07
249  98  98    285  82 HIR    321  82  82    357  95   =
250  04  4     286  16  16    322  55   ÷    358  22 INV
251  07  7     287  92 RTN    323  32 X:T    359  59 INT
252  71 SBR    288  82 HIR    324  05  5     360  65   ×
253  02   2    289  37  37    325  85  +     361  01  1
254  98  98    290  82 HIR    326  01  1     362  00  0
255  05  5     291  17  17    327  95  =     363  00  0
256  00  0     292  92 RTN    328  59 INT    364  82 HIR
257  71 SBR    293  82 HIR    329  42 STO    365  64  64
258  02   2    294  38  38    330  07  07    366  95   =
259  98  98    295  82 HIR    331  65  ×     367  59 INT
260  07  7     296  18  18    332  05  5     368  67  EQ
261  02  2     297  92 RTN    333  75  -     369  03   3
262  71 SBR    298  82 HIR    334  32 X:T    370  72  72
263  02   2    299  04   4    335  75  -     371  92 RTN
264  98  98    300  01  1     336  06  6     372  02   2
265  06  6     301  82 HIR    337  85  +     373  22 INV
266  04  4     302  33  33    338  29 CP     374  44 SUM
267  71 SBR    303  82 HIR    339  95  =     375  07  07
268  02   2    304  13  13    340  94 +/-    376  82 HIR
269  98  98    305  42 STO    341  22 INV    377  14  14
270  02  2     306  07  07    342  28 LOG    378  85  +
271  00  0     307  73 RC*    343  52 EE     379  01  1
272  71 SBR    308  07  07    344  82 HIR    380  95  =
273  02   2    309  59 INT    345  64  64    381  83 GO*
274  98  98    310  29 CP     346  65  ×     382  07  07
275  25 CLR    311  77  GE    347  05  5
```

Archivierung des Programms (bei TI-59): Speicherbereichsverteilung in Grundstellung (6 Op 17). Programm eintasten. (Eingabe des Befehls HIR: Anhang A.) Block 2 auf eine Magnetkartenhälfte aufzeichnen.

Linearitäts-Test: wie bei Programm W6 (Bild 2.1-3)

Programm X7: Plotter für 7 Kurven

Zweck: Zeichnen von sieben Kurven mit beliebigen Symbolen.
Ordinaten $y_1 - y_7$: ganzzahliger Teil des Werts in $R_{01} - R_{07}$.
Codes für Plotter-Symbole: Code 1: in Programmschritt 245–246; Code 2: in 250–251; Code 3: in 255–256; Code 4: in 260–261; Code 5: in 265–266; Code 6: in 270–271; Code 7: in 275–276.
Aufruf: SBR 240

Eignung: TI-59 und TI-58/58C
Speicherbereichsverteilung: TI-59: Grundstellung (6 Op 17); TI-58/58C: 1 Op 17
Programm laden: TI-59: 1 Magnetkartenhälfte einlesen (Block 2); TI-58/58C: Programm eintasten
Winkelmodus: beliebig; Anzeigeformat: Standard (INV Eng, INV Fix)

Programmkenndaten

Speicherbedarf: 148 Programmschritte, 8 Datenregister ($R_{01}-R_{07}$ für Ordinaten, R_{08} für Adressen)
Labels: keine; abs. Adressen: ja; T-Reg.: verwendet; Flags: keine
SBR-Ebenen / Klammer-Ebenen / unvollständige Op.-Ebenen: 1/0/7

Liste zu Programm X7

```
240  69 OP     277  71 SBR    314  59 INT    351  65  ×
241  00  00    278  03   3    315  29 CP     352  05  5
242  00  0     279  03  03    316  77  GE    353  06  6
243  82 HIR    280  25 CLR    317  03   3    354  44 SUM
244  03   3    281  69 OP     318  20  20    355  08  08
245  05  5     282  05  05    319  92 RTN    356  05  5
246  01  1     283  82 HIR    320  32 X:T    357  49 PRD
247  71 SBR    284  35  35    321  02  2     358  08  08
248  03   3    285  82 HIR    322  00  0     359  71 SBR
249  03  03    286  15  15    323  32 X:T    360  40 IND
250  04  4     287  92 RTN    324  77  GE    361  08  08
251  07  7     288  82 HIR    325  02   2    362  95  =
252  71 SBR    289  36  36    326  87  87    363  22 INV
253  03   3    290  82 HIR    327  55  ÷     364  59 INT
254  03  03    291  16  16    328  32 X:T    365  65  ×
255  05  5     292  92 RTN    329  05  5     366  01  1
256  00  0     293  82 HIR    330  85  +     367  00  0
257  71 SBR    294  37  37    331  01  1     368  00  0
258  03   3    295  82 HIR    332  95  =     369  82 HIR
259  03  03    296  17  17    333  59 INT    370  64  64
260  07  7     297  92 RTN    334  42 STO    371  95  =
261  02  2     298  82 HIR    335  08  08    372  59 INT
262  71 SBR    299  38  38    336  65  ×     373  67  EQ
263  03   3    300  82 HIR    337  05  5     374  03   3
264  03  03    301  18  18    338  75  -     375  77  77
265  06  6     302  92 RTN    339  32 X:T    376  92 RTN
266  04  4     303  82 HIR    340  75  -     377  02  2
267  71 SBR    304  04   4    341  06  6     378  22 INV
268  03   3    305  01  1     342  85  +     379  44 SUM
269  03  03    306  82 HIR    343  29 CP     380  08  08
270  06  6     307  33  33    344  95  =     381  82 HIR
271  01  1     308  82 HIR    345  94 +/-    382  14  14
272  71 SBR    309  13  13    346  22 INV    383  85  +
273  03   3    310  42 STO    347  28 LOG    384  01  1
274  03  03    311  08  08    348  52 EE     385  95  =
275  02  2     312  73 RC*    349  82 HIR    386  83 GO*
276  00  0     313  08  08    350  64  64    387  08  08
```

Archivierung des Programms (bei TI-59): Speicherbereichsverteilung in Grundstellung (6 Op 17). Programm eintasten. (Eingabe des Befehls HIR: Anhang A.) Block 2 auf eine Magnetkartenhälfte aufzeichnen.

Linearitäts-Test: wie bei Programm W7 (Bild 2.1-4)

Programm X8: Plotter für 8 Kurven

Zweck: Zeichnen von acht Kurven mit beliebigen Symbolen.
Ordinaten y_1-y_8: ganzzahliger Teil des Werts in $R_{01}-R_{08}$.
Codes für Plotter-Symbole: Code 1: in Programmschritt 245–246; Code 2: in 250–251;
Code 3: in 255–256; Code 4: in 260–261; Code 5: in 265–266;
Code 6: in 270–271; Code 7: in 275–276; Code 8: in 280–281.
Aufruf: SBR 240

Eignung: TI-59 und TI-58/58C
Speicherbereichsverteilung: TI-59: Grundstellung (6 Op 17); TI-58/58C: 1 Op 17
Programm laden: TI-59: 1 Magnetkartenhälfte einlesen (Block 2); TI-58/58C: Programm eintasten
Winkelmodus: beliebig; Anzeigeformat: Standard (INV Eng, INV Fix)

Programmkenndaten

Speicherbedarf: 153 Programmschritte, 9 Datenregister ($R_{01} - R_{08}$ für Ordinaten, R_{09} für Adressen)
Labels: keine; abs. Adressen: ja; T-Reg.: verwendet; Flags: keine
SBR-Ebenen / Klammer-Ebenen / unvollständige Op.-Ebenen: 1/0/7

Liste zu Programm X8

```
240  69 OP
241  00  00
242  00  0
243  82 HIR
244  03   3
245  05  5
246  01  1
247  71 SBR
248  03   3
249  08  08
250  04  4
251  07  7
252  71 SBR
253  03   3
254  08  08
255  05  5
256  00  0
257  71 SBR
258  03   3
259  08  08
260  07  7
261  02  2
262  71 SBR
263  03   3
264  08  08
265  06  6
266  04  4
267  71 SBR
268  03   3
269  08  08
270  06  6
271  01  1
272  71 SBR
273  03   3
274  08  08
275  04  4
276  04  4
277  71 SBR
278  03   3
279  08  08
280  02  2
281  00  0
282  71 SBR
283  03   3
284  08  08
285  25 CLR
286  69 OP
287  05  05
288  82 HIR
289  35  35
290  82 HIR
291  15  15
292  92 RTN
293  82 HIR
294  36  36
295  82 HIR
296  16  16
297  92 RTN
298  82 HIR
299  37  37
300  82 HIR
301  17  17
302  92 RTN
303  82 HIR
304  38  38
305  82 HIR
306  18  18
307  92 RTN
308  82 HIR
309  04   4
310  01  1
311  82 HIR
312  33  33
313  82 HIR
314  13  13
315  42 STO
316  09  09
317  73 RC*
318  09  09
319  59 INT
320  29 CP
321  77  GE
322  03   3
323  25  25
324  92 RTN
325  32 X:T
326  02  2
327  00  0
328  32 X:T
329  77  GE
330  02   2
331  92  92
332  55  ÷
333  32 X:T
334  05  5
335  85  +
336  01  1
337  95  =
338  59 INT
339  42 STO
340  09  09
341  65  ×
342  05  5
343  75  -
344  32 X:T
345  75  -
346  06  6
347  85  +
348  29 CP
349  95  =
350  94 +/-
351  22 INV
352  28 LOG
353  52 EE
354  82 HIR
355  64  64
356  65  ×
357  05  5
358  07  7
359  44 SUM
360  09  09
361  05  5
362  49 PRD
363  09  09
364  71 SBR
365  40 IND
366  09  09
367  95  =
368  22 INV
369  59 INT
370  65  ×
371  01  1
372  00  0
373  00  0
374  82 HIR
375  64  64
376  95  =
377  59 INT
378  67  EQ
379  03   3
380  82  82
381  92 RTN
382  02  2
383  22 INV
384  44 SUM
385  09  09
386  82 HIR
387  14  14
388  85  +
389  01  1
390  95  =
391  83 GO*
392  09  09
```

Archivierung des Programms (bei TI-59): Speicherbereichsverteilung in Grundstellung (6 Op 17). Programm eintasten. (Eingabe des Befehls HIR: Anhang A.) Block 2 auf eine Magnetkartenhälfte aufzeichnen.

Linearitäts-Test: wie bei Programm W8 (Bild 2.1-5)

3 Plotter für 9 bis 12 Kurven

3.1 Kurven-Plotter vom Typ W

Programm W9: Plotter für 9 Kurven

Zweck:	Zeichnen von neun Kurven mit beliebigen Symbolen.
Ordinaten	$y_1 - y_9$: ganzzahliger Teil des Werts in $R_{01} - R_{09}$.
Codes für Plotter-Symbole:	Code 1: in Programmschritt 303–304; Code 2: in 245–246; Code 3: in 250–251, Code 4: in 255–256; Code 5: in 260–261; Code 6: in 265–266, Code 7: in 270–271; Code 8: in 275–276; Code 9: in 280–281.
Aufruf:	SBR 240

Eignung: TI-59
Speicherbereichsverteilung: Grundstellung (6 Op 17)
Programm laden: 1 Magnetkartenhälfte einlesen (Block 2)
Winkelmodus: beliebig; Anzeigeformat: Standard (INV Eng, INV Fix)

Programmkenndaten

Speicherbedarf: 135 Programmschritte, 10 Datenregister ($R_{01} - R_{09}$ für Ordinaten, R_{10} für Adressen)
Labels: keine, abs. Adressen: ja, T-Reg.: verwendet, Flags: keine
SBR-Ebenen / Klammer-Ebenen / unvollständige Op.-Ebenen: 1/0/7

Liste zu Programm W9

```
240 69 OP
241 00 00
242 71 SBR
243 03 3
244 00 00
245 04 4
246 07 7
247 71 SBR
248 03 3
249 05 05
250 05 5
251 00 0
252 71 SBR
253 03 3
254 05 05
255 07 7
256 02 2
257 71 SBR
258 03 3
259 05 05
260 06 6
261 04 4
262 71 SBR
263 03 3
264 05 05
265 06 6
266 01 1
267 71 SBR
268 03 3
269 05 05
270 04 4
271 04 4
272 71 SBR
273 03 3
274 05 05
275 02 2
276 04 4
277 71 SBR
278 03 3
279 05 05
280 02 2
281 00 0
282 71 SBR
283 03 3
284 05 05
285 25 CLR
286 69 OP
287 05 05
288 82 HIR
289 35 35
290 92 RTN
291 82 HIR
292 36 36
293 92 RTN
294 82 HIR
295 37 37
296 92 RTN
297 82 HIR
298 38 38
299 92 RTN
300 00 0
301 82 HIR
302 03 3
303 05 5
304 01 1
305 82 HIR
306 04 4
307 01 1
308 82 HIR
309 33 33
310 82 HIR
311 13 13
312 42 STO
313 10 10
314 73 RC*
315 10 10
316 59 INT
317 29 CP
318 77 GE
319 03 3
320 22 22
321 92 RTN
322 32 X:T
323 01 1
324 09 9
325 77 GE
326 03 3
327 35 35
328 92 RTN
329 73 RC*
330 10 10
331 59 INT
332 67 EQ
333 02 2
334 90 90
335 97 DSZ
336 10 10
337 03 3
338 29 29
339 32 X:T
340 55 ÷
341 32 X:T
342 05 5
343 85 +
344 01 1
345 95 =
346 59 INT
347 42 STO
348 10 10
349 65 ×
350 05 5
351 75 -
352 32 X:T
353 75 -
354 07 7
355 95 =
356 22 INV
357 28 LOG
358 52 EE
359 33 X²
360 65 ×
361 82 HIR
362 14 14
363 85 +
364 09 9
365 05 5
366 44 SUM
367 10 10
368 03 3
369 49 PRD
370 10 10
371 01 1
372 95 =
373 83 GO*
374 10 10
```

Archivierung des Programms (bei TI-59): Speicherbereichsverteilung in Grundstellung (6 Op 17). Programm eintasten. (Eingabe des Befehls HIR: Anhang A.) Block 2 auf eine Magnetkartenhälfte aufzeichnen.

Linearitäts-Test (Aufruf: SBR SBR; Bild 3.1-1)

```
000  76 LBL    010  00  00    020  02   2    030  00   0
001  71 SBR    011  72 ST*    021  40  40    031  00   0
002  09  9     012  10  10    022  08   8    032  27  27
003  42 STO    013  69 OP     023  42 STO    033  97 DSZ
004  10  10    014  30  30    024  00  00    034  09   9
005  02  2     015  97 DSZ    025  01   1    035  00   0
006  07  7     016  10  10    026  94 +/-    036  19  19
007  42 STO    017  00   0    027  74 SM*    037  61 GTO
008  00  00    018  09  09    028  00  00    038  02   2
009  43 RCL    019  71 SBR    029  97 DSZ    039  40  40
```

Bild 3.1-1
Linearitäts-Test
für W9 und X9

Programm W10: Plotter für 10 Kurven

> *Zweck:* Zeichnen von zehn Kurven mit beliebigen Symbolen.
> *Ordinaten* $y_1 - y_{10}$: ganzzahliger Teil des Werts in $R_{01} - R_{10}$.
> *Codes* für Plotter-Symbole: Code 1: in Programmschritt 308–309; Code 2: in 243–244;
> Code 3: in 248–249; Code 4: in 253–254; Code 5: in 258–259;
> Code 6: in 263–264; Code 7: in 268–269; Code 8: in 273–274;
> Code 9: in 278–279; Code 10: in 283–284.
> *Aufruf:* SBR 240

Eignung: TI-59
Speicherbereichsverteilung: Grundstellung (6 Op 17)
Programm laden: 1 Magnetkartenhälfte einlesen (Block 2)
Winkelmodus: beliebig; Anzeigeformat: Standard (INV Eng, INV Fix)

Programmkenndaten

Speicherbedarf: 140 Programmschritte, 11 Datenregister ($R_{01} - R_{10}$ für Ordinaten, R_{11} für Adressen)
Labels: keine; abs. Adressen: ja; T-Reg.: verwendet; Flags: keine
SBR-Ebenen / Klammer-Ebenen / unvollständige Op.-Ebenen: 1/0/7

Liste zu Programm W10

```
240  71 SBR
241  03   3
242  03  03
243  04   4
244  07   7
245  71 SBR
246  03   3
247  10  10
248  05   5
249  00   0
250  71 SBR
251  03   3
252  10  10
253  07   7
254  02   2
255  71 SBR
256  03   3
257  10  10
258  06   6
259  04   4
260  71 SBR
261  03   3
262  10  10
263  06   6
264  01   1
265  71 SBR
266  03   3
267  10  10
268  04   4
269  04   4
270  71 SBR
271  03   3
272  10  10
273  02   2
274  04   4
275  71 SBR
276  03   3
277  10  10
278  07   7
279  04   4
280  71 SBR
281  03   3
282  10  10
283  02   2
284  00   0
285  71 SBR
286  03   3
287  10  10
288  25 CLR
289  69 OP
290  05  05
291  82 HIR
292  35  35
293  92 RTN
294  82 HIR
295  36  36
296  92 RTN
297  82 HIR
298  37  37
299  92 RTN
300  82 HIR
301  38  38
302  92 RTN
303  69 OP
304  00  00
305  00   0
306  82 HIR
307  03   3
308  05   5
309  01   1
310  82 HIR
311  04   4
312  01   1
313  82 HIR
314  33  33
315  82 HIR
316  13  13
317  42 STO
318  11  11
319  73 RC*
320  11  11
321  59 INT
322  29 CP
323  77  GE
324  03   3
325  27  27
326  92 RTN
327  32 X:T
328  01   1
329  09   9
330  77  GE
331  03   3
332  40  40
333  92 RTN
334  73 RC*
335  11  11
336  59 INT
337  67  EQ
338  02   2
339  93  93
340  97 DSZ
341  11  11
342  03   3
343  34  34
344  32 X:T
345  55   ÷
346  32 X:T
347  05   5
348  85   +
349  01   1
350  95   =
351  59 INT
352  42 STO
353  11  11
354  65   ×
355  05   5
356  75   -
357  32 X:T
358  75   -
359  07   7
360  95   =
361  22 INV
362  28 LOG
363  52 EE
364  33 X²
365  65   ×
366  82 HIR
367  14  14
368  85   +
369  09   9
370  06   6
371  44 SUM
372  11  11
373  03   3
374  49 PRD
375  11  11
376  01   1
377  95   =
378  83 GO*
379  11  11
```

Archivierung des Programms: Speicherbereichsverteilung in Grundstellung (6 Op 17). Programm eintasten. (Eingabe des Befehls HIR: Anhang A.) Block 2 auf eine Magnetkartenhälfte aufzeichnen.

Linearitäts-Test (Aufruf: SBR SBR; Bild 3.1-2)

```
000  76 LBL
001  71 SBR
002  01   1
003  00   0
004  42 STO
005  11  11
006  02   2
007  08   8
008  42 STO
009  00  00
010  43 RCL
011  00  00
012  72 ST*
013  11  11
014  69 OP
015  30  30
016  97 DSZ
017  11  11
018  00   0
019  10  10
020  71 SBR
021  02   2
022  40  40
023  09   9
024  42 STO
025  00  00
026  01   1
027  94 +/-
028  74 SM*
029  00  00
030  97 DSZ
031  00   0
032  00   0
033  28  28
034  97 DSZ
035  10  10
036  00   0
037  20  20
038  61 GTO
039  02   2
040  40  40
```

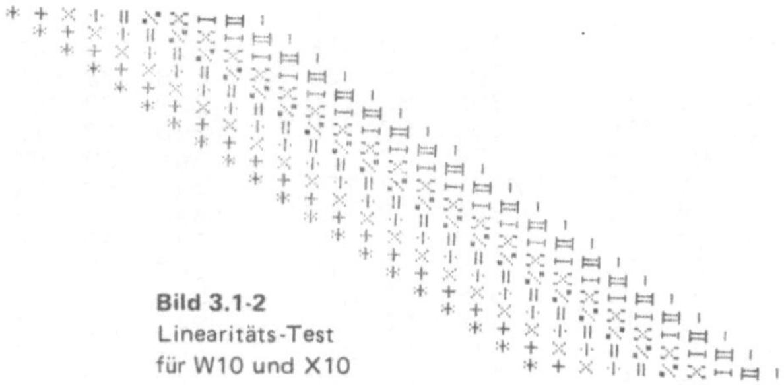

Bild 3.1-2
Linearitäts-Test
für W10 und X10

Programm W11: Plotter für 11 Kurven

Zweck: Zeichnen von elf Kurven mit beliebigen Symbolen.
Ordinaten $y_1 - y_{11}$: ganzzahliger Teil des Werts in $R_{01} - R_{11}$.
Codes für Plotter-Symbole: Code 1: in Programmschritt 313–314; Code 2: in 244–245;
Code 3: in 249–250; Code 4: in 254–255; Code 5: in 259–260;
Code 6: in 264–265; Code 7: in 269–270; Code 8: in 274–275;
Code 9: in 279–280; Code 10: in 284–285; Code 11: in 289–290.
Aufruf: SBR 240

Eignung: TI-59
Speicherbereichsverteilung: Grundstellung (6 Op 17)
Programm laden: 1 Magnetkartenhälfte einlesen (Block 2)
Winkelmodus: beliebig; Anzeigeformat: Standard (INV Eng, INV Fix)

Programmkenndaten

Speicherbedarf: 145 Programmschritte, 12 Datenregister ($R_{01} - R_{11}$ für Ordinaten, R_{12} für Adressen)
Labels: keine; abs. Adressen: ja; T-Reg.: verwendet; Flags: keine
SBR-Ebenen / Klammer-Ebenen / unvollständige Op.-Ebenen: 1/0/7

Liste zu Programm W11

```
240 25 CLR
241 71 SBR
242 03 3
243 09 09
244 04 4
245 07 7
246 71 SBR
247 03 3
248 15 15
249 05 5
250 00 0
251 71 SBR
252 03 3
253 15 15
254 07 7
255 02 2
256 71 SBR
257 03 3
258 15 15
259 06 6
260 04 4
261 71 SBR
262 03 3
263 15 15
264 06 6
265 01 1
266 71 SBR
267 03 3
268 15 15
269 04 4
270 04 4
271 71 SBR
272 03 3
273 15 15
274 02 2
275 04 4
276 71 SBR
277 03 3
278 15 15
279 07 7
280 04 4
281 71 SBR
282 03 3
283 15 15
284 00 0
285 01 1
286 71 SBR
287 03 3
288 15 15
289 02 2
290 00 0
291 71 SBR
292 03 3
293 15 15
294 25 CLR
295 69 OP
296 05 05
297 82 HIR
298 35 35
299 92 RTN
300 82 HIR
301 36 36
302 92 RTN
303 82 HIR
304 37 37
305 92 RTN
306 82 HIR
307 38 38
308 92 RTN
309 82 HIR
310 03 3
311 69 OP
312 00 00
313 05 5
314 01 1
315 82 HIR
316 04 4
317 01 1
318 82 HIR
319 33 33
320 82 HIR
321 13 13
322 42 STO
323 12 12
324 73 RC*
325 12 12
326 59 INT
327 29 CP
328 77 GE
329 03 3
330 32 32
331 92 RTN
332 32 X:T
333 01 1
334 09 9
335 77 GE
336 03 3
337 45 45
338 92 RTN
339 73 RC*
340 12 12
341 59 INT
342 67 EQ
343 02 2
344 99 99
345 97 DSZ
346 12 12
347 03 3
348 39 39
349 32 X:T
350 55 ÷
351 32 X:T
352 05 5
353 85 +
354 01 1
355 95 =
356 59 INT
357 42 STO
358 12 12
359 65 ×
360 05 5
361 75 -
362 32 X:T
363 75 -
364 07 7
365 95 =
366 22 INV
367 28 LOG
368 52 EE
369 33 X²
370 65 ×
371 82 HIR
372 14 14
373 85 +
374 09 9
375 08 8
376 44 SUM
377 12 12
378 03 3
379 49 PRD
380 12 12
381 01 1
382 95 =
383 83 GO*
384 12 12
```

Archivierung des Programms: Speicherbereichsverteilung in Grundstellung (6 Op 17). Programm eintasten. (Eingabe des Befehls HIR: Anhang A.) Block 2 auf eine Magnetkartenhälfte aufzeichnen.

Linearitäts-Test (Aufruf: SBR SBR; Bild 3.1-3)

```
000  76 LBL    011  00  00    022  40  40    033  00   0
001  71 SBR    012  72 ST*    023  01   1    034  29  29
002  01   1    013  12  12    024  00   0    035  97 DSZ
003  01   1    014  69 OP     025  42 STO    036  11  11
004  42 STO    015  30  30    026  00  00    037  00   0
005  12  12    016  97 DSZ    027  01   1    038  20  20
006  02   2    017  12  12    028  94 +/-    039  61 GTO
007  09   9    018  00   0    029  74 SM*    040  02   2
008  42 STO    019  10  10    030  00  00    041  40  40
009  00  00    020  71 SBR    031  97 DSZ
010  43 RCL    021  02   2    032  00   0
```

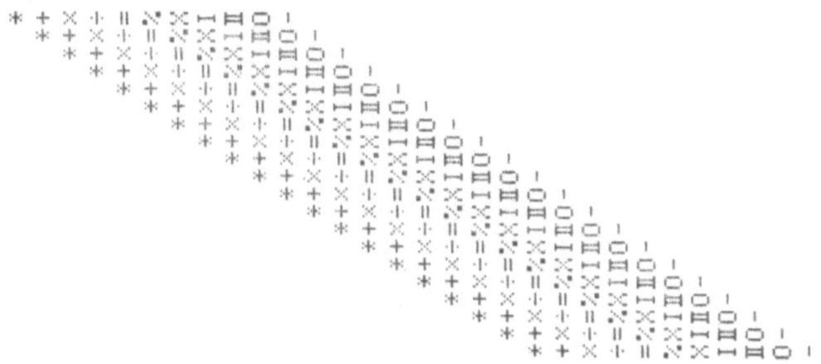

Bild 3.1-3
Linearitäts-Test für W11 und X11

Programm W12: Plotter für 12 Kurven

Zweck: Zeichnen von zwölf Kurven mit beliebigen Symbolen.
Ordinaten $y_1 - y_{12}$: ganzzahliger Teil des Werts in $R_{01} - R_{12}$.
Codes für Plotter-Symbole: Code 1: in Programmschritt 318–319; Code 2: in 245–246;
Code 3: in 250–251; Code 4: in 255–256; Code 5: in 260–261;
Code 6: in 265–266; Code 7: in 270–271; Code 8: in 275–276;
Code 9: in 280–281; Code 10: in 285–286; Code 11: in 290–291;
Code 12: in 295–296.
Aufruf: SBR 240

Eignung: TI-59
Speicherbereichsverteilung: Grundstellung (6 Op 17)
Programm laden: 1 Magnetkartenhälfte einlesen (Block 2)
Winkelmodus: beliebig; Anzeigeformat: Standard (INV Eng, INV Fix)

Programmkenndaten

Speicherbedarf: 151 Programmschritte, 13 Datenregister ($R_{01} - R_{12}$ für Ordinaten, R_{13} für Adressen)
Labels: keine; abs. Adressen: ja, T-Reg.: verwendet; Flags: keine
SBR-Ebenen / Klammer-Ebenen / unvollständige Op.-Ebenen: 1/0/7

Liste zu Programm W12

```
240  69 OP
241  00  00
242  71 SBR
243  03   3
244  15  15
245  04   4
246  07   7
247  71 SBR
248  03   3
249  20  20
250  05   5
251  00   0
252  71 SBR
253  03   3
254  20  20
255  07   7
256  02   2
257  71 SBR
258  03   3
259  20  20
260  06   6
261  04   4
262  71 SBR
263  03   3
264  20  20
265  06   6
266  01   1
267  71 SBR
268  03   3
269  20  20
270  04   4
271  04   4
272  71 SBR
273  03   3
274  20  20
275  02   2
276  04   4
277  71 SBR
278  03   3
279  20  20
280  07   7
281  04   4
282  71 SBR
283  03   3
284  20  20
285  00   0
286  01   1
287  71 SBR
288  03   3
289  20  20
290  03   3
291  02   2
292  71 SBR
293  03   3
294  20  20
295  02   2
296  00   0
297  71 SBR
298  03   3
299  20  20
300  25 CLR
301  69 OP
302  05  05
303  82 HIR
304  35  35
305  92 RTN
306  82 HIR
307  36  36
308  92 RTN
309  82 HIR
310  37  37
311  92 RTN
312  82 HIR
313  38  38
314  92 RTN
315  00   0
316  82 HIR
317  03   3
318  05   5
319  01   1
320  82 HIR
321  04   4
322  01   1
323  82 HIR
324  33  33
325  82 HIR
326  13  13
327  42 STO
328  13  13
329  73 RC*
330  13  13
331  59 INT
332  29 CP
333  77  GE
334  03   3
335  37  37
336  92 RTN
337  32 X:T
338  01   1
339  09   9
340  77  GE
341  03   3
342  50  50
343  92 RTN
344  73 RC*
345  13  13
346  59 INT
347  67  EQ
348  03   3
349  05  05
350  97 DSZ
351  13  13
352  03   3
353  44  44
354  32 X:T
355  55   ÷
356  32 X:T
357  05   5
358  85   +
359  01   1
360  95   =
361  59 INT
362  42 STO
363  13  13
364  65   ×
365  05   5
366  75   -
367  32 X:T
368  75   -
369  07   7
370  95   =
371  22 INV
372  28 LOG
373  52 EE
374  33  X²
375  65   ×
376  82 HIR
377  14  14
378  85   +
379  01   1
380  00   0
381  00   0
382  44 SUM
383  13  13
384  03   3
385  49 PRD
386  13  13
387  01   1
388  95   =
389  83 GO*
390  13  13
```

Archivierung des Programms: Speicherbereichsverteilung in Grundstellung (6 Op 17). Programm eintasten. (Eingabe des Befehls HIR: Anhang A.) Block 2 auf eine Magnetkartenhälfte aufzeichnen.

Linearitäts-Test (Aufruf: SBR SBR; Bild 3.1-4)

```
000  76 LBL
001  71 SBR
002  01   1
003  02   2
004  42 STO
005  13  13
006  03   3
007  00   0
008  42 STO
009  00  00
010  43 RCL
011  00  00
012  72 ST*
013  13  13
014  69 OP
015  30  30
016  97 DSZ
017  13  13
018  00   0
019  10  10
020  71 SBR
021  02   2
022  40  40
023  01   1
024  01   1
025  42 STO
026  00  00
027  01   1
028  94 +/-
029  74 SM*
030  00  00
031  97 DSZ
032  00   0
033  00   0
034  29  29
035  97 DSZ
036  12  12
037  00   0
038  20  20
039  61 GTO
040  02   2
041  40  40
```

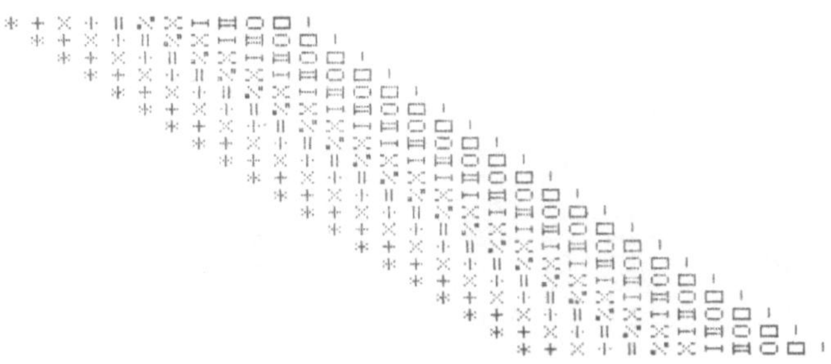

Bild 3.1-4
Linearitäts-Test
für W12 und X12

3.2 Kurven-Plotter vom Typ X

Programm X9: Plotter für 9 Kurven

> *Zweck:* Zeichnen von neun Kurven mit beliebigen Symbolen.
> *Ordinaten* $y_1 - y_9$: ganzzahliger Teil des Werts in $R_{01} - R_{09}$.
> *Codes* für Plotter-Symbole: Code 1: in Programmschritt 245–246; Code 2: in 250–251; Code 3: in 255–256; Code 4: in 260–261; Code 5: in 265–266; Code 6: in 270–271; Code 7: in 275–276; Code 8: in 280–281; Code 9: in 285–286.
> *Aufruf:* SBR 240

Eignung: TI-59
Speicherbereichsverteilung: Grundstellung (6 Op 17)
Programm laden: 1 Magnetkartenhälfte einlesen (Block 2)
Winkelmodus: beliebig; Anzeigeformat: Standard (INV Eng, INV Fix)

Programmkenndaten

Speicherbedarf: 158 Programmschritte, 10 Datenregister ($R_{01} - R_{09}$ für Ordinaten, R_{10} für Adressen)
Labels: keine; abs. Adressen: ja; T-Reg.: verwendet; Flags: keine
SBR-Ebenen / Klammer-Ebenen / unvollständige Op.-Ebenen: 1/0/7

Liste zu Programm X9

```
240  69 OP      280  02  2      320  42 STO     360  64  64
241  00  00     281  04  4      321  10  10     361  65  ×
242  00  0      282  71 SBR     322  73 RC*     362  05  5
243  82 HIR     283  03   3     323  10  10     363  08  8
244  03   3     284  13  13     324  59 INT     364  44 SUM
245  05  5      285  02  2      325  29 CP      365  10  10
246  01  1      286  00  0      326  77  GE     366  05  5
247  71 SBR     287  71 SBR     327  03   3     367  49 PRD
248  03   3     288  03   3     328  30  30     368  10  10
249  13  13     289  13  13     329  92 RTN     369  71 SBR
250  04  4      290  25 CLR     330  32 X:T     370  40 IND
251  07  7      291  69 OP      331  02  2      371  10  10
252  71 SBR     292  05  05     332  00  0      372  95  =
253  03   3     293  82 HIR     333  32 X:T     373  22 INV
254  13  13     294  35  35     334  77  GE     374  59 INT
255  05  5      295  82 HIR     335  02   2     375  65  ×
256  00  0      296  15  15     336  97  97     376  01  1
257  71 SBR     297  92 RTN     337  55  ÷      377  00  0
258  03   3     298  82 HIR     338  32 X:T     378  00  0
259  13  13     299  36  36     339  05  5      379  82 HIR
260  07  7      300  82 HIR     340  85  +      380  64  64
261  02  2      301  16  16     341  01  1      381  95  =
262  71 SBR     302  92 RTN     342  95  =      382  59 INT
263  03   3     303  82 HIR     343  59 INT     383  67  EQ
264  13  13     304  37  37     344  42 STO     384  03   3
265  06  6      305  82 HIR     345  10  10     385  87  87
266  04  4      306  17  17     346  65  ×      386  92 RTN
267  71 SBR     307  92 RTN     347  05  5      387  02  2
268  03   3     308  82 HIR     348  75  -      388  22 INV
269  13  13     309  38  38     349  32 X:T     389  44 SUM
270  06  6      310  82 HIR     350  75  -      390  10  10
271  01  1      311  18  18     351  06  6      391  82 HIR
272  71 SBR     312  92 RTN     352  85  +      392  14  14
273  03   3     313  82 HIR     353  29 CP      393  85  +
274  13  13     314  04   4     354  95  =      394  01  1
275  04  4      315  01  1      355  94 +/-     395  95  =
276  04  4      316  82 HIR     356  22 INV     396  83 GO*
277  71 SBR     317  33  33     357  28 LOG     397  10  10
278  03   3     318  82 HIR     358  52 EE
279  13  13     319  13  13     359  82 HIR
```

Archivierung des Programms: Speicherbereichsverteilung in Grundstellung (6 Op 17). Programm eintasten. (Eingabe des Befehls HIR: Anhang A.) Block 2 auf eine Magnetkartenhälfte aufzeichnen.

Linearitäts-Test: wie bei Programm W9 (Bild 3.1-1)

Programm X10: Plotter für 10 Kurven

Zweck: Zeichnen von zehn Kurven mit beliebigen Symbolen.
Ordinaten $y_1 - y_{10}$: ganzzahliger Teil des Werts in $R_{01} - R_{10}$.
Codes für Plotter-Symbole: Code 1: in Programmschritt 245–246; Code 2: in 250–251; Code 3: in 255–256, Code 4: in 260–261; Code 5: in 265–266; Code 6: in 270–271, Code 7: in 275–276; Code 8: in 280–281; Code 9: in 285–286; Code 10: in 290–291.
Aufruf: SBR 240

Eignung: TI-59
Speicherbereichsverteilung: Grundstellung (6 Op 17)
Programm laden: 1 Magnetkartenhälfte einlesen (Block 2)
Winkelmodus: beliebig; Anzeigeformat: Standard (INV Eng, INV Fix)

Programmkenndaten

Speicherbedarf: 163 Programmschritte, 11 Datenregister ($R_{01}-R_{10}$ für Ordinaten, R_{11} für Adressen)
Labels: keine; abs. Adressen: ja; T-Reg.: verwendet; Flags: keine
SBR-Ebenen / Klammer-Ebenen / unvollständige Op.-Ebenen: 1/0/7

Liste zu Programm X10

```
240  69 OP
241  00  00
242  00  0
243  82 HIR
244  03   3
245  05  5
246  01  1
247  71 SBR
248  03   3
249  18  18
250  04  4
251  07  7
252  71 SBR
253  03   3
254  18  18
255  05  5
256  00  0
257  71 SBR
258  03   3
259  18  18
260  07  7
261  02  2
262  71 SBR
263  03   3
264  18  18
265  06  6
266  04  4
267  71 SBR
268  03   3
269  18  18
270  06  6
271  01  1
272  71 SBR
273  03   3
274  18  18
275  04  4
276  04  4
277  71 SBR
278  03   3
279  18  18
280  02  2
281  04  4
282  71 SBR
283  03   3
284  18  18
285  07  7
286  04  4
287  71 SBR
288  03   3
289  18  18
290  02  2
291  00  0.
292  71 SBR
293  03   3
294  18  18
295  25 CLR
296  69 OP
297  05  05
298  82 HIR
299  35  35
300  82 HIR
301  15  15
302  92 RTN
303  82 HIR
304  36  36
305  82 HIR
306  16  16
307  92 RTN
308  82 HIR
309  37  37
310  82 HIR
311  17  17
312  92 RTN
313  82 HIR
314  38  38
315  82 HIR
316  18  18
317  92 RTN
318  82 HIR
319  04   4
320  01  1
321  82 HIR
322  33  33
323  82 HIR
324  13  13
325  42 STO
326  11  11
327  73 RC*
328  11  11
329  59 INT
330  29 CP
331  77  GE
332  03   3
333  35  35
334  92 RTN
335  32 X:T
336  02  2
337  00  0
338  32 X:T
339  77  GE
340  03   3
341  02  02
342  55  ÷
343  32 X:T
344  05  5
345  85  +
346  01  1
347  95  =
348  59 INT
349  42 STO
350  11  11
351  65  ×
352  05  5
353  75  -
354  32 X:T
355  75  -
356  06  6
357  85  +
358  29 CP
359  95  =
360  94 +/-
361  22 INV
362  28 LOG
363  52 EE
364  82 HIR
365  64  64
366  65  ×
367  05  5
368  09  9
369  44 SUM
370  11  11
371  05  5
372  49 PRD
373  11  11
374  71 SBR
375  40 IND
376  11  11
377  95  =
378  22 INV
379  59 INT
380  65  ×
381  01  1
382  00  0
383  00  0
384  82 HIR
385  64  64
386  95  =
387  59 INT
388  67  EQ
389  03   3
390  92  92
391  92 RTN
392  02  2
393  22 INV
394  44 SUM
395  11  11
396  82 HIR
397  14  14
398  85  +
399  01  1
400  95  =
401  83 GO*
402  11  11
```

Archivierung des Programms: Speicherbereichsverteilung in Grundstellung (6 Op 17). Programm eintasten. (Eingabe des Befehls HIR: Anhang A.) Block 2 auf eine Magnetkartenhälfte aufzeichnen.

Linearitäts-Test: wie bei Programm W10 (Bild 3.1-2)

Programm X11: Plotter für 11 Kurven

Zweck: Zeichnen von elf Kurven mit beliebigen Symbolen.
Ordinaten $y_1 - y_{11}$: ganzzahliger Teil des Werts in $R_{01} - R_{11}$.
Codes für Plotter-Symbole: Code 1: in Programmschritt 245–246; Code 2: in 250–251; Code 3: in 255–256; Code 4: in 260–261, Code 5: in 265–266; Code 6: in 270–271; Code 7: in 275–276; Code 8: in 280–281; Code 9: in 285–286; Code 10: in 290–291; Code 11: in 295–296.
Aufruf: SBR 240

Eignung: TI-59
Speicherbereichsverteilung: Grundstellung (6 Op 17)
Programm laden: 1 Magnetkartenhälfte einlesen (Block 2)
Winkelmodus: beliebig; Anzeigeformat: Standard (INV Eng, INV Fix)

Programmkenndaten

Speicherbedarf: 168 Programmschritte, 12 Datenregister ($R_{01} - R_{11}$ für Ordinaten, R_{12} für Adressen)
Labels: keine; abs. Adressen: ja; T-Reg.: verwendet; Flags: keine
SBR-Ebenen / Klammer-Ebenen / unvollständige Op.-Ebenen: 1/0/7

Liste zu Programm X11

```
240  69 OP      282  71 SBR     324  04  04     366  22 INV
241  00  00     283  03   3     325  01  1      367  28 LOG
242  00  0      284  23  23     326  82 HIR     368  52 EE
243  82 HIR     285  07  7      327  33  33     369  82 HIR
244  03   3     286  04  4      328  82 HIR     370  64  64
245  05  5      287  71 SBR     329  13  13     371  65  ×
246  01  1      288  03   3     330  42 STO     372  06  6
247  71 SBR     289  23  23     331  12  12     373  00  0
248  03   3     290  00  0      332  73 RC*     374  44 SUM
249  23  23     291  01  1      333  12  12     375  12  12
250  04  4      292  71 SBR     334  59 INT     376  05  5
251  07  7      293  03   3     335  29 CP      377  49 PRD
252  71 SBR     294  23  23     336  77  GE     378  12  12
253  03   3     295  02  2      337  03   3     379  71 SBR
254  23  23     296  00  0      338  40  40     380  40 IND
255  05  5      297  71 SBR     339  92 RTN     381  12  12
256  00  0      298  03   3     340  32 X:T     382  95  =
257  71 SBR     299  23  23     341  02  2      383  22 INV
258  03   3     300  25 CLR     342  00  0      384  59 INT
259  23  23     301  69 OP      343  32 X:T     385  65  ×
260  07  7      302  05  05     344  77  GE     386  01  1
261  02  2      303  82 HIR     345  03   3     387  00  0
262  71 SBR     304  35  35     346  07  07     388  00  0
263  03   3     305  82 HIR     347  55  ÷      389  82 HIR
264  23  23     306  15  15     348  32 X:T     390  64  64
265  06  6      307  92 RTN     349  05  5      391  95  =
266  04  4      308  82 HIR     350  85  +      392  59 INT
267  71 SBR     309  36  36     351  01  1      393  67  EQ
268  03   3     310  82 HIR     352  95  =      394  03   3
269  23  23     311  16  16     353  59 INT     395  97  97
270  06  6      312  92 RTN     354  42 STO     396  92 RTN
271  01  1      313  82 HIR     355  12  12     397  02  2
272  71 SBR     314  37  37     356  65  ×      398  22 INV
273  03   3     315  82 HIR     357  05  5      399  44 SUM
274  23  23     316  17  17     358  75  -      400  12  12
275  04  4      317  92 RTN     359  32 X:T     401  82 HIR
276  04  4      318  82 HIR     360  75  -      402  14  14
277  71 SBR     319  38  38     361  06  6      403  85  +
278  03   3     320  82 HIR     362  85  +      404  01  1
279  23  23     321  18  18     363  29 CP      405  95  =
280  02  2      322  92 RTN     364  95  =      406  83 GO*
281  04  4      323  82 HIR     365  94 +/-     407  12  12
```

Archivierung des Programms: Speicherbereichsverteilung in Grundstellung (6 Op 17). Programm eintasten. (Eingabe des Befehls HIR: Anhang A.) Block 2 auf eine Magnetkartenhälfte aufzeichnen.

Linearitäts-Test: wie bei Programm W11 (Bild 3.1-3)

Programm X12: Plotter für 12 Kurven

Zweck: Zeichnen von zwölf Kurven mit beliebigen Symbolen.
Ordinaten $y_1 - y_{12}$: ganzzahliger Teil des Werts in $R_{01} - R_{12}$.
Codes für Plotter-Symbole: Code 1: in Programmschritt 245–246; Code 2: in 250–251; Code 3: in 255–256; Code 4: in 260–261; Code 5: in 265–266; Code 6: in 270–271; Code 7: in 275–276; Code 8: in 280–281; Code 9: in 285–286; Code 10: in 290–291; Code 11: in 295–296; Code 12: in 300–301.
Aufruf: SBR 240

Eignung: TI-59
Speicherbereichsverteilung: Grundstellung (6 Op 17)
Programm laden: 1 Magnetkartenhälfte einlesen (Block 2)
Winkelmodus: beliebig; Anzeigeformat: Standard (INV Eng, INV Fix)

Programmkenndaten

Speicherbedarf: 173 Programmschritte, 13 Datenregister ($R_{01}-R_{12}$ für Ordinaten, R_{13} für Adressen)
Labels: keine; abs. Adressen: ja, T-Reg.: verwendet; Flags: keine
SBR-Ebenen / Klammer-Ebenen / unvollständige Op.-Ebenen: 1/0/7

Liste zu Programm X12

```
240  69  OP
241  00  00
242  00  0
243  82  HIR
244  03  3
245  05  5
246  01  1
247  71  SBR
248  03  3
249  28  28
250  04  4
251  07  7
252  71  SBR
253  03  3
254  28  28
255  05  5
256  00  0
257  71  SBR
258  03  3
259  28  28
260  07  7
261  02  2
262  71  SBR
263  03  3
264  28  28
265  06  6
266  04  4
267  71  SBR
268  03  3
269  28  28
270  06  6
271  01  1
272  71  SBR
273  03  3
274  28  28
275  04  4
276  04  4
277  71  SBR
278  03  3
279  28  28
280  02  2
281  04  4
282  71  SBR
283  03  3
284  28  28
285  07  7
286  04  4
287  71  SBR
288  03  3
289  28  28
290  00  0
291  01  1
292  71  SBR
293  03  3
294  28  28
295  03  3
296  02  2
297  71  SBR
298  03  3
299  28  28
300  02  2
301  00  0
302  71  SBR
303  03  3
304  28  28
305  25  CLR
306  69  OP
307  05  05
308  82  HIR
309  35  35
310  82  HIR
311  15  15
312  92  RTN
313  82  HIR
314  36  36
315  82  HIR
316  16  16
317  92  RTN
318  82  HIR
319  37  37
320  82  HIR
321  17  17
322  92  RTN
323  82  HIR
324  38  38
325  82  HIR
326  18  18
327  92  RTN
328  82  HIR
329  04  4
330  01  1
331  82  HIR
332  33  33
333  82  HIR
334  13  13
335  42  STO
336  13  13
337  73  RC*
338  13  13
339  59  INT
340  29  CP
341  77  GE
342  03  3
343  45  45
344  92  RTN
345  32  X:T
346  02  2
347  00  0
348  32  X:T
349  77  GE
350  03  3
351  12  12
352  55  ÷
353  32  X:T
354  05  5
355  85  +
356  01  1
357  95  =
358  59  INT
359  42  STO
360  13  13
361  65  ×
362  05  5
363  75  -
364  32  X:T
365  75  -
366  06  6
367  85  +
368  29  CP
369  95  =
370  94  +/-
371  22  INV
372  28  LOG
373  52  EE
374  82  HIR
375  64  64
376  65  ×
377  06  6
378  01  1
379  44  SUM
380  13  13
381  05  5
382  49  PRD
383  13  13
384  71  SBR
385  40  IND
386  13  13
387  95  =
388  22  INV
389  59  INT
390  65  ×
391  01  1
392  00  0
393  00  0
394  82  HIR
395  64  64
396  95  =
397  59  INT
398  67  EQ
399  04  4
400  02  02
401  92  RTN
402  02  2
403  22  INV
404  44  SUM
405  13  13
406  82  HIR
407  14  14
408  85  +
409  01  1
410  95  =
411  83  GO*
412  13  13
```

Archivierung des Programms: Speicherbereichsverteilung in Grundstellung (6 Op 17). Programm eintasten. (Eingabe des Befehls HIR: Anhang A.) Block 2 auf eine Magnetkartenhälfte aufzeichnen.

Linearitäts-Test: wie bei Programm W12 (Bild 3.1-4)

4 Plotter für Histogramme

4.1 Histogramm-Plotter mit fixen Symbolen

Programm Y1: Plotter für Histogramm

Zweck: Zeichnen eines Histogramms mit beliebigem, fixem Symbol.
Ordinate y: ganzzahliger Teil des Werts im Anzeigeregister (wird vom Programm nicht gespeichert).
Code für Plotter-Symbol: in Programmschritt 312–313, 314–315, 316–317, 318–319 und 320–321.
Aufruf: SBR 240

Eignung: TI-59 und TI-58/58C
Speicherbereichsverteilung: TI-59: Grundstellung (6 Op 17); TI-58/58C: 1 Op 17
Programm laden: TI-59: 1 Magnetkartenhälfte einlesen (Block 2); TI-58/58C: Programm eintasten
Winkelmodus: beliebig; Anzeigeformat: Standard (INV Eng, INV Fix)

Programmkenndaten

Speicherbedarf: 91 Programmschritte, 1 Datenregister (R_{01} für Adresse)
Labels: keine; abs. Adressen: ja; T-Reg.: verwendet; Flags: keine
SBR-Ebenen / Klammer-Ebenen / unvollständige Op.-Ebenen: 1/0/5

Liste zu Programm Y1

```
240  69  OP
241  00  00
242  32  X:T
243  01  1
244  94  +/-
245  77  GE
246  03  3
247  09  09
248  01  1
249  09  9
250  22  INV
251  77  GE
252  02  2
253  55  55
254  32  X:T
255  55  ÷
256  32  X:T
257  05  5
258  85  +
259  01  1
260  95  =
261  59  INT
262  65  ×
263  05  5
264  75  -
265  32  X:T
266  95  =
267  42  STO
268  01  01
269  44  SUM
270  01  01
271  03  3
272  01  1
273  00  0
274  44  SUM
275  01  01
276  71  SBR
277  40  IND
278  01  01
279  32  X:T
280  55  ÷
281  05  5
282  95  =
283  42  STO
284  01  01
285  32  X:T
286  84  OP*
287  01  01
288  22  INV
289  97  DSZ
290  01  1
291  03  3
292  02  02
293  71  SBR
294  03  3
295  12  12
296  84  OP*
297  01  01
298  97  DSZ
299  01  1
300  02  2
301  96  96
302  75  -
303  71  SBR
304  03  3
305  20  20
306  95  =
307  69  OP
308  01  01
309  69  OP
310  05  05
311  92  RTN
312  02  2
313  04  4
314  02  2
315  04  4
316  02  2
317  04  4
318  02  2
319  04  4
320  02  2
321  04  4
322  00  0
323  00  0
324  00  0
325  00  0
326  00  0
327  00  0
328  00  0
329  00  0
330  92  RTN
```

Archivierung des Programms (bei TI-59): Speicherbereichsverteilung in Grundstellung (6 Op 17). Programm eintasten. Block 2 auf eine Magnetkartenhälfte aufzeichnen.

Linearitäts-Test (Aufruf: SBR SBR; Bild 4.1-1)

```
000  76 LBL    004  42 STO    008  71 SBR    012  00   0
001  71 SBR    005  00  00    009  02   2    013  00   0
002  01   1    006  43 RCL    010  40  40    014  06  06
003  09   9    007  00  00    011  97 DSZ    015  92 RTN
```

Bild 4.1-1
Linearitäts-Test
für Y1 und Z1

Programm Y2: Plotter für Kurve und Histogramm

Zweck: Zeichnen einer Kurve (mit beliebigem, fixem Symbol) und eines Histogramms (mit beliebigem, fixem Symbol).
Ordinaten: y_1 (für Kurve): ganzzahliger Teil des Werts im Anzeigeregister (wird vom Programm in R_{01} gespeichert);
y_2 (für Histogramm): ganzzahliger Teil des Werts in R_{02}.
Codes für Plotter-Symbole: Code 1 (für Kurve): in Programmschritt 352–353; Code 2 (für Histogramm): in 278–279, 280–281, 282–283, 284–285, 286–287 und 348–349.
Aufruf: SBR 240

Eignung: TI-59
Speicherbereichsverteilung: Grundstellung (6 Op 17)
Programm laden: 1 Magnetkartenhälfte einlesen (Block 2)
Winkelmodus: beliebig; Anzeigeformat: Standard (INV Eng, INV Fix)

Programmkenndaten

Speicherbedarf: 167 Programmschritte, 3 Datenregister ($R_{01}-R_{02}$ für Ordinaten, R_{03} für Adressen)
Labels: keine; abs. Adressen: ja; T-Reg.: verwendet; Flags: keine
SBR-Ebenen / Klammer-Ebenen / unvollständige Op.-Ebenen: 1/0/6

Liste zu Programm Y2

```
240 69 OP
241 00 00
242 42 STO
243 01 01
244 43 RCL
245 02 02
246 59 INT
247 32 X‡T
248 01 1
249 94 +/-
250 77 GE
251 03 3
252 25 25
253 71 SBR
254 03 3
255 85 85
256 42 STO
257 03 03
258 44 SUM
259 03 03
260 02 2
261 07 7
262 06 6
263 44 SUM
264 03 03
265 71 SBR
266 40 IND
267 03 03
268 32 X‡T
269 55 ÷
270 05 5
271 95 =
272 42 STO
273 03 03
274 32 X‡T
275 61 GTO
276 03 3
277 12 12
278 02 2
279 04 4
280 02 2
281 04 4
282 02 2
283 04 4
284 02 2
285 04 4
286 02 2
287 04 4
288 00 0
289 00 0
290 00 0
291 00 0
292 00 0
293 00 0
294 00 0
295 00 0
296 92 RTN
297 82 HIR
298 35 35
299 92 RTN
300 82 HIR
301 36 36
302 92 RTN
303 82 HIR
304 37 37
305 92 RTN
306 82 HIR
307 38 38
308 92 RTN
309 71 SBR
310 02 2
311 78 78
312 84 OP*
313 03 03
314 97 DSZ
315 03 3
316 03 3
317 09 09
318 75 -
319 71 SBR
320 02 2
321 86 86
322 95 =
323 69 OP
324 01 01
325 43 RCL
326 01 01
327 32 X‡T
328 00 0
329 67 EQ
330 03 3
331 52 52
332 77 GE
333 03 03
334 82 82
335 01 1
336 09 9
337 22 INV
338 77 GE
339 03 3
340 82 82
341 43 RCL
342 02 02
343 59 INT
344 22 INV
345 77 GE
346 03 03
347 52 52
348 02 2
349 04 4
350 94 +/-
351 85 +
352 05 5
353 01 1
354 95 =
355 82 HIR
356 04 4
357 71 SBR
358 03 3
359 91 91
360 22 INV
361 28 LOG
362 52 EE
363 94 +/-
364 07 7
365 33 X²
366 65 ×
367 82 HIR
368 14 14
369 85 +
370 09 9
371 08 8
372 44 SUM
373 03 03
374 03 3
375 49 PRD
376 03 03
377 95 =
378 71 SBR
379 40 IND
380 00 00
381 25 CLR
382 69 OP
383 05 05
384 92 RTN
385 01 1
386 09 9
387 22 INV
388 77 GE
389 03 3
390 92 92
391 32 X‡T
392 55 ÷
393 32 X‡T
394 05 5
395 85 +
396 01 1
397 95 =
398 59 INT
399 42 STO
400 03 03
401 65 ×
402 05 5
403 75 -
404 32 X‡T
405 95 =
406 92 RTN
```

Archivierung des Programms: Speicherbereichsverteilung in Grundstellung (6 Op 17). Programm eintasten. (Eingabe des Befehls HIR: Anhang A.) Block 2 auf eine Magnetkartenhälfte aufzeichnen.

Linearitäts-Test (Aufruf: SBR SBR; Bild 4.1-2)

```
000 76 LBL
001 71 SBR
002 01 1
003 09 9
004 42 STO
005 01 01
006 02 2
007 00 0
008 42 STO
009 02 02
010 43 RCL
011 01 01
012 71 SBR
013 02 2
014 40 40
015 69 OP
016 31 31
017 97 DSZ
018 02 2
019 00 0
020 10 10
021 92 RTN
```

```
*  ├┤
├┤ *  ├┤
├┤ ├┤ *  ├┤
├┤ ├┤ ├┤ *  ├┤
├┤ ├┤ ├┤ ├┤ *  ├┤
├┤ ├┤ ├┤ ├┤ ├┤ *  ├┤
├┤ ├┤ ├┤ ├┤ ├┤ ├┤ *  ├┤
├┤ ├┤ ├┤ ├┤ ├┤ ├┤ ├┤ *  ├┤
├┤ ├┤ ├┤ ├┤ ├┤ ├┤ ├┤ ├┤ *  ├┤
├┤ ├┤ ├┤ ├┤ ├┤ ├┤ ├┤ ├┤ ├┤ *  ├┤
├┤ ├┤ ├┤ ├┤ ├┤ ├┤ ├┤ ├┤ ├┤ ├┤ *  ├┤
├┤ ├┤ ├┤ ├┤ ├┤ ├┤ ├┤ ├┤ ├┤ ├┤ ├┤ *  ├┤
├┤ ├┤ ├┤ ├┤ ├┤ ├┤ ├┤ ├┤ ├┤ ├┤ ├┤ ├┤ *  ├┤
├┤ ├┤ ├┤ ├┤ ├┤ ├┤ ├┤ ├┤ ├┤ ├┤ ├┤ ├┤ ├┤ *  ├┤
├┤ ├┤ ├┤ ├┤ ├┤ ├┤ ├┤ ├┤ ├┤ ├┤ ├┤ ├┤ ├┤ ├┤ *  ├┤
├┤ ├┤ ├┤ ├┤ ├┤ ├┤ ├┤ ├┤ ├┤ ├┤ ├┤ ├┤ ├┤ ├┤ ├┤ *  ├┤
├┤ ├┤ ├┤ ├┤ ├┤ ├┤ ├┤ ├┤ ├┤ ├┤ ├┤ ├┤ ├┤ ├┤ ├┤ ├┤ *  ├┤
├┤ ├┤ ├┤ ├┤ ├┤ ├┤ ├┤ ├┤ ├┤ ├┤ ├┤ ├┤ ├┤ ├┤ ├┤ ├┤ ├┤ *  ├┤
├┤ ├┤ ├┤ ├┤ ├┤ ├┤ ├┤ ├┤ ├┤ ├┤ ├┤ ├┤ ├┤ ├┤ ├┤ ├┤ ├┤ ├┤ *  ├┤
                                                         *
```

Bild 4.1-2
Linearitäts-Test für Y2 und Z2

4.2 Histogramm-Plotter mit variablen Symbolen

Programm Z1: Plotter für Histogramm

Zweck: Zeichnen eines Histogramms mit beliebigem, variablem Symbol.
Ordinate y: ganzzahliger Teil des Werts im Anzeigeregister (wird vom Programm nicht gespeichert).
Code für Plotter-Symbol: in R_{09}.
Aufruf: SBR 240

Eignung: TI-59 und TI-58/58C
Speicherbereichsverteilung: TI-59: Grundstellung (6 Op 17); TI-58/58C: 2 Op 17
Programm laden: TI-59: 1 Magnetkartenhälfte einlesen (Block 2); TI-58/58C: Programm eintasten
Winkelmodus: beliebig; Anzeigeformat: Standard (INV Eng, INV Fix)

Programmkenndaten

Speicherbedarf: 78 Programmschritte, 2 Datenregister (R_{01} für Adresse, R_{09} für Code)
Labels: keine; abs. Adressen: ja; T-Reg.: verwendet; Flags: keine
SBR-Ebenen / Klammer-Ebenen / unvollständige Op.-Ebenen: 0/0/7

Liste zu Programm Z1

```
240  69  OP
241  00   00
242  32  X:T
243  01   1
244  94  +/-
245  77   GE
246  03    3
247  15   15
248  01   1
249  09   9
250  22  INV
251  77   GE
252  02    2
253  55   55
254  32  X:T
255  55   ÷
256  32  X:T
257  05   5
258  85   +
259  01   1
260  95   =
261  59  INT
262  42  STO
263  01   01
264  65   ×
265  05   5
266  75   -
267  32  X:T
268  75   -
269  01   1
270  95   =
271  22  INV
272  28  LOG
273  33  X²
274  82  HIR
275  04    4
276  43  RCL
277  09   09
278  52  EE
279  01   1
280  00   0
281  55   ÷
282  09   9
283  09   9
284  55   ÷
285  82  HIR
286  03    3
287  82  HIR
288  14   14
289  95   =
290  59  INT
291  82  HIR
292  44   44
293  25  CLR
294  82  HIR
295  14   14
296  84  OP*
297  01   01
298  82  HIR
299  13   13
300  97  DSZ
301  01    1
302  02    2
303  96   96
304  02   2
305  75   -
306  43  RCL
307  09   09
308  52  EE
309  94  +/-
310  04   4
311  95   =
312  82  HIR
313  35   35
314  25  CLR
315  69  OP
316  05   05
317  92  RTN
```

Archivierung des Programms (bei TI-59): Speicherbereichsverteilung in Grundstellung (6 Op 17). Programm eintasten. (Eingabe des Befehls HIR: Anhang A.) Block 2 auf eine Magnetkartenhälfte aufzeichnen.

Linearitäts-Test (Aufruf: SBR SBR; Bild 4.1-1)

```
000  76 LBL     005  09  09     010  43 RCL     015  97 DSZ
001  71 SBR     006  01  1      011  00  00     016  00  0
002  02  2      007  09  9      012  71 SBR     017  00  0
003  04  4      008  42 STD     013  02  2      018  10  10
004  42 STD     009  00  00     014  40  40     019  92 RTN
```

Programm Z2: Plotter für Kurve und Histogramm

Zweck: Zeichnen einer Kurve (mit beliebigem, variablem Symbol) und eines Histogramms (mit beliebigem, variablem Symbol).
Ordinaten: y_1 (für Kurve): ganzzahliger Teil des Werts im Anzeigeregister (wird vom Programm in R_{01} gespeichert);
y_2 (für Histogramm): ganzzahliger Teil des Werts in R_{02}.
Codes für Plotter-Symbole: Code 1 (für Kurve): in R_{08}; Code 2 (für Histogramm): in R_{09}.
Aufruf: SBR 240

Eignung: TI-59 und TI-58/58C
Speicherbereichsverteilung: TI-59: Grundstellung (6 Op 17); TI-58/58C: 1 Op 17
Programm laden: TI-59: 1 Magnetkartenhälfte einlesen (Block 2); TI-58/58C: Programm eintasten
Winkelmodus: beliebig; Anzeigeformat: Standard (INV Eng, INV Fix)

Programmkenndaten

Speicherbedarf: 154 Programmschritte, 5 Datenregister ($R_{01}-R_{02}$ für Ordinaten, R_{03} für Adressen, $R_{08}-R_{09}$ für Codes)
Labels: keine; abs. Adressen: ja; T-Reg.: verwendet; Flags: keine
SBR-Ebenen / Klammer-Ebenen / unvollständige Op.-Ebenen: 1/0/7

Liste zu Programm Z2

```
240  69 OP      279  14  14     318  22 INV     357  82 HIR
241  00  00     280  84 OP*     319  77  GE     358  35  35
242  42 STO     281  03  03     320  03   3     359  92 RTN
243  01  01     282  82 HIR     321  26  26     360  82 HIR
244  43 RCL     283  13  13     322  43 RCL     361  36  36
245  02  02     284  97 DSZ     323  09  09     362  92 RTN
246  59 INT     285  03   3     324  94 +/-     363  82 HIR
247  32 X:T     286  02   2     325  85  +      364  37  37
248  01  1      287  80  80     326  43 RCL     365  92 RTN
249  94 +/-     288  02   2     327  08  08     366  82 HIR
250  77  GE     289  75  -      328  95  =      367  38  38
251  02   2     290  43 RCL     329  52 EE      368  92 RTN
252  99  99     291  09  09     330  94 +/-     369  22 INV
253  01  1      292  52 EE      331  01  1      370  77  GE
254  09  9      293  94 +/-     332  02   2     371  03   3
255  71 SBR     294  04  4      333  82 HIR     372  74  74
256  03   3     295  95  =      334  04   4     373  32 X:T
257  69  69     296  82 HIR     335  71 SBR     374  55  ÷
258  82 HIR     297  35  35     336  03   3     375  32 X:T
259  04   4     298  25 CLR     337  73  73     376  05  5
260  43 RCL     299  43 RCL     338  65  ×      377  85  +
261  09  09     300  01  01     339  82 HIR     378  01  1
262  52 EE      301  32 X:T     340  14  14     379  95  =
263  01  1      302  00  0      341  85  +      380  59 INT
264  00  0      303  67  EQ     342  01  1      381  42 STO
265  55  ÷      304  03   3     343  01  1      382  03  03
266  09  9      305  26  26     344  08  8      383  65  ×
267  09  9      306  77  GE     345  44 SUM     384  05  5
268  55  ÷      307  03   3     346  03  03     385  75  -
269  82 HIR     308  55  55     347  03  3      386  32 X:T
270  03   3     309  01  1      348  49 PRD     387  75  -
271  82 HIR     310  09  9      349  03  03     388  01  1
272  14  14     311  22 INV     350  95  =      389  95  =
273  95  =      312  77  GE     351  71 SBR     390  22 INV
274  59 INT     313  03   3     352  40 IND     391  28 LOG
275  82 HIR     314  55  55     353  03  03     392  33 X²
276  44  44     315  43 RCL     354  25 CLR     393  92 RTN
277  25 CLR     316  02  02     355  69 OP
278  82 HIR     317  59 INT     356  05  05
```

Archivierung des Programms (bei TI-59): Speicherbereichsverteilung in Grundstellung (6 Op 17). Programm eintasten. (Eingabe des Befehls HIR: Anhang A.) Block 2 auf eine Magnetkartenhälfte aufzeichnen.

Linearitäts-Test (Aufruf: SBR SBR; Bild 4.1-2)

```
000  76 LBL     008  42 STO     016  42 STO     024  31  31
001  71 SBR     009  09  09     017  02  02     025  97 DSZ
002  05  5      010  01  1      018  43 RCL     026  02   2
003  01  1      011  09  9      019  01  01     027  00   0
004  42 STO     012  42 STO     020  71 SBR     028  18  18
005  08  08     013  01  01     021  02   2     029  92 RTN
006  02  2      014  02  2      022  40  40
007  04  4      015  00  0      023  69 OP
```

5 Monitor-Unterstützung für Kurven-Plotter

5.1 Monitor-Unterstützung für Kurven-Plotter vom Typ Q

Programm Q0m: Monitor und Makro-Monitor für Q0

Zweck: bequeme Bedienung des Kurven-Plotters Q0.
Funktionsroutine f(x) (vom Anwender bereitzustellen):
beginnt mit Lbl A, endet mit RTN.
(Übergabe von Argument x und Ergebnis f: wie üblich im Anzeigeregister.)

Parameter-Eingabe:	x_{min} in R_{10}	y_{min} in R_{13}
	Δx in R_{11}	y_{max} in R_{14}
	x_{max} in R_{12}	

Aufruf für Standard-Zeichnung (1 Streifen, erzeugt durch Monitor):
SBR + (für y-Achse) und SBR = (für Zeichnung).
Aufruf für n-fache Vergrößerung (n Streifen, erzeugt durch Makro-Monitor):
n SBR × (für y-Achse, Zeichnung und Paßmarken) [n = 2, 3, 4, ...]

Eignung: TI-59
Speicherbereichsverteilung: Grundstellung (6 Op 17)
Programm laden (zusammen mit Q0): 1 Magnetkartenhälfte einlesen (Block 2)
Winkelmodus: beliebig; Anzeigeformat: Standard (INV Eng, INV Fix)

Programmkenndaten

Speicherbedarf: 116 Programmschritte, 9 Datenregister ($R_{05}-R_{06}$ für Makro-Monitor, $R_{10}-R_{16}$ für Monitor)
Labels: +, =, ×; abs. Adressen: ja; T-Reg.: verwendet; Flags: keine
SBR-Ebenen / Klammer-Ebenen / unvollständige Op.-Ebenen: 2/0/6

Liste zu Programm Q0m

260	76	LBL	289	01	1	318	42	STO	347	98	ADV
261	95	=	290	85	+	319	06	06	348	98	ADV
262	43	RCL	291	69	OP	320	75	-	349	98	ADV
263	14	14	292	10	10	321	48	EXC	350	97	DSZ
264	75	-	293	55	÷	322	13	13	351	05	5
265	43	RCL	294	02	2	323	95	=	352	03	3
266	13	13	295	95	=	324	55	÷	353	30	30
267	95	=	296	71	SBR	325	43	RCL	354	43	RCL
268	55	÷	297	02	2	326	05	05	355	06	06
269	01	1	298	40	40	327	95	=	356	42	STO
270	08	8	299	43	RCL	328	44	SUM	357	14	14
271	95	=	300	11	11	329	14	14	358	92	RTN
272	42	STO	301	44	SUM	330	43	RCL	359	76	LBL
273	16	16	302	15	15	331	13	13	360	85	+
274	43	RCL	303	43	RCL	332	44	SUM	361	69	OP
275	10	10	304	15	15	333	13	13	362	00	00
276	42	STO	305	32	X:T	334	48	EXC	363	06	6
277	15	15	306	43	RCL	335	14	14	364	00	0
278	32	X:T	307	12	12	336	22	INV	365	69	OP
279	32	X:T	308	77	GE	337	44	SUM	366	04	04
280	11	A	309	02	2	338	13	13	367	52	EE
281	75	-	310	79	79	339	71	SBR	368	06	6
282	43	RCL	311	92	RTN	340	85	+	369	22	INV
283	13	13	312	76	LBL	341	71	SBR	370	52	EE
284	95	=	313	65	×	342	95	=	371	69	OP
285	55	÷	314	42	STO	343	98	ADV	372	01	01
286	43	RCL	315	05	05	344	98	ADV	373	69	OP
287	16	16	316	43	RCL	345	71	SBR	374	05	05
288	85	+	317	14	14	346	85	+	375	92	RTN

Archivierung des Programms: Speicherbereichsverteilung in Grundstellung (6 Op 17). Programm eintasten (zusammen mit Q0). Block 2 auf eine Magnetkartenhälfte aufzeichnen.

Linearitäts-Test

(a) Funktionsroutine f(x) = 1 − x:

000	76	LBL	004	01	1
001	11	A	005	95	=
002	94	+/-	006	92	RTN
003	85	+			

(b) Parameter-Eingabe: (x_{min}:) 0 STO 10 | (y_{min}:) 0 STO 13
(Δx:) 18 1/x STO 11 | (y_{max}:) 1 STO 14
(x_{max}:) 1 STO 12

(c) Aufruf für Standard-Zeichnung durch Monitor (Bild 5.1-1):
SBR + (für y-Achse) und SBR = (für Zeichnung)

(d) Aufruf für 2-fache Vergrößerung durch Makro-Monitor (Bild 5.1-2):
2 SBR X (für y-Achse, Zeichnung und Paßmarken)

Bild 5.1-1
Linearitäts-Test für Q0m, Q1m und R1m (Monitor)

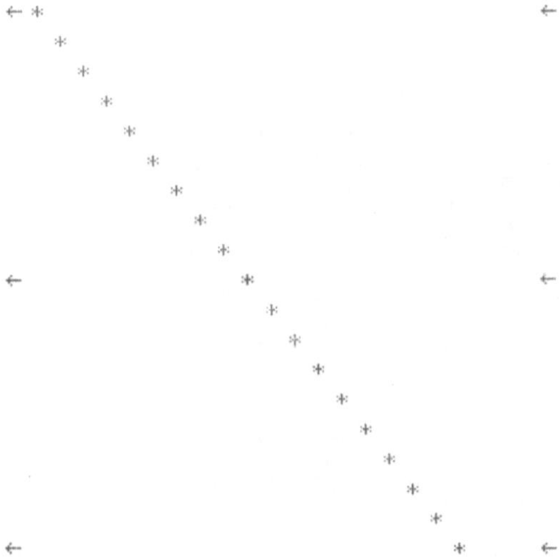

Bild 5.1-2
Linearitäts-Test
für Q0m, Q1m und R1m
(Makro-Monitor)
[links y-Achse, rechts
Paßmarken]

Programm Q1m: Monitor und Makro-Monitor für Q1

> *Zweck:* bequeme Bedienung des Kurven-Plotters Q1.
> *Funktionsroutine, Parameter-Eingabe, Aufruf für Standard-Zeichnung, Aufruf für n-fache Vergrößerung:* wie bei Programm Q0m.

Eignung: TI-59
Speicherbereichsverteilung: Grundstellung (6 Op 17)
Programm laden (zusammen mit Q1): 1 Magnetkartenhälfte einlesen (Block 2)
Winkelmodus: beliebig; **Anzeigeformat:** Standard (INV Eng, INV Fix)

Programmkenndaten

Speicherbedarf: 116 Programmschritte, 9 Datenregister ($R_{05}-R_{06}$ für Makro-Monitor, $R_{10}-R_{16}$ für Monitor)
Labels: +, =, X; abs. Adressen: ja; T-Reg.: verwendet; Flags: keine
SBR-Ebenen / Klammer-Ebenen / unvollständige Op.-Ebenen: 2/0/6

Liste zu Programm Q1m

```
281  76 LBL
282  95  =
283  43 RCL
284  14  14
285  75  -
286  43 RCL
287  13  13
288  95  =
289  55  ÷
290  01  1
291  08  8
292  95  =
293  42 STO
294  16  16
295  43 RCL
296  10  10
297  42 STO
298  15  15
299  32 X:T
300  32 X:T
301  11  A
302  75  -
303  43 RCL
304  13  13
305  95  =
306  55  ÷
307  43 RCL
308  16  16
309  85  +
310  01  1
311  85  +
312  69 OP
313  10  10
314  55  ÷
315  02  2
316  95  =
317  71 SBR
318  02  2
319  40  40
320  43 RCL
321  11  11
322  44 SUM
323  15  15
324  43 RCL
325  15  15
326  32 X:T
327  43 RCL
328  12  12
329  77  GE
330  03  3
331  00  00
332  92 RTN
333  76 LBL
334  65  ×
335  42 STO
336  05  05
337  43 RCL
338  14  14
339  42 STO
340  06  06
341  75  -
342  48 EXC
343  13  13
344  95  =
345  55  ÷
346  43 RCL
347  05  05
348  95  =
349  44 SUM
350  14  14
351  43 RCL
352  13  13
353  44 SUM
354  13  13
355  48 EXC
356  14  14
357  22 INV
358  44 SUM
359  13  13
360  71 SBR
361  85  +
362  71 SBR
363  95  =
364  98 ADV
365  98 ADV
366  71 SBR
367  85  +
368  98 ADV
369  98 ADV
370  98 ADV
371  97 DSZ
372  05  5
373  03  3
374  51  51
375  43 RCL
376  06  06
377  42 STO
378  14  14
379  92 RTN
380  76 LBL
381  85  +
382  69 OP
383  00  00
384  06  6
385  00  0
386  69 OP
387  04  04
388  52  EE
389  06  6
390  22 INV
391  52  EE
392  69 OP
393  01  01
394  69 OP
395  05  05
396  92 RTN
```

Archivierung des Programms: Speicherbereichsverteilung in Grundstellung (6 Op 17). Programm eintasten (zusammen mit Q1). Block 2 auf eine Magnetkartenhälfte aufzeichnen.

Linearitäts-Test: wie bei Programm Q0m (Bild 5.1-1 und 5.1-2)

Programm Q2m: Monitor und Makro-Monitor für Q2

Zweck: bequeme Bedienung des Kurven-Plotters Q2.
Funktionsroutinen (vom Anwender bereitzustellen):
$f_1(x)$: beginnt mit Lbl A, endet mit RTN;
$f_2(x)$: beginnt mit Lbl B, endet mit RTN.
(Übergabe von Argument x und Ergebnis f: wie üblich im Anzeigeregister.)
Parameter-Eingabe, Aufruf für Standard-Zeichnung, Aufruf für n-fache Vergrößerung:
wie bei Programm Q0m

Eignung: TI-59
Speicherbereichsverteilung: Grundstellung (6 Op 17)
Programm laden (zusammen mit Q2): 1 Magnetkartenhälfte einlesen (Block 2)
Winkelmodus: beliebig; Anzeigeformat: Standard (INV Eng, INV Fix)

Programmkenndaten

Speicherbedarf: 128 Programmschritte, 9 Datenregister ($R_{05}-R_{06}$ für Makro-Monitor, $R_{10}-R_{16}$ für Monitor)
Labels: +, =, ×; abs. Adressen: ja; T-Reg.: verwendet; Flags: keine
SBR-Ebenen / Klammer-Ebenen / unvollständige Op.-Ebenen: 3/0/6

Liste zu Programm Q2m

```
342  75  -
343  43  RCL
344  13  13
345  95  =
346  55  ÷
347  43  RCL
348  16  16
349  85  +
350  01  1
351  85  +
352  69  OP
353  10  10
354  55  ÷
355  02  2
356  95  =
357  92  RTN
358  76  LBL
359  95  =
360  43  RCL
361  14  14
362  75  -
363  43  RCL
364  13  13
365  95  =
366  55  ÷
367  01  1
368  08  8
369  95  =
370  42  STO
371  16  16
372  43  RCL
373  10  10
374  42  STO
375  15  15
376  32  X:T
377  32  X:T
378  12  B
379  71  SBR
380  03  3
381  42  42
382  42  STO
383  02  02
384  43  RCL
385  15  15
386  11  A
387  71  SBR
388  03  3
389  42  42
390  71  SBR
391  02  02
392  40  40
393  43  RCL
394  11  11
395  44  SUM
396  15  15
397  43  RCL
398  15  15
399  32  X:T
400  43  RCL
401  12  12
402  77  GE
403  03  3
404  77  77
405  92  RTN
406  76  LBL
407  65  ×
408  42  STO
409  05  05
410  43  RCL
411  14  14
412  42  STO
413  06  06
414  75  -
415  48  EXC
416  13  13
417  95  =
418  55  ÷
419  43  RCL
420  05  05
421  95  =
422  44  SUM
423  14  14
424  43  RCL
425  13  13
426  44  SUM
427  13  13
428  48  EXC
429  14  14
430  22  INV
431  44  SUM
432  13  13
433  71  SBR
434  85  +
435  71  SBR
436  95  =
437  98  ADV
438  98  ADV
439  71  SBR
440  85  +
441  98  ADV
442  98  ADV
443  98  ADV
444  97  DSZ
445  05  5
446  04  4
447  24  24
448  43  RCL
449  06  06
450  42  STO
451  14  14
452  92  RTN
453  76  LBL
454  85  +
455  69  OP
456  00  00
457  06  6
458  00  0
459  69  OP
460  04  04
461  52  EE
462  06  6
463  22  INV
464  52  EE
465  69  OP
466  01  01
467  69  OP
468  05  05
469  92  RTN
```

Archivierung des Programms: Speicherbereichsverteilung in Grundstellung (6 Op 17). Programm eintasten (zusammen mit Q2). Block 2 auf eine Magnetkartenhälfte aufzeichnen.

Linearitäts-Test

(a) Funktionsroutinen:

$f_1(x) = 1 - x$:

```
000  76  LBL
001  11  A
002  94  +/-
003  85  +
004  01  1
005  95  =
```

$f_2(x) = x$:

```
006  76  LBL
007  12  B
008  92  RTN
```

(b) Parameter-Eingabe: wie bei Programm Q0m

(c) Aufruf für Standard-Zeichnung durch Monitor (Bild 5.1-3):
SBR + (für y-Achse) und SBR = (für Zeichnung)

Bild 5.1-3
Linearitäts-Test für Q2m, R2m und W2m (Monitor)

(d) Aufruf für 2-fache Vergrößerung durch Makro-Monitor (Bild 5.1-4):
2 SBR X (für y-Achse, Zeichnung und Paßmarken)

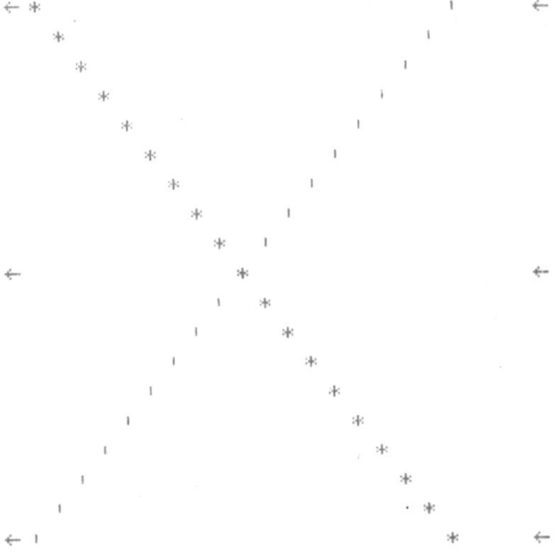

Bild 5.1-4
Linearitäts-Test für Q2m, R2m und W2m (Makro-Monitor) [links y-Achse, rechts Paßmarken]

Programm Q3m: Monitor für Q3

Zweck: bequeme Bedienung des Kurven-Plotters Q3.
Funktionsroutinen (vom Anwender bereitzustellen):
$f_1(x)$: beginnt mit Lbl A, endet mit RTN;
$f_2(x)$: beginnt mit Lbl B, endet mit RTN;
$f_3(x)$: beginnt mit Lbl C, endet mit RTN.
(Übergabe von Argument x und Ergebnis f: wie üblich im Anzeigeregister.)
Parameter-Eingabe, Aufruf für Standard-Zeichnung: wie bei Programm Q0m.

Eignung: TI-59
Speicherbereichsverteilung: Grundstellung (6 Op 17)
Programm laden (zusammen mit Q3): 1 Magnetkartenhälfte einlesen (Block 2)
Winkelmodus: beliebig; Anzeigeformat: Standard (INV Eng, INV Fix)

Programmkenndaten

Speicherbedarf: 89 Programmschritte, 7 Datenregister ($R_{10}-R_{16}$ für Monitor)
Labels: +, =; abs. Adressen: ja; T-Reg.: verwendet; Flags: keine
SBR-Ebenen / Klammer-Ebenen / unvollständige Op.-Ebenen: 2/0/6

Liste zu Programm Q3m

```
375  75  -       398  95  =       421  03   3      444  04   4
376  43  RCL     399  55  ÷       422  75  75      445  10  10
377  13  13      400  01  1       423  42  STD     446  92  RTN
378  95  =       401  08  8       424  02  02      447  76  LBL
379  55  ÷       402  95  =       425  43  RCL     448  85  +
380  43  RCL     403  42  STD     426  15  15      449  69  OP
381  16  16      404  16  16      427  11  A       450  00  00
382  85  +       405  43  RCL     428  71  SBR     451  06  6
383  01  1       406  10  10      429  03   3      452  00  0
384  85  +       407  42  STD     430  75  75      453  69  OP
385  69  OP      408  15  15      431  71  SBR     454  04  04
386  10  10      409  32  X:T     432  02   2      455  52  EE
387  55  ÷       410  32  X:T     433  40  40      456  06  6
388  02  2       411  13  C       434  43  RCL     457  22  INV
389  95  =       412  71  SBR     435  11  11      458  52  EE
390  92  RTN     413  03   3      436  44  SUM     459  69  OP
391  76  LBL     414  75  75      437  15  15      460  01  01
392  95  =       415  42  STD     438  43  RCL     461  69  OP
393  43  RCL     416  03  03      439  15  15      462  05  05
394  14  14      417  43  RCL     440  32  X:T     463  92  RTN
395  75  -       418  15  15      441  43  RCL
396  43  RCL     419  12  B       442  12  12
397  13  13      420  71  SBR     443  77  GE
```

Archivierung des Programms: Speicherbereichsverteilung in Grundstellung (6 Op 17). Programm eintasten (zusammen mit Q3). Block 2 auf eine Magnetkartenhälfte aufzeichnen.

Linearitäts-Test

(a) Funktionsroutinen:

$f_1(x) = 1 - x$:

```
000  76  LBL     003  85  +
001  11  A       004  01  1
002  94  +/-     005  95  =
```

$f_2(x) = x$:

```
006  76  LBL
007  12  B
008  92  RTN
```

$f_3(x) = |x - \frac{1}{2}|$:

```
009  76  LBL     013  05  5
010  13  C       014  95  =
011  75  -       015  50  I×I
012  93  .       016  92  RTN
```

(b) Parameter-Eingabe: wie bei Programm Q0m

(c) Aufruf für Standard-Zeichnung durch Monitor (Bild 5.1-5):

SBR + (für y-Achse) und SBR = (für Zeichnung)

Bild 5.1-5 Linearitäts-Test für Q3m, R3m und W3m (Monitor)

5.2 Monitor-Unterstützung für Kurven-Plotter vom Typ R

Programm R1m: Monitor und Makro-Monitor für R1

Zweck: bequeme Bedienung des Kurven-Plotters R1.
Funktionsroutine f(x) (vom Anwender bereitzustellen):
beginnt mit Lbl A, endet mit RTN.
(Übergabe von Argument x und Ergebnis f: wie üblich im Anzeigeregister.)

Parameter-Eingabe: Code in R_{09}	x_{min} in R_{10}	y_{min} in R_{13}
	Δx in R_{11}	y_{max} in R_{14}
	x_{max} in R_{12}	

Aufruf für Standard-Zeichnung (1 Streifen, erzeugt durch Monitor):
SBR + (für y-Achse) und SBR = (für Zeichnung).
Aufruf für n-fache Vergrößerung (n Streifen, erzeugt durch Makro-Monitor):
n SBR X (für y-Achse, Zeichnung und Paßmarken) [n = 2, 3, 4, ...]

Eignung: TI-59
Speicherbereichsverteilung: Grundstellung (6 Op 17)
Programm laden (zusammen mit R1): 1 Magnetkartenhälfte einlesen (Block 2)
Winkelmodus: beliebig; Anzeigeformat: Standard (INV Eng, INV Fix)

Programmkenndaten

Speicherbedarf: 116 Programmschritte, 10 Datenregister ($R_{05}-R_{06}$ für Makro-Monitor, R_{09} für Code, $R_{10}-R_{16}$ für Monitor)
Labels: +, =, X; abs. Adressen: ja; T-Reg.: verwendet; Flags: keine
SBR-Ebenen / Klammer-Ebenen / unvollständige Op.-Ebenen: 2/0/6

Liste zu Programm R1m

```
282  76 LBL     311  01   1     340  42 STO     369  98 ADV
283  95  =      312  85  +      341  06  06     370  98 ADV
284  43 RCL     313  69 OP      342  75  -      371  98 ADV
285  14  14     314  10  10     343  48 EXC     372  97 DSZ
286  75  -      315  55  ÷      344  13  13     373  05   5
287  43 RCL     316  02  2      345  95  =      374  03   3
288  13  13     317  95  =      346  55  ÷      375  52  52
289  95  =      318  71 SBR     347  43 RCL     376  43 RCL
290  55  ÷      319  02   2     348  05  05     377  06  06
291  01  1      320  40  40     349  95  =      378  42 STO
292  08  8      321  43 RCL     350  44 SUM     379  14  14
293  95  =      322  11  11     351  14  14     380  92 RTN
294  42 STO     323  44 SUM     352  43 RCL     381  76 LBL
295  16  16     324  15  15     353  13  13     382  85  +
296  43 RCL     325  43 RCL     354  44 SUM     383  69 OP
297  10  10     326  15  15     355  13  13     384  00  00
298  42 STO     327  32 X:T     356  48 EXC     385  06   6
299  15  15     328  43 RCL     357  14  14     386  00   0
300  32 X:T     329  12  12     358  22 INV     387  69 OP
301  32 X:T     330  77  GE     359  44 SUM     388  04  04
302  11  A      331  03   3     360  13  13     389  52 EE
303  75  -      332  01  01     361  71 SBR     390  06   6
304  43 RCL     333  92 RTN     362  85  +      391  22 INV
305  13  13     334  76 LBL     363  71 SBR     392  52 EE
306  95  =      335  65  X      364  95  =      393  69 OP
307  55  ÷      336  42 STO     365  98 ADV     394  01  01
308  43 RCL     337  05  05     366  98 ADV     395  69 OP
309  16  16     338  43 RCL     367  71 SBR     396  05  05
310  85  +      339  14  14     368  85  +      397  92 RTN
```

Archivierung des Programms: Speicherbereichsverteilung in Grundstellung (6 Op 17). Programm eintasten (zusammen mit Q1). Block 2 auf eine Magnetkartenhälfte aufzeichnen.

Linearitäts-Test

(a) Funktionsroutine f(x): wie bei Programm Q0m

(b) Parameter-Eingabe:

(Code:) 51 STO 09	(x_{min}:) 0 STO 10	(y_{min}:) 0 STO 13
	(Δx:) 18 1/x STO 11	(y_{max}:) 1 STO 14
	(x_{max}:) 1 STO 12	

(c) Aufruf für Standard-Zeichnung durch Monitor (Bild 5.1-1):
SBR + (für y-Achse) und SBR = (für Zeichnung)

(d) Aufruf für 2-fache Vergrößerung durch Makro-Monitor (Bild 5.1-2):
2 SBR X (für y-Achse, Zeichnung und Paßmarken)

Programm R2m: Monitor und Makro-Monitor für R2

Zweck: bequeme Bedienung des Kurven-Plotters R2.
Funktionsroutinen (vom Anwender bereitzustellen):
$f_1(x)$: beginnt mit Lbl A, endet mit RTN;
$f_2(x)$: beginnt mit Lbl B, endet mit RTN.
(Übergabe von Argument x und Ergebnis f: wie üblich im Anzeigeregister.)

Parameter-Eingabe: Code 1 in R_{08}	x_{min} in R_{10}	y_{min} in R_{13}
Code 2 in R_{09}	Δx in R_{11}	y_{max} in R_{14}
	x_{max} in R_{12}	

Aufruf für Standard-Zeichnung, Aufruf für n-fache Vergrößerung: wie bei Programm R1m.

Eignung: TI-59
Speicherbereichsverteilung: Grundstellung (6 Op 17)
Programm laden (zusammen mit R2): 1 Magnetkartenhälfte einlesen (Block 2)
Winkelmodus: beliebig; Anzeigeformat: Standard (INV Eng, INV Fix)

Programmkenndaten

Speicherbedarf: 128 Programmschritte, 11 Datenregister ($R_{05}-R_{06}$ für Makro-Monitor, $R_{08}-R_{09}$ für Codes, $R_{10}-R_{16}$ für Monitor)
Labels: +, =, X; abs. Adressen: ja; T-Reg.: verwendet; Flags: keine
SBR-Ebenen / Klammer-Ebenen / unvollständige Op.-Ebenen: 3/0/6

Liste zu Programm R2m

343	75	-	375	42	STO	407	76	LBL	439	98	ADV
344	43	RCL	376	15	15	408	65	×	440	71	SBR
345	13	13	377	32	X:T	409	42	STO	441	85	+
346	95	=	378	32	X:T	410	05	05	442	98	ADV
347	55	÷	379	12	B	411	43	RCL	443	98	ADV
348	43	RCL	380	71	SBR	412	14	14	444	98	ADV
349	16	16	381	03	3	413	42	STO	445	97	DSZ
350	85	+	382	43	43	414	06	06	446	05	5
351	01	1	383	42	STO	415	75	-	447	04	4
352	85	+	384	02	02	416	48	EXC	448	25	25
353	69	OP	385	43	RCL	417	13	13	449	43	RCL
354	10	10	386	15	15	418	95	=	450	06	06
355	55	÷	387	11	A	419	55	÷	451	42	STO
356	02	2	388	71	SBR	420	43	RCL	452	14	14
357	95	=	389	03	3	421	05	05	453	92	RTN
358	92	RTN	390	43	43	422	95	=	454	76	LBL
359	76	LBL	391	71	SBR	423	44	SUM	455	85	+
360	95	=	392	02	2	424	14	14	456	69	OP
361	43	RCL	393	40	40	425	43	RCL	457	00	00
362	14	14	394	43	RCL	426	13	13	458	06	6
363	75	-	395	11	11	427	44	SUM	459	00	0
364	43	RCL	396	44	SUM	428	13	13	460	69	OP
365	13	13	397	15	15	429	48	EXC	461	04	04
366	95	=	398	43	RCL	430	14	14	462	52	EE
367	55	÷	399	15	15	431	22	INV	463	06	6
368	01	1	400	32	X:T	432	44	SUM	464	22	INV
369	08	8	401	43	RCL	433	13	13	465	52	EE
370	95	=	402	12	12	434	71	SBR	466	69	OP
371	42	STO	403	77	GE	435	85	+	467	01	01
372	16	16	404	03	3	436	71	SBR	468	69	OP
373	43	RCL	405	78	78	437	95	=	469	05	05
374	10	10	406	92	RTN	438	98	ADV	470	92	RTN

Archivierung des Programms: Speicherbereichsverteilung in Grundstellung (6 Op 17). Programm eintasten (zusammen mit R2). Block 2 auf eine Magnetkartenhälfte aufzeichnen.

Linearitäts-Test

(a) Funktionsroutinen $f_1(x)$ und $f_2(x)$: wie bei Programm Q2m

(b) Parameter-Eingabe:

(Code 1:)	51 STO 08	(x_{min}:)	0 STO 10	(y_{min}:)	0 STO 13
(Code 2:)	20 STO 09	(Δx:) 18	1/x STO 11	(y_{max}:)	1 STO 14
		(x_{max}:)	1 STO 12		

(c) Aufruf für Standard-Zeichnung durch Monitor (Bild 5.1-3):
SBR + (für y-Achse) und SBR = (für Zeichnung)

(d) Aufruf für 2-fache Vergrößerung durch Makro-Monitor (Bild 5.1-4):
2 SBR × (für y-Achse, Zeichnung und Paßmarken)

Programm R3m: Monitor für R3

Zweck: bequeme Bedienung des Kurven-Plotters R3.
Funktionsroutinen (vom Anwender bereitzustellen):

$f_1(x)$: beginnt mit Lbl A, endet mit RTN;
$f_2(x)$: beginnt mit Lbl B, endet mit RTN;
$f_3(x)$: beginnt mit Lbl C, endet mit RTN.

(Übergabe von Argument x und Ergebnis f: wie üblich im Anzeigeregister.)

Parameter-Eingabe:		
Code 1 in R_{07}	x_{min} in R_{10}	y_{min} in R_{13}
Code 2 in R_{08}	Δx in R_{11}	y_{max} in R_{14}
Code 3 in R_{09}	x_{max} in R_{12}	

Aufruf für Standard-Zeichnung: wie bei Programm R1m.

Eignung: TI-59
Speicherbereichsverteilung: Grundstellung (6 Op 17)
Programm laden (zusammen mit R3): 1 Magnetkartenhälfte einlesen (Block 2)
Winkelmodus: beliebig; Anzeigeformat: Standard (INV Eng, INV Fix)

Programmkenndaten

Speicherbedarf: 89 Programmschritte, 10 Datenregister ($R_{07}-R_{09}$ für Codes, $R_{10}-R_{16}$ für Monitor)
Labels: +, =; abs. Adressen: ja; T-Reg.: verwendet; Flags: keine
SBR-Ebenen / Klammer-Ebenen / unvollständige Op.-Ebenen: 2/0/6

Liste zu Programm R3m

```
377  75   -
378  43  RCL
379  13   13
380  95   =
381  55   ÷
382  43  RCL
383  16   16
384  85   +
385  01   1
386  85   +
387  69  OP
388  10   10
389  55   ÷
390  02   2
391  95   =
392  92  RTN
393  76  LBL
394  95   =
395  43  RCL
396  14   14
397  75   -
398  43  RCL
399  13   13
400  95   =
401  55   ÷
402  01   1
403  08   8
404  95   =
405  42  STO
406  16   16
407  43  RCL
408  10   10
409  42  STO
410  15   15
411  32  X⇌T
412  32  X⇌T
413  13   C
414  71  SBR
415  03   3
416  77   77
417  42  STO
418  03   03
419  43  RCL
420  15   15
421  12   B
422  71  SBR
423  03   3
424  77   77
425  42  STO
426  02   02
427  43  RCL
428  15   15
429  11   A
430  71  SBR
431  03   3
432  77   77
433  71  SBR
434  02   2
435  40   40
436  43  RCL
437  11   11
438  44  SUM
439  15   15
440  43  RCL
441  15   15
442  32  X⇌T
443  43  RCL
444  12   12
445  77   GE
446  04   4
447  12   12
448  92  RTN
449  76  LBL
450  85   +
451  69  OP
452  00   00
453  06   6
454  00   0
455  69  OP
456  04   04
457  52  EE
458  06   6
459  22  INV
460  52  EE
461  69  OP
462  01   01
463  69  OP
464  05   05
465  92  RTN
```

Archivierung des Programms: Speicherbereichsverteilung in Grundstellung (6 Op 17). Programm eintasten (zusammen mit R3). Block 2 auf eine Magnetkartenhälfte aufzeichnen.

Linearitäts-Test

(a) Funktionsroutinen $f_1(x)$, $f_2(x)$ und $f_3(x)$: wie bei Programm Q3m

(b) Parameter-Eingabe:

(Code 1:) 51 STO 07	(x_{min}:)	0 STO 10	(y_{min}:) 0 STO 13
(Code 2:) 47 STO 08	(Δx:) 18	1/x STO 11	(y_{max}:) 1 STO 14
(Code 3:) 20 STO 09	(x_{max}:)	1 STO 12	

(c) Aufruf für Standard-Zeichnung durch Monitor (Bild 5.1-5):
SBR + (für y-Achse) und SBR = (für Zeichnung)

5.3 Monitor-Unterstützung für Kurven-Plotter vom Typ S

Programm S1m: Monitor für S1

Zweck: bequeme Bedienung des Kurven-Plotters S1.
Funktionsroutine f(x) (vom Anwender bereitzustellen):
beginnt mit Lbl A, endet mit RTN.
(Übergabe von Argument x und Ergebnis f: wie üblich im Anzeigeregister.)

Parameter-Eingabe:				
x_{min}	in R_{10}	y_{min}	in R_{13}
Δx	in R_{11}	y_{max}	in R_{14}
x_{max}	in R_{12}		

Aufruf für Standard-Zeichnung (1 Streifen, erzeugt durch Monitor):
SBR + (für y-Achse) und SBR = (für Zeichnung)

Eignung: TI-59
Speicherbereichsverteilung: Grundstellung (6 Op 17)
Programm laden (zusammen mit S1): 1 Magnetkartenhälfte einlesen (Block 2)
Winkelmodus: beliebig; Anzeigeformat: Standard (INV Eng, INV Fix)

Programmkenndaten

Speicherbedarf: 69 Programmschritte, 7 Datenregister ($R_{10}-R_{16}$ für Monitor)
Labels: +, =; abs. Adressen: ja; T-Reg.: verwendet: Flags: keine
SBR-Ebenen / Klammer-Ebenen / unvollständige Op.-Ebenen: 1/0/6

Liste zu Programm S1m

```
296  76 LBL    314  32 X:T    332  71 SBR    350  69 OP
297  95  =     315  32 X:T    333  02  2     351  00  00
298  43 RCL    316  11  A     334  40  40    352  06  6
299  14  14    317  75  -     335  43 RCL    353  00  0
300  75  -     318  43 RCL    336  11  11    354  69 OP
301  43 RCL    319  13  13    337  44 SUM    355  04  04
302  13  13    320  95  =     338  15  15    356  52 EE
303  95  =     321  55  ÷     339  43 RCL    357  06  6
304  55  ÷     322  43 RCL    340  15  15    358  22 INV
305  01  1     323  16  16    341  32 X:T    359  52 EE
306  08  8     324  85  +     342  43 RCL    360  69 OP
307  95  =     325  01  1     343  12  12    361  01  01
308  42 STO    326  85  +     344  77 GE     362  69 OP
309  16  16    327  69 OP     345  03  3     363  05  05
310  43 RCL    328  10  10    346  15  15    364  92 RTN
311  10  10    329  55  ÷     347  92 RTN
312  42 STO    330  02  2     348  76 LBL
313  15  15    331  95  =     349  85  +
```

Archivierung des Programms: Speicherbereichsverteilung in Grundstellung (6 Op 17). Programm eintasten (zusammen mit S1). Block 2 auf eine Magnetkartenhälfte aufzeichnen.

Linearitäts-Test

(a) Funktionsroutine f(x): wie bei Programm Q0m
(b) Parameter-Eingabe: wie bei Programm Q0m
(c) Aufruf für Standard-Zeichnung durch Monitor (Bild 5.3-1):
SBR + (für y-Achse) und SBR = (für Zeichnung)

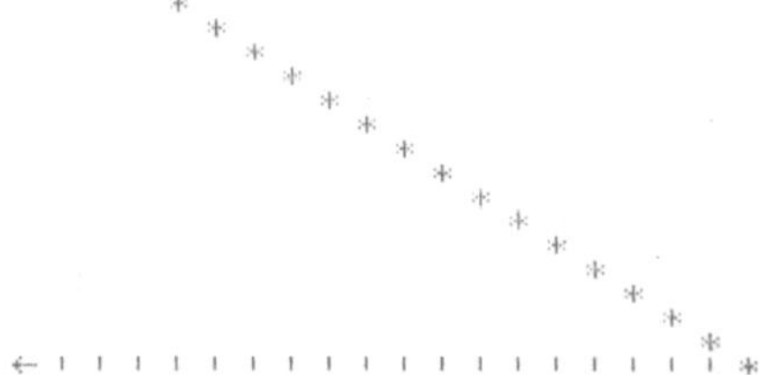

Bild 5.3-1
Linearitäts-Test
für S1m und U1m
(Monitor)

Programm S2m: Monitor für S2

Zweck: bequeme Bedienung des Kurven-Plotters S2.
Funktionsroutine, Parameter-Eingabe, Aufruf für Standard-Zeichnung: wie bei Programm S1m

Eignung: TI-59
Speicherbereichsverteilung: Grundstellung (6 Op 17)
Programm laden (zusammen mit S2): 1 Magnetkartenhälfte einlesen (Block 2)
Winkelmodus: beliebig; Anzeigeformat: Standard (INV Eng, INV Fix)

Programmkenndaten

Speicherbedarf: 71 Programmschritte, 7 Datenregister ($R_{10}-R_{16}$ für Monitor)
Labels: +, =; abs. Adressen: ja; T-Reg.. verwendet; Flags: Nr. 0
SBR-Ebenen / Klammer-Ebenen / unvollständige Op.-Ebenen: 1/0/6

Liste zu Programm S2m

304	76	LBL	322	42	STO	340	02	2	358	76	LBL
305	95	=	323	15	15	341	95	=	359	85	+
306	86	STF	324	32	X:T	342	71	SBR	360	69	OP
307	00	0	325	32	X:T	343	02	2	361	00	00
308	43	RCL	326	11	A	344	40	40	362	06	6
309	14	14	327	75	-	345	43	RCL	363	00	0
310	75	-	328	43	RCL	346	11	11	364	69	OP
311	43	RCL	329	13	13	347	44	SUM	365	04	04
312	13	13	330	95	=	348	15	15	366	52	EE
313	95	=	331	55	÷	349	43	RCL	367	06	6
314	55	÷	332	43	RCL	350	15	15	368	22	INV
315	01	1	333	16	16	351	32	X:T	369	52	EE
316	08	8	334	85	+	352	43	RCL	370	69	OP
317	95	=	335	01	1	353	12	12	371	01	01
318	42	STO	336	85	+	354	77	GE	372	69	OP
319	16	16	337	69	OP	355	03	3	373	05	05
320	43	RCL	338	10	10	356	25	25	374	92	RTN
321	10	10	339	55	÷	357	92	RTN			

Archivierung des Programms: Speicherbereichsverteilung in Grundstellung (6 Op 17). Programm eintasten (zusammen mit S2). Block 2 auf eine Magnetkartenhälfte aufzeichnen.

Linearitäts-Test

(a) Funktionsroutine f(x): wie bei Programm Q0m
(b) Parameter-Eingabe: wie bei Programm Q0m
(c) Aufruf für Standard-Zeichnung durch Monitor (Bild 5.3-2):
SBR + (für y-Achse) und
SBR = (für Zeichnung)

Bild 5.3-2
Linearitäts-Test
für S2m und U2m
(Monitor)

Programm S3m: Monitor für S3

> *Zweck:* bequeme Bedienung des Kurven-Plotters S3.
> *Funktionsroutine, Parameter-Eingabe, Aufruf für Standard-Zeichnung:*
> wie bei Programm S1m

Eignung: TI-59
Speicherbereichsverteilung: Grundstellung (6 Op 17)
Programm laden (zusammen mit S3): 1 Magnetkartenhälfte einlesen (Block 2)
Winkelmodus: beliebig; Anzeigeformat: Standard (INV Eng, INV Fix)

Programmkenndaten

Speicherbedarf: 69 Programmschritte, 7 Datenregister ($R_{10}-R_{16}$ für Monitor)
Labels: +, =; abs. Adressen: ja; T-Reg.: verwendet; Flags: keine
SBR-Ebenen / Klammer-Ebenen / unvollständige Op.-Ebenen: 1/0/6

Liste zu Programm S3m

```
295  76 LBL
296  95  =
297  43 RCL
298  14  14
299  75  -
300  43 RCL
301  13  13
302  95  =
303  55  ÷
304  01  1
305  08  8
306  95  =
307  42 STO
308  16  16
309  43 RCL
310  10  10
311  42 STO
312  15  15
313  32 X:T
314  32 X:T
315  11  A
316  75  -
317  43 RCL
318  13  13
319  95  =
320  55  ÷
321  43 RCL
322  16  16
323  85  +
324  01  1
325  85  +
326  69 OP
327  10  10
328  55  ÷
329  02  2
330  95  =
331  71 SBR
332  02  2
333  40  40
334  43 RCL
335  11  11
336  44 SUM
337  15  15
338  43 RCL
339  15  15
340  32 X:T
341  43 RCL
342  12  12
343  77  GE
344  03  3
345  14  14
346  92 RTN
347  76 LBL
348  85  +
349  69 OP
350  00  00
351  06  6
352  00  0
353  69 OP
354  04  04
355  52 EE
356  06  6
357  22 INV
358  52 EE
359  69 OP
360  01  01
361  69 OP
362  05  05
363  92 RTN
```

Archivierung des Programms: Speicherbereichsverteilung in Grundstellung (6 Op 17). Programm eintasten (zusammen mit S3). Block 2 auf eine Magnetkartenhälfte aufzeichnen.

Linearitäts-Test

(a) Funktionsroutine f(x): wie bei Programm Q0m

(b) Parameter-Eingabe: wie bei Programm Q0m

(c) Aufruf für Standard-Zeichnung durch Monitor (Bild 5.3-3):
SBR + (für y-Achse) und SBR = (für Zeichnung)

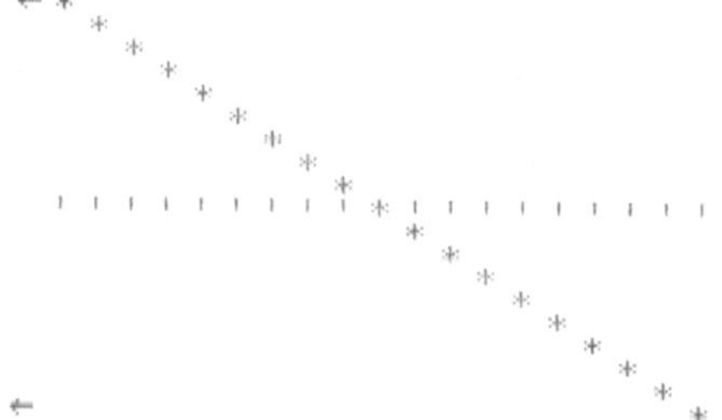

Bild 5.3-3
Linearitäts-Test
für S3m und U3m
(Monitor)

Programm S4m: Monitor für S4

> *Zweck:* bequeme Bedienung des Kurven-Plotters S4.
> *Funktionsroutine, Parameter-Eingabe, Aufruf für Standard-Zeichnung:*
> wie bei Programm S1m

Eignung: TI-59
Speicherbereichsverteilung: Grundstellung (6 Op 17)
Programm laden (zusammen mit S4): 1 Magnetkartenhälfte einlesen (Block 2)
Winkelmodus: beliebig; Anzeigeformat: Standard (INV Eng, INV Fix)

Programmkenndaten

Speicherbedarf: 71 Programmschritte, 6 Datenregister ($R_{10}-R_{16}$ für Monitor)
Labels: +, =; abs. Adressen: ja; T-Reg.: verwendet; Flags: Nr. 0
SBR-Ebenen / Klammer-Ebenen / unvollständige Op.-Ebenen: 1/0/6

Liste zu Programm S4m

```
303  76 LBL     321  42 STO     339  02   2     357  76 LBL
304  95  =      322  15  15     340  95   =     358  85  +
305  86 STF     323  32 X:T     341  71 SBR     359  69 OP
306  00   0     324  32 X:T     342  02   2     360  00  00
307  43 RCL     325  11  A      343  40  40     361  06   6
308  14  14     326  75  -      344  43 RCL     362  00   0
309  75  -      327  43 RCL     345  11  11     363  69 OP
310  43 RCL     328  13  13     346  44 SUM     364  04  04
311  13  13     329  95  =      347  15  15     365  52 EE
312  95  =      330  55  ÷      348  43 RCL     366  06   6
313  55  ÷      331  43 RCL     349  15  15     367  22 INV
314  01   1     332  16  16     350  32 X:T     368  52 EE
315  08   8     333  85  +      351  43 RCL     369  69 OP
316  95  =      334  01   1     352  12  12     370  01  01
317  42 STO     335  85  +      353  77  GE     371  69 OP
318  16  16     336  69 OP      354  03   3     372  05  05
319  43 RCL     337  10  10     355  24  24     373  92 RTN
320  10  10     338  55  ÷      356  92 RTN
```

Archivierung des Programms: Speicherbereichsverteilung in Grundstellung (6 Op 17). Programm eintasten (zusammen mit S4). Block 2 auf eine Magnetkartenhälfte aufzeichnen.

Linearitäts-Test

(a) Funktionsroutine f(x): wie bei Programm Q0m
(b) Parameter-Eingabe: wie bei Programm Q0m
(c) Aufruf für Standard-Zeichnung durch Monitor (Bild 5.3-4)
SBR + (für y-Achse) und SBR = (für Zeichnung)

Bild 5.3-4
Linearitäts-Test für S4m und U4m (Monitor)

5.4 Monitor-Unterstützung für Kurven-Plotter vom Typ T

Programm T1m: Monitor für T1

Zweck: bequeme Bedienung des Kurven-Plotters T1.
Funktionsroutinen (vom Anwender bereitzustellen):
$f_1(x)$: beginnt mit Lbl A, endet mit RTN;
$f_2(x)$: beginnt mit Lbl B, endet mit RTN.
(Übergabe von Argument x und Ergebnis f: wie üblich im Anzeigeregister.)

Parameter-Eingabe:	x_{min} in R_{10}	y_{min} in R_{13}
	Δx in R_{11}	y_{max} in R_{14}
	x_{max} in R_{12}	

Aufruf für Standard-Zeichnung (1 Streifen, erzeugt durch Monitor):
SBR + (für y-Achse) und SBR = (für Zeichnung)

Eignung: TI-59
Speicherbereichsverteilung: Grundstellung (6 Op 17)
Programm laden (zusammen mit T1): 1 Magnetkartenhälfte einlesen (Block 2)
Winkelmodus: beliebig; Anzeigeformat: Standard (INV Eng, INV Fix)

Programmkenndaten

Speicherbedarf: 81 Programmschritte, 7 Datenregister ($R_{10}-R_{16}$ für Monitor)
Labels: +, =; abs. Adressen: ja; T-Reg.: verwendet; Flags: keine
SBR-Ebenen / Klammer-Ebenen / unvollständige Op.-Ebenen: 2/0/6

Liste zu Programm T1m

```
360  75  -
361  43  RCL
362  13  13
363  95  =
364  55  ÷
365  43  RCL
366  16  16
367  85  +
368  01  1
369  85  +
370  69  OP
371  10  10
372  55  ÷
373  02  2
374  95  =
375  92  RTN
376  76  LBL
377  95  =
378  43  RCL
379  14  14
380  75  -
381  43  RCL
382  13  13
383  95  =
384  55  ÷
385  01  1
386  08  8
387  95  =
388  42  STO
389  16  16
390  43  RCL
391  10  10
392  42  STO
393  15  15
394  32  X:T
395  32  X:T
396  12  B
397  71  SBR
398  03  3
399  60  60
400  42  STO
401  02  02
402  43  RCL
403  15  15
404  11  A
405  71  SBR
406  03  3
407  60  60
408  71  SBR
409  02  2
410  40  40
411  43  RCL
412  11  11
413  44  SUM
414  15  15
415  43  RCL
416  15  15
417  32  X:T
418  43  RCL
419  12  12
420  77  GE
421  03  3
422  95  95
423  92  RTN
424  76  LBL
425  85  +
426  69  OP
427  00  00
428  06  6
429  00  0
430  69  OP
431  04  04
432  52  EE
433  06  6
434  22  INV
435  52  EE
436  69  OP
437  01  01
438  69  OP
439  05  05
440  92  RTN
```

Archivierung des Programms: Speicherbereichsverteilung in Grundstellung (6 Op 17). Programm eintasten (zusammen mit T1). Block 2 auf eine Magnetkartenhälfte aufzeichnen.

Linearitäts-Test

(a) Funktionsroutinen $f_1(x)$ und $f_2(x)$: wie bei Programm Q2m

(b) Parameter-Eingabe: wie bei Programm Q0m

(c) Aufruf für Standard-Zeichnung durch Monitor (Bild 5.4-1):
SBR + (für y-Achse) und SBR = (für Zeichnung)

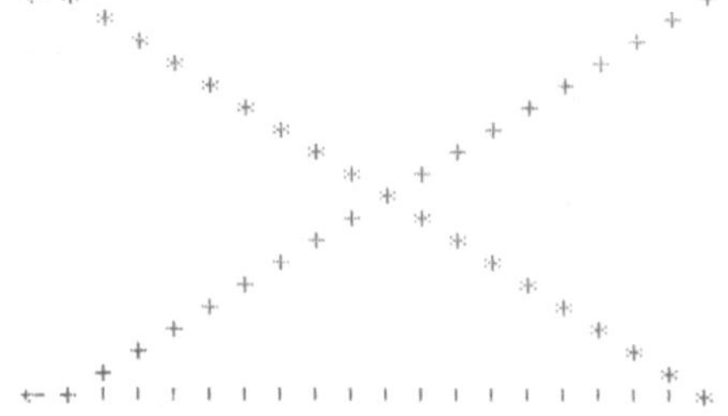

Bild 5.4-1
Linearitäts-Test für T1m und V1m (Monitor)

Programm T2m: Monitor für T2

Zweck: bequeme Bedienung des Kurven-Plotters T2.
Funktionsroutinen, Parameter-Eingabe, Aufruf für Standard-Zeichnung: wie bei Programm T1m

Eignung: TI-59
Speicherbereichsverteilung: Grundstellung (6 Op 17)
Programm laden (zusammen mit T2): 1 Magnetkartenhälfte einlesen (Block 2)
Winkelmodus: beliebig; Anzeigeformat: Standard (INV Eng, INV Fix)

Programmkenndaten

Speicherbedarf: 83 Programmschritte, 7 Datenregister ($R_{10}-R_{16}$ für Monitor)
Labels: +, =; abs. Adressen: ja; T-Reg.: verwendet; Flags: Nr. 0
SBR-Ebenen / Klammer-Ebenen / unvollständige Op.-Ebenen: 2/0/6

Liste zu Programm T2m

369	75	-	390	14	14	411	42	STO	432	04	4
370	43	RCL	391	75	-	412	02	02	433	06	06
371	13	13	392	43	RCL	413	43	RCL	434	92	RTN
372	95	=	393	13	13	414	15	15	435	76	LBL
373	55	÷	394	95	=	415	11	A	436	85	+
374	43	RCL	395	55	÷	416	71	SBR	437	69	OP
375	16	16	396	01	1	417	03	3	438	00	00
376	85	+	397	08	8	418	69	69	439	06	6
377	01	1	398	95	=	419	71	SBR	440	00	0
378	85	+	399	42	STO	420	02	2	441	69	OP
379	69	OP	400	16	16	421	40	40	442	04	04
380	10	10	401	43	RCL	422	43	RCL	443	52	EE
381	55	÷	402	10	10	423	11	11	444	06	6
382	02	2	403	42	STO	424	44	SUM	445	22	INV
383	95	=	404	15	15	425	15	15	446	52	EE
384	92	RTN	405	32	X:T	426	43	RCL	447	69	OP
385	76	LBL	406	32	X:T	427	15	15	448	01	01
386	95	=	407	12	B	428	32	X:T	449	69	OP
387	86	STF	408	71	SBR	429	43	RCL	450	05	05
388	00	0	409	03	3	430	12	12	451	92	RTN
389	43	RCL	410	69	69	431	77	GE			

Archivierung des Programms: Speicherbereichsverteilung in Grundstellung (6 Op 17). Programm eintasten (zusammen mit T2). Block 2 auf eine Magnetkartenhälfte aufzeichnen.

Linearitäts-Test

(a) Funktionsroutinen $f_1(x)$ und $f_2(x)$: wie bei Programm Q2m
(b) Parameter-Eingabe: wie bei Programm Q0m
(c) Aufruf für Standard-Zeichnung durch Monitor (Bild 5.4-2):
SBR + (für y-Achse) und SBR = (für Zeichnung)

Bild 5.4-2
Linearitäts-Test für T2m und V2m (Monitor)

Programm T3m: Monitor für T3

Zweck: bequeme Bedienung des Kurven-Plotters T3.
Funktionsroutinen, Parameter-Eingabe, Aufruf für Standard-Zeichnung: wie bei Programm T1m

Eignung: TI-59
Speicherbereichsverteilung: Grundstellung (6 Op 17)
Programm laden (zusammen mit T3): 1 Magnetkartenhälfte einlesen (Block 2)
Winkelmodus: beliebig; Anzeigeformat: Standard (INV Eng, INV Fix)

Programmkenndaten

Speicherbedarf: 81 Programmschritte, 7 Datenregister ($R_{10}-R_{16}$ für Monitor)
Labels: +, =; abs. Adressen: ja, T-Reg.: verwendet; Flags: keine
SBR-Ebenen / Klammer-Ebenen / unvollständige Op.-Ebenen: 2/0/6

Liste zu Programm T3m

360	75	-	381	43	RCL	402	43	RCL	423	92	RTN
361	43	RCL	382	13	13	403	15	15	424	76	LBL
362	13	13	383	95	=	404	11	A	425	85	+
363	95	=	384	55	÷	405	71	SBR	426	69	OP
364	55	÷	385	01	1	406	03	3	427	00	00
365	43	RCL	386	08	8	407	60	60	428	06	6
366	16	16	387	95	=	408	71	SBR	429	00	0
367	85	+	388	42	STO	409	02	2	430	69	OP
368	01	1	389	16	16	410	40	40	431	04	04
369	85	+	390	43	RCL	411	43	RCL	432	52	EE
370	69	OP	391	10	10	412	11	11	433	06	6
371	10	10	392	42	STO	413	44	SUM	434	22	INV
372	55	÷	393	15	15	414	15	15	435	52	EE
373	02	2	394	32	X:T	415	43	RCL	436	69	OP
374	95	=	395	32	X:T	416	15	15	437	01	01
375	92	RTN	396	12	B	417	32	X:T	438	69	OP
376	76	LBL	397	71	SBR	418	43	RCL	439	05	05
377	95	=	398	03	3	419	12	12	440	92	RTN
378	43	RCL	399	60	60	420	77	GE			
379	14	14	400	42	STO	421	03	3			
380	75	-	401	02	02	422	95	95			

Archivierung des Programms: Speicherbereichsverteilung in Grundstellung (6 Op 17). Programm eintasten (zusammen mit T3). Block 2 auf eine Magnetkartenhälfte aufzeichnen.

Linearitäts-Test

(a) Funktionsroutinen $f_1(x)$ und $f_2(x)$: wie bei Programm Q2m
(b) Parameter-Eingabe: wie bei Programm Q0m
(c) Aufruf für Standard-Zeichnung durch Monitor (Bild 5.4-3):
SBR + (für y-Achse) und SBR = (für Zeichnung)

Bild 5.4-3
Linearitäts-Test für T3m und V3m (Monitor)

Programm T4m: Monitor für T4

> *Zweck:* bequeme Bedienung des Kurven-Plotters T4.
> *Funktionsroutinen, Parameter-Eingabe, Aufruf für Standard-Zeichnung:*
> wie bei Programm T1m

Eignung: TI-59
Speicherbereichsverteilung: Grundstellung (6 Op 17)
Programm laden (zusammen mit T4): 1 Magnetkartenhälfte einlesen (Block 2)
Winkelmodus: beliebig; Anzeigeformat: Standard (INV Eng, INV Fix)

Programmkenndaten

Speicherbedarf: 83 Programmschritte, 7 Datenregister ($R_{10}-R_{16}$ für Monitor)
Labels: +, =; abs. Adressen: ja; T-Reg.: verwendet; Flags: Nr. 0
SBR-Ebenen / Klammer-Ebenen / unvollständige Op.-Ebenen: 2/0/6

Liste zu Programm T4m

```
368  75   -       389  14  14      410  42 STO      431  04   4
369  43 RCL       390  75   -      411  02  02      432  05  05
370  13  13       391  43 RCL      412  43 RCL      433  92 RTN
371  95   =       392  13  13      413  15  15      434  76 LBL
372  55   ÷       393  95   =      414  11   A      435  85   +
373  43 RCL       394  55   ÷      415  71 SBR      436  69 OP
374  16  16       395  01   1      416  03   3      437  00  00
375  85   +       396  08   8      417  68  68      438  06   6
376  01   1       397  95   =      418  71 SBR      439  00   0
377  85   +       398  42 STO      419  02   2      440  69 OP
378  69 OP        399  16  16      420  40  40      441  04  04
379  10  10       400  43 RCL      421  43 RCL      442  52 EE
380  55   ÷       401  10  10      422  11  11      443  06   6
381  02   2       402  42 STO      423  44 SUM      444  22 INV
382  95   =       403  15  15      424  15  15      445  52 EE
383  92 RTN       404  32 X:T      425  43 RCL      446  69 OP
384  76 LBL       405  32 X:T      426  15  15      447  01  01
385  95   =       406  12   B      427  32 X:T      448  69 OP
386  86 STF       407  71 SBR      428  43 RCL      449  05  05
387  00   0       408  03   3      429  12  12      450  92 RTN
388  43 RCL       409  68  68      430  77  GE
```

Archivierung des Programms: Speicherbereichsverteilung in Grundstellung (6 Op 17). Programm eintasten (zusammen mit T4). Block 2 auf eine Magnetkartenhälfte aufzeichnen.

Linearitäts-Test

(a) Funktionsroutinen $f_1(x)$ und $f_2(x)$: wie bei Programm Q2m
(b) Parameter-Eingabe: wie bei Programm Q0m
(c) Aufruf für Standard-Zeichnung durch Monitor (Bild 5.4-4):
SBR + (für y-Achse) und
SBR = (für Zeichnung)

Bild 5.4-4
Linearitäts-Test
für T4m und V4m
(Monitor)

5.5 Monitor-Unterstützung für Kurven-Plotter vom Typ U

Programm U1m: Monitor für U1

Zweck: bequeme Bedienung des Kurven-Plotters U1.
Funktionsroutine f(x) (vom Anwender bereitzustellen):
beginnt mit Lbl A, endet mit RTN.
(Übergabe von Argument x und Ergebnis f: wie üblich im Anzeigeregister.)

Parameter-Eingabe: Code in R_{09}	x_{min} in R_{10}	y_{min} in R_{13}
	Δx in R_{11}	y_{max} in R_{14}
	x_{max} in R_{12}	

Aufruf für Standard-Zeichnung (1 Streifen, erzeugt durch Monitor):
SBR + (für y-Achse) und SBR = (für Zeichnung)

Eignung: TI-59
Speicherbereichsverteilung: Grundstellung (6 Op 17)
Programm laden (zusammen mit U1): 1 Magnetkartenhälfte einlesen (Block 2)
Winkelmodus: beliebig; Anzeigeformat: Standard (INV Eng, INV Fix)

Programmkenndaten

Speicherbedarf: 69 Programmschritte, 8 Datenregister (R_{09} für Code, $R_{10}-R_{16}$ für Monitor)
Labels: +, =; abs. Adressen: ja; T-Reg.: verwendet; Flags: keine
SBR-Ebenen / Klammer-Ebenen / unvollständige Op.-Ebenen: 1/0/6

Liste zu Programm U1m

```
297  76 LBL     315  32 X:T     333  71 SBR     351  69 OP
298  95  =      316  32 X:T     334  02  2      352  00  00
299  43 RCL     317  11  A      335  40  40     353  06  6
300  14  14     318  75  -      336  43 RCL     354  00  0
301  75  -      319  43 RCL     337  11  11     355  69 OP
302  43 RCL     320  13  13     338  44 SUM     356  04  04
303  13  13     321  95  =      339  15  15     357  52 EE
304  95  =      322  55  ÷      340  43 RCL     358  06  6
305  55  ÷      323  43 RCL     341  15  15     359  22 INV
306  01  1      324  16  16     342  32 X:T     360  52 EE
307  08  8      325  85  +      343  43 RCL     361  69 OP
308  95  =      326  01  1      344  12  12     362  01  01
309  42 STO     327  85  +      345  77  GE     363  69 OP
310  16  16     328  69 OP      346  03  3      364  05  05
311  43 RCL     329  10  10     347  16  16     365  92 RTN
312  10  10     330  55  ÷      348  92 RTN
313  42 STO     331  02  2      349  76 LBL
314  15  15     332  95  =      350  85  +
```

Archivierung des Programms: Speicherbereichsverteilung in Grundstellung (6 Op 17). Programm eintasten (zusammen mit U1). Block 2 auf eine Magnetkartenhälfte aufzeichnen.

Linearitäts-Test

(a) Funktionsroutine f(x): wie bei Programm Q0m
(b) Parameter-Eingabe: wie bei Programm R1m
(c) Aufruf für Standard-Zeichnung durch Monitor (Bild 5.3-1):
SBR + (für y-Achse) und SBR = (für Zeichnung)

Programm U2m: Monitor für U2

> *Zweck:* bequeme Bedienung des Kurven-Plotters U2.
> *Funktionsroutine, Parameter-Eingabe, Aufruf für Standard-Zeichnung:*
> wie bei Programm U1m

Eignung: TI-59
Speicherbereichsverteilung: Grundstellung (6 Op 17)
Programm laden (zusammen mit U2): 1 Magnetkartenhälfte einlesen (Block 2)
Winkelmodus: beliebig; Anzeigeformat: Standard (INV Eng, INV Fix)

Programmkenndaten

Speicherbedarf: 71 Programmschritte, 8 Datenregister (R_{09} für Code, $R_{10}-R_{16}$ für Monitor)
Labels: +, =; abs. Adressen: ja; T-Reg.: verwendet; Flags: Nr. 0
SBR-Ebenen / Klammer-Ebenen / unvollständige Op.-Ebenen: 1/0/6

Liste zu Programm U2m

```
305  76 LBL     323  42 STO     341  02   2     359  76 LBL
306  95  =      324  15  15     342  95   =     360  85  +
307  86 STF     325  32 X:T     343  71 SBR     361  69 OP
308  00   0     326  32 X:T     344  02   2     362  00  00
309  43 RCL     327  11   A     345  40  40     363  06   6
310  14  14     328  75   -     346  43 RCL     364  00   0
311  75   -     329  43 RCL     347  11  11     365  69 OP
312  43 RCL     330  13  13     348  44 SUM     366  04  04
313  13  13     331  95   =     349  15  15     367  52 EE
314  95   =     332  55   ÷     350  43 RCL     368  06   6
315  55   ÷     333  43 RCL     351  15  15     369  22 INV
316  01   1     334  16  16     352  32 X:T     370  52 EE
317  08   8     335  85   +     353  43 RCL     371  69 OP
318  95   =     336  01   1     354  12  12     372  01  01
319  42 STO     337  85   +     355  77  GE     373  69 OP
320  16  16     338  69 OP      356  03   3     374  05  05
321  43 RCL     339  10  10     357  26  26     375  92 RTN
322  10  10     340  55   ÷     358  92 RTN
```

Archivierung des Programms: Speicherbereichsverteilung in Grundstellung (6 Op 17). Programm eintasten (zusammen mit U2). Block 2 auf eine Magnetkartenhälfte aufzeichnen.

Linearitäts-Test

(a) Funktionsroutine f(x): wie bei Programm Q0m
(b) Parameter-Eingabe: wie bei Programm R1m
(c) Aufruf für Standard-Zeichnung durch Monitor (Bild 5.3-2):
SBR + (für y-Achse) und SBR = (für Zeichnung)

Programm U3m: Monitor für U3

> *Zweck:* bequeme Bedienung des Kurven-Plotters U3.
> *Funktionsroutine, Parameter-Eingabe, Aufruf für Standard-Zeichnung:*
> wie bei Programm U1m

Eignung: TI-59
Speicherbereichsverteilung: Grundstellung (6 Op 17)
Programm laden (zusammen mit U3): 1 Magnetkartenhälfte einlesen (Block 2)
Winkelmodus: beliebig; Anzeigeformat: Standard (INV Eng, INV Fix)

Programmkenndaten

Speicherbedarf: 69 Programmschritte, 8 Datenregister (R_{09} für Code, $R_{10}-R_{16}$ für Monitor)
Labels: +, =; abs. Adressen: ja; T-Reg.: verwendet; Flags: keine
SBR-Ebenen / Klammer-Ebenen / unvollständige Op.-Ebenen: 1/0/6

Liste zu Programm U3m

```
296  76 LBL     314  32 X:T     332  71 SBR     350  69 OP
297  95  =      315  32 X:T     333  02   2     351  00  00
298  43 RCL     316  11  A      334  40  40     352  06  6
299  14  14     317  75  -      335  43 RCL     353  00  0
300  75  -      318  43 RCL     336  11  11     354  69 OP
301  43 RCL     319  13  13     337  44 SUM     355  04  04
302  13  13     320  95  =      338  15  15     356  52 EE
303  95  =      321  55  ÷      339  43 RCL     357  06  6
304  55  ÷      322  43 RCL     340  15  15     358  22 INV
305  01  1      323  16  16     341  32 X:T     359  52 EE
306  08  8      324  85  +      342  43 RCL     360  69 OP
307  95  =      325  01  1      343  12  12     361  01  01
308  42 STO     326  85  +      344  77  GE     362  69 OP
309  16  16     327  69 OP      345  03   3     363  05  05
310  43 RCL     328  10  10     346  15  15     364  92 RTN
311  10  10     329  55  ÷      347  92 RTN
312  42 STO     330  02  2      348  76 LBL
313  15  15     331  95  =      349  85  +
```

Archivierung des Programms: Speicherbereichsverteilung in Grundstellung (6 Op 17). Programm eintasten (zusammen mit U3). Block 2 auf eine Magnetkartenhälfte aufzeichnen.

Linearitäts-Test

(a) Funktionsroutine f(x): wie bei Programm Q0m
(b) Parameter-Eingabe: wie bei Programm R1m
(c) Aufruf für Standard-Zeichnung durch Monitor (Bild 5.3-3):
SBR + (für y-Achse) und SBR = (für Zeichnung)

Programm U4m: Monitor für U4

Zweck: bequeme Bedienung des Kurven-Plotters U4.
Funktionsroutine, Parameter-Eingabe, Aufruf für Standard-Zeichnung: wie bei Programm U1m

Eignung: TI-59
Speicherbereichsverteilung: Grundstellung (6 Op 17)
Programm laden (zusammen mit U4): 1 Magnetkartenhälfte einlesen (Block 2)
Winkelmodus: beliebig; Anzeigeformat: Standard (INV Eng, INV Fix)

Programmkenndaten

Speicherbedarf: 71 Programmschritte, 8 Datenregister (R_{09} für Code, $R_{10}-R_{16}$ für Monitor)
Labels: +, =; abs. Adressen: ja; T-Reg.: verwendet; Flags: Nr. 0
SBR-Ebenen / Klammer-Ebenen / unvollständige Op.-Ebenen: 1/0/6

Liste zu Programm U4m

304	76	LBL	322	42	STO	340	02	2	358	76	LBL
305	95	=	323	15	15	341	95	=	359	85	+
306	86	STF	324	32	X:T	342	71	SBR	360	69	OP
307	00	0	325	32	X:T	343	02	2	361	00	00
308	43	RCL	326	11	A	344	40	40	362	06	6
309	14	14	327	75	-	345	43	RCL	363	00	0
310	75	-	328	43	RCL	346	11	11	364	69	OP
311	43	RCL	329	13	13	347	44	SUM	365	04	04
312	13	13	330	95	=	348	15	15	366	52	EE
313	95	=	331	55	÷	349	43	RCL	367	06	6
314	55	÷	332	43	RCL	350	15	15	368	22	INV
315	01	1	333	16	16	351	32	X:T	369	52	EE
316	08	8	334	85	+	352	43	RCL	370	69	OP
317	95	=	335	01	1	353	12	12	371	01	01
318	42	STO	336	85	+	354	77	GE	372	69	OP
319	16	16	337	69	OP	355	03	3	373	05	05
320	43	RCL	338	10	10	356	25	25	374	92	RTN
321	10	10	339	55	÷	357	92	RTN			

Archivierung des Programms: Speicherbereichsverteilung in Grundstellung (6 Op 17). Programm eintasten (zusammen mit U4). Block 2 auf eine Magnetkartenhälfte aufzeichnen.

Linearitäts-Test

(a) Funktionsroutine f(x): wie bei Programm Q0m

(b) Parameter-Eingabe: wie bei Programm R1m

(c) Aufruf für Standard-Zeichnung durch Monitor (Bild 5.3-4):
SBR + (für y-Achse) und SBR = (für Zeichnung)

5.6 Monitor-Unterstützung für Kurven-Plotter vom Typ V

Programm V1m: Monitor für V1

Zweck: bequeme Bedienung des Kurven-Plotters V1.

Funktionsroutinen (vom Anwender bereitzustellen):

$f_1(x)$: beginnt mit Lbl A, endet mit RTN;

$f_2(x)$: beginnt mit Lbl B, endet mit RTN.

(Übergabe von Argument x und Ergebnis f: wie üblich im Anzeigeregister.)

Parameter-Eingabe:			
	Code 1 in R_{08}	x_{min} in R_{10}	y_{min} in R_{13}
	Code 2 in R_{09}	Δx in R_{11}	y_{max} in R_{14}
		x_{max} in R_{12}	

Aufruf für Standard-Zeichnung (1 Streifen, erzeugt durch Monitor):
SBR + (für y-Achse) und SBR = (für Zeichnung)

Eignung: TI-59
Speicherbereichsverteilung: Grundstellung (6 Op 17)
Programm laden (zusammen mit V1): 1 Magnetkartenhälfte einlesen (Block 2)
Winkelmodus: beliebig; Anzeigeformat: Standard (INV Eng, INV Fix)

Programmkenndaten

Speicherbedarf: 81 Programmschritte, 9 Datenregister ($R_{08}-R_{09}$ für Codes, $R_{10}-R_{16}$ für Monitor)
Labels: +, =; abs. Adressen: ja; T-Reg.: verwendet; Flags: keine
SBR-Ebenen / Klammer-Ebenen / unvollständige Op.-Ebenen: 2/0/6

Liste zu Programm V1m

```
362  75  -      383  43 RCL     404  43 RCL     425  92 RTN
363  43 RCL     384  13  13     405  15  15     426  76 LBL
364  13  13     385  95  =      406  11  A      427  85  +
365  95  =      386  55  ÷      407  71 SBR     428  69 OP
366  55  ÷      387  01  1      408  03  3      429  00  00
367  43 RCL     388  08  8      409  62  62     430  06  6
368  16  16     389  95  =      410  71 SBR     431  00  0
369  85  +      390  42 STO     411  02  2      432  69 OP
370  01  1      391  16  16     412  40  40     433  04  04
371  85  +      392  43 RCL     413  43 RCL     434  52 EE
372  69 OP      393  10  10     414  11  11     435  06  6
373  10  10     394  42 STO     415  44 SUM     436  22 INV
374  55  ÷      395  15  15     416  15  15     437  52 EE
375  02  2      396  32 X:T     417  43 RCL     438  69 OP
376  95  =      397  32 X:T     418  15  15     439  01  01
377  92 RTN     398  12  B      419  32 X:T     440  69 OP
378  76 LBL     399  71 SBR     420  43 RCL     441  05  05
379  95  =      400  03  3      421  12  12     442  92 RTN
380  43 RCL     401  62  62     422  77 GE
381  14  14     402  42 STO     423  03  3
382  75  -      403  02  02     424  97  97
```

Archivierung des Programms: Speicherbereichsverteilung in Grundstellung (6 Op 17). Programm eintasten (zusammen mit V1). Block 2 auf eine Magnetkartenhälfte aufzeichnen.

Linearitäts-Test

(a) Funktionsroutinen $f_1(x)$ und $f_2(x)$: wie bei Programm Q2m

(b) Parameter-Eingabe:

(Code 1:) 51 STO 08	(x_{min}:)	0 STO 10	(y_{min}:)	0 STO 13
(Code 2:) 47 STO 09	(Δx:)	18 1/x STO 11	(y_{max}:)	1 STO 14
	(x_{max}:)	1 STO 12		

(c) Aufruf für Standard-Zeichnung durch Monitor (Bild 5.4-1):
SBR + (für y-Achse) und SBR = (für Zeichnung)

Programm V2m: Monitor für V2

Zweck: bequeme Bedienung des Kurven-Plotters V2.
Funktionsroutinen, Parameter-Eingabe, Aufruf für Standard-Zeichnung: wie bei Programm V1m.

Eignung: TI-59
Speicherbereichsverteilung: Grundstellung (6 Op 17)
Programm laden (zusammen mit V2): 1 Magnetkartenhälfte einlesen (Block 2)
Winkelmodus: beliebig; Anzeigeformat: Standard (INV Eng, INV Fix)

Programmkenndaten

Speicherbedarf: 83 Programmschritte, 9 Datenregister ($R_{08}-R_{09}$ für Codes, $R_{10}-R_{16}$ für Monitor)
Labels: +, =; abs. Adressen: ja; T-Reg.: verwendet; Flags: keine
SBR-Ebenen / Klammer-Ebenen / unvollständige Op.-Ebenen: 2/0/6

Liste zu Programm V2m

```
370  75  -
371  43  RCL
372  13  13
373  95  =
374  55  ÷
375  43  RCL
376  16  16
377  85  +
378  01  1
379  85  +
380  69  OP
381  10  10
382  55  ÷
383  02  2
384  95  =
385  92  RTN
386  76  LBL
387  95  =
388  86  STF
389  00  0
390  43  RCL
391  14  14
392  75  -
393  43  RCL
394  13  13
395  95  =
396  55  ÷
397  01  1
398  08  8
399  95  =
400  42  STO
401  16  16
402  43  RCL
403  10  10
404  42  STO
405  15  15
406  32  X:T
407  32  X:T
408  12  B
409  71  SBR
410  03  3
411  70  70
412  42  STO
413  02  02
414  43  RCL
415  15  15
416  11  A
417  71  SBR
418  03  3
419  70  70
420  71  SBR
421  02  2
422  40  40
423  43  RCL
424  11  11
425  44  SUM
426  15  15
427  43  RCL
428  15  15
429  32  X:T
430  43  RCL
431  12  12
432  77  GE
433  04  4
434  07  07
435  92  RTN
436  76  LBL
437  85  +
438  69  OP
439  00  00
440  06  6
441  00  0
442  69  OP
443  04  04
444  52  EE
445  06  6
446  22  INV
447  52  EE
448  69  OP
449  01  01
450  69  OP
451  05  05
452  92  RTN
```

Archivierung des Programms: Speicherbereichsverteilung in Grundstellung (6 Op 17). Programm eintasten (zusammen mit V2). Block 2 auf eine Magnetkartenhälfte aufzeichnen.

Linearitäts-Test

(a) Funktionsroutinen $f_1(x)$ und $f_2(x)$: wie bei Programm Q2m

(b) Parameter-Eingabe: wie bei Programm V1m

(c) Aufruf für Standard-Zeichnung durch Monitor (Bild 5.4-2):
SBR + (für y-Achse) und SBR = (für Zeichnung)

Programm V3m: Monitor für V3

Zweck: bequeme Bedienung des Kurven-Plotters V3.
Funktionsroutinen, Parameter-Eingabe, Aufruf für Standard-Zeichnung: wie bei Programm V1m

Eignung: TI-59
Speicherbereichsverteilung: Grundstellung (6 Op 17)
Programm laden (zusammen mit V3): 1 Magnetkartenhälfte einlesen (Block 2)
Winkelmodus: beliebig; Anzeigeformat: Standard (INV Eng, INV Fix)

Programmkenndaten

Speicherbedarf: 81 Programmschritte, 9 Datenregister ($R_{08}-R_{09}$ für Codes, $R_{10}-R_{16}$ für Monitor)
Labels: +, =; abs. Adressen: ja; T-Reg.: verwendet; Flags: keine
SBR-Ebenen / Klammer-Ebenen / unvollständige Op.-Ebenen: 2/0/6

Liste zu Programm V3m

```
361  75  -
362  43  RCL
363  13  13
364  95  =
365  55  ÷
366  43  RCL
367  16  16
368  85  +
369  01  1
370  85  +
371  69  OP
372  10  10
373  55  ÷
374  02  2
375  95  =
376  92  RTN
377  76  LBL
378  95  =
379  43  RCL
380  14  14
381  75  -
382  43  RCL
383  13  13
384  95  =
385  55  ÷
386  01  1
387  08  8
388  95  =
389  42  STO
390  16  16
391  43  RCL
392  10  10
393  42  STO
394  15  15
395  32  X:T
396  32  X:T
397  12  B
398  71  SBR
399  03  3
400  61  61
401  42  STO
402  02  02
403  43  RCL
404  15  15
405  11  A
406  71  SBR
407  03  3
408  61  61
409  71  SBR
410  02  2
411  40  40
412  43  RCL
413  11  11
414  44  SUM
415  15  15
416  43  RCL
417  15  15
418  32  X:T
419  43  RCL
420  12  12
421  77  GE
422  03  3
423  96  96
424  92  RTN
425  76  LBL
426  85  +
427  69  OP
428  00  00
429  06  6
430  00  0
431  69  OP
432  04  04
433  52  EE
434  06  6
435  22  INV
436  52  EE
437  69  OP
438  01  01
439  69  OP
440  05  05
441  92  RTN
```

Archivierung des Programms: Speicherbereichsverteilung in Grundstellung (6 Op 17). Programm eintasten (zusammen mit V3). Block 2 auf eine Magnetkartenhälfte aufzeichnen.

Linearitäts-Test

(a) Funktionsroutinen $f_1(x)$ und $f_2(x)$: wie bei Programm Q2m

(b) Parameter-Eingabe: wie bei Programm V1m

(c) Aufruf für Standard-Zeichnung durch Monitor (Bild 5.4-3):
SBR + (für y-Achse) und SBR = (für Zeichnung)

Programm V4m: Monitor für V4

Zweck: bequeme Bedienung des Kurven-Plotters V4.
Funktionsroutinen, Parameter-Eingabe, Aufruf für Standard-Zeichnung: wie bei Programm V1m

Eignung: TI-59
Speicherbereichsverteilung: Grundstellung (6 Op 17)
Programm laden (zusammen mit V4): 1 Magnetkartenhälfte einlesen (Block 2)
Winkelmodus: beliebig; Anzeigeformat: Standard (INV Eng, INV Fix)

Programmkenndaten

Speicherbedarf: 83 Programmschritte, 9 Datenregister ($R_{08}-R_{09}$ für Codes, $R_{10}-R_{16}$ für Monitor)
Labels: +, =; abs. Adressen: ja; T-Reg.: verwendet; Flags: Nr. 0
SBR-Ebenen / Klammer-Ebenen / unvollständige Op.-Ebenen: 2/0/6

Liste zu Programm V4m

368	75	-	389	14	14	410	42	STO	431	04	4
369	43	RCL	390	75	-	411	02	02	432	05	05
370	13	13	391	43	RCL	412	43	RCL	433	92	RTN
371	95	=	392	13	13	413	15	15	434	76	LBL
372	55	÷	393	95	=	414	11	A	435	85	+
373	43	RCL	394	55	÷	415	71	SBR	436	69	OP
374	16	16	395	01	1	416	03	3	437	00	00
375	85	+	396	08	8	417	68	68	438	06	6
376	01	1	397	95	=	418	71	SBR	439	00	0
377	85	+	398	42	STO	419	02	2	440	69	OP
378	69	OP	399	16	16	420	40	40	441	04	04
379	10	10	400	43	RCL	421	43	RCL	442	52	EE
380	55	÷	401	10	10	422	11	11	443	06	6
381	02	2	402	42	STO	423	44	SUM	444	22	INV
382	95	=	403	15	15	424	15	15	445	52	EE
383	92	RTN	404	32	X:T	425	43	RCL	446	69	OP
384	76	LBL	405	32	X:T	426	15	15	447	01	01
385	95	=	406	12	B	427	32	X:T	448	69	OP
386	86	STF	407	71	SBR	428	43	RCL	449	05	05
387	00	0	408	03	3	429	12	12	450	92	RTN
388	43	RCL	409	68	68	430	77	GE			

Archivierung des Programms: Speicherbereichsverteilung in Grundstellung (6 Op 17). Programm eintasten (zusammen mit V4). Block 2 auf eine Magnetkartenhälfte aufzeichnen.

Linearitäts-Test

(a) Funktionsroutinen $f_1(x)$ und $f_2(x)$: wie bei Programm Q2m

(b) Parameter-Eingabe: wie bei Programm V1m

(c) Aufruf für Standard-Zeichnung durch Monitor (Bild 5.4-4):
SBR + (für y-Achse) und SBR = (für Zeichnung)

5.7 Monitor-Unterstützung für Kurven-Plotter vom Typ W

Programm W2m: Monitor und Makro-Monitor für W2

Zweck: bequeme Bedienung des Kurven-Plotters W2.

Funktionsroutinen (vom Anwender bereitzustellen):

$f_1(x)$: beginnt mit Lbl A, endet mit RTN;

$f_2(x)$: beginnt mit Lbl B, endet mit RTN.

(Übergabe von Argument x und Ergebnis f: wie üblich im Anzeigeregister.)

Parameter-Eingabe: x_{min} in R_{10} | y_{min} in R_{13}
Δx in R_{11} | y_{max} in R_{14}
x_{max} in R_{12}

Aufruf für Standard-Zeichnung (1 Streifen, erzeugt durch Monitor):
SBR + (für y-Achse) und SBR = (für Zeichnung).

Aufruf für n-fache Vergrößerung (n Streifen, erzeugt durch Makro-Monitor):
n SBR × (für y-Achse, Zeichnung und Paßmarken) [n = 2, 3, 4, ...]

Eignung: TI-59
Speicherbereichsverteilung: Grundstellung (6 Op 17)
Programm laden (zusammen mit W2): 1 Magnetkartenhälfte einlesen (Block 2)
Winkelmodus: beliebig; Anzeigeformat: Standard (INV Eng, INV Fix)

Programmkenndaten

Speicherbedarf: 128 Programmschritte, 9 Datenregister ($R_{05}-R_{06}$ für Makro-Monitor, $R_{10}-R_{16}$ für Monitor)
Labels: +, =, X; abs. Adressen: ja; T-Reg.: verwendet; Flags: keine
SBR-Ebenen / Klammer-Ebenen / unvollständige Op.-Ebenen: 3/0/6

Liste zu Programm W2m

```
337  75  -      369  42 STO     401  76 LBL     433  98 ADV
338  43 RCL     370  15  15     402  65  ×      434  71 SBR
339  13  13     371  32 X:T     403  42 STO     435  85  +
340  95  =      372  32 X:T     404  05  05     436  98 ADV
341  55  ÷      373  12  B      405  43 RCL     437  98 ADV
342  43 RCL     374  71 SBR     406  14  14     438  98 ADV
343  16  16     375  03  3      407  42 STO     439  97 DSZ
344  85  +      376  37  37     408  06  06     440  05  5
345  01  1      377  42 STO     409  75  -      441  04  4
346  85  +      378  02  02     410  48 EXC     442  19  19
347  69 OP      379  43 RCL     411  13  13     443  43 RCL
348  10  10     380  15  15     412  95  =      444  06  06
349  55  ÷      381  11  A      413  55  ÷      445  42 STO
350  02  2      382  71 SBR     414  43 RCL     446  14  14
351  95  =      383  03  3      415  05  05     447  92 RTN
352  92 RTN     384  37  37     416  95  =      448  76 LBL
353  76 LBL     385  71 SBR     417  44 SUM     449  85  +
354  95  =      386  02  2      418  14  14     450  69 OP
355  43 RCL     387  40  40     419  43 RCL     451  00  00
356  14  14     388  43 RCL     420  13  13     452  06  6
357  75  -      389  11  11     421  44 SUM     453  00  0
358  43 RCL     390  44 SUM     422  13  13     454  69 OP
359  13  13     391  15  15     423  48 EXC     455  04  04
360  95  =      392  43 RCL     424  14  14     456  52 EE
361  55  ÷      393  15  15     425  22 INV     457  06  6
362  01  1      394  32 X:T     426  44 SUM     458  22 INV
363  08  8      395  43 RCL     427  13  13     459  52 EE
364  95  =      396  12  12     428  71 SBR     460  69 OP
365  42 STO     397  77 GE      429  85  +      461  01  01
366  16  16     398  03  3      430  71 SBR     462  69 OP
367  43 RCL     399  72  72     431  95  =      463  05  05
368  10  10     400  92 RTN     432  98 ADV     464  92 RTN
```

Archivierung des Programms: Speicherbereichsverteilung in Grundstellung (6 Op 17). Programm eintasten (zusammen mit W2). Block 2 auf eine Magnetkartenhälfte aufzeichnen.

Linearitäts-Test

(a) Funktionsroutinen $f_1(x)$ und $f_2(x)$: wie bei Programm Q2m
(b) Parameter-Eingabe: wie bei Programm Q0m
(c) Aufruf für Standard-Zeichnung durch Monitor (Bild 5.1-3):
SBR + (für y-Achse) und SBR = (für Zeichnung)
(d) Aufruf für 2-fache Vergrößerung durch Makro-Monitor (Bild 5.1-4):
2 SBR X (für y-Achse, Zeichnung und Paßmarken)

Programm W3m: Monitor und Makro-Monitor für W3

> *Zweck:* bequeme Bedienung des Kurven-Plotters W3.
> *Funktionsroutinen* (vom Anwender bereitzustellen):
> $f_1(x)$: beginnt mit Lbl A, endet mit RTN;
> $f_2(x)$: beginnt mit Lbl B, endet mit RTN;
> $f_3(x)$: beginnt mit Lbl C, endet mit RTN.
> (Übergabe von Argument x und Ergebnis f: wie üblich im Anzeigeregister.)
> *Parameter-Eingabe, Aufruf für Standard-Zeichnung, Aufruf für n-fache Vergrößerung:*
> wie bei Programm W2m

Eignung: TI-59
Speicherbereichsverteilung: Grundstellung (6 Op 17)
Programm laden (zusammen mit W3): 1 Magnetkartenhälfte einlesen (Block 2)
Winkelmodus: beliebig; Anzeigeformat: Standard (INV Eng, INV Fix)

Programmkenndaten

Speicherbedarf: 135 Programmschritte, 9 Datenregister ($R_{05}-R_{06}$ für Makro-Monitor, $R_{10}-R_{16}$ für Monitor)
Labels: +, =, X, CLR'; abs. Adressen: ja; T-Reg.: verwendet; Flags: keine
SBR-Ebenen / Klammer-Ebenen / unvollständige Op.-Ebenen: 3/0/6

Liste zu Programm W3m

```
345  76 LBL
346  20 CLR'
347  75  -
348  43 RCL
349  13  13
350  95  =
351  55  ÷
352  43 RCL
353  16  16
354  85  +
355  01  1
356  85  +
357  69 OP
358  10  10
359  55  ÷
360  02  2
361  95  =
362  92 RTN
363  76 LBL
364  95  =
365  43 RCL
366  14  14
367  75  -
368  43 RCL
369  13  13
370  95  =
371  55  ÷
372  01  1
373  08  8
374  95  =
375  42 STO
376  16  16
377  43 RCL
378  10  10
379  42 STO
380  15  15
381  32 X:T
382  32 X:T
383  13  C
384  71 SBR
385  20 CLR'
386  42 STO
387  03  03
388  43 RCL
389  15  15
390  12  B
391  71 SBR
392  20 CLR'
393  42 STO
394  02  02
395  43 RCL
396  15  15
397  11  A
398  71 SBR
399  20 CLR'
400  71 SBR
401  02  2
402  40  40
403  43 RCL
404  11  11
405  44 SUM
406  15  15
407  43 RCL
408  15  15
409  32 X:T
410  43 RCL
411  12  12
412  77  GE
413  03  3
414  82  82
415  92 RTN
416  76 LBL
417  65  ×
418  42 STO
419  05  05
420  43 RCL
421  14  14
422  42 STO
423  06  06
424  75  -
425  48 EXC
426  13  13
427  95  =
428  55  ÷
429  43 RCL
430  05  05
431  95  =
432  44 SUM
433  14  14
434  43 RCL
435  13  13
436  44 SUM
437  13  13
438  48 EXC
439  14  14
440  22 INV
441  44 SUM
442  13  13
443  71 SBR
444  85  +
445  71 SBR
446  95  =
447  98 ADV
448  98 ADV
449  71 SBR
450  85  +
451  98 ADV
452  98 ADV
453  98 ADV
454  97 DSZ
455  05  5
456  04  4
457  34  34
458  43 RCL
459  06  06
460  42 STO
461  14  14
462  92 RTN
463  76 LBL
464  85  +
465  69 OP
466  00  00
467  06  6
468  00  0
469  69 OP
470  04  04
471  52 EE
472  06  6
473  22 INV
474  52 EE
475  69 OP
476  01  01
477  69 OP
478  05  05
479  92 RTN
```

Archivierung des Programms: Speicherbereichsverteilung in Grundstellung (6 Op 17). Programm eintasten (zusammen mit W3). [Eingabe von CLR': 2nd CLR.] (Zur Eingabe von RTN in Schritt 479: Speicherbereichsverteilung durch 5 Op 17 vorübergehend auf 559.49 setzen.) Block 2 auf eine Magnetkartenhälfte aufzeichnen.

Linearitäts-Test

(a) Funktionsroutinen $f_1(x)$, $f_2(x)$ und $f_3(x)$: wie bei Programm Q3m
(b) Parameter-Eingabe: wie bei Programm Q0m
(c) Aufruf für Standard-Zeichnung durch Monitor (Bild 5.2-3):
SBR + (für y-Achse) und SBR = (für Zeichnung)
(d) Aufruf für 2-fache Vergrößerung durch Makro-Monitor (Bild 5.7-1):
2 SBR X (für y-Achse, Zeichnung und Paßmarken)

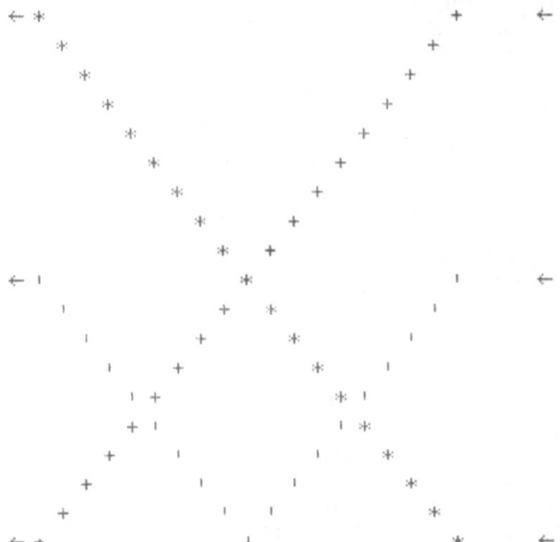

Bild 5.7-1
Linearitäts-Test für W3m (Makro-Monitor) [links y-Achse, rechts Paßmarken]

Programm W4m: Monitor für W4

Zweck: bequeme Bedienung des Kurven-Plotters W4.
Funktionsroutinen (vom Anwender bereitzustellen):
$f_1(x)$: beginnt mit Lbl A, endet mit RTN;
$f_2(x)$: beginnt mit Lbl B, endet mit RTN;
$f_3(x)$: beginnt mit Lbl C, endet mit RTN;
$f_4(x)$: beginnt mit Lbl D, endet mit RTN.
(Übergabe von Argument x und Ergebnis f: wie üblich im Anzeigeregister.)
Parameter-Eingabe, Aufruf für Standard-Zeichnung: wie bei Programm W2m

Eignung: TI-59
Speicherbereichsverteilung: Grundstellung (6 Op 17)
Programm laden (zusammen mit W4): 1 Magnetkartenhälfte einlesen (Block 2)
Winkelmodus: beliebig; Anzeigeformat: Standard (INV Eng, INV Fix)

Programmkenndaten

Speicherbedarf: 92 Programmschritte, 7 Datenregister ($R_{10}-R_{16}$ für Monitor)
Labels: +, =, CLR'; abs. Adressen: ja; T-Reg.: verwendet; Flags: keine
SBR-Ebenen / Klammer-Ebenen / unvollständige Op.-Ebenen: 2/0/7

Liste zu Programm W4m

```
350  76 LBL
351  20 CLR'
352  75  -
353  43 RCL
354  13  13
355  95  =
356  55  ÷
357  43 RCL
358  16  16
359  85  +
360  01  1
361  85  +
362  69 OP
363  10  10
364  55  ÷
365  02  2
366  95  =
367  69 OP
368  25  25
369  72 ST*
370  05  05
371  43 RCL
372  15  15
373  92 RTN
374  76 LBL
375  95  =
376  43 RCL
377  14  14
378  75  -
379  43 RCL
380  13  13
381  95  =
382  55  ÷
383  01  1
384  08  8
385  95  =
386  42 STO
387  16  16
388  43 RCL
389  10  10
390  42 STO
391  15  15
392  32 X:T
393  00  0
394  42 STO
395  05  05
396  32 X:T
397  11  A
398  71 SBR
399  20 CLR'
400  12  B
401  71 SBR
402  20 CLR'
403  13  C
404  71 SBR
405  20 CLR'
406  14  D
407  71 SBR
408  20 CLR'
409  71 SBR
410  02  2
411  40  40
412  43 RCL
413  11  11
414  44 SUM
415  15  15
416  43 RCL
417  15  15
418  32 X:T
419  43 RCL
420  12  12
421  77  GE
422  03  3
423  93  93
424  92 RTN
425  76 LBL
426  85  +
427  69 OP
428  00  00
429  06  6'
430  00  0
431  69 OP
432  04  04
433  52 EE
434  06  6
435  22 INV
436  52 EE
437  69 OP
438  01  01
439  69 OP
440  05  05
441  92 RTN
```

Archivierung des Programms: Speicherbereichsverteilung in Grundstellung (6 Op 17). Programm eintasten (zusammen mit W4). [Eingabe von CLR': 2nd CLR.] Block 2 auf eine Magnetkartenhälfte aufzeichnen.

Linearitäts-Test

(a) Funktionsroutinen:

$f_1(x) = 1 - x$, $f_2(x) = x$:

```
000  76 LBL
001  11  A
002  94 +/-
003  85  +
004  01  1
005  95  =
006  76 LBL
007  12  B
008  92 RTN
```

$f_3(x) = |x - \frac{1}{2}|$:

```
009  76 LBL
010  13  C
011  75  -
012  93  .
013  05  5
014  95  =
015  50 I×I
016  92 RTN
```

$f_4(x) = 1 - f_3(x)$:

```
017  76 LBL
018  14  D
019  13  C
020  94 +/-
021  85  +
022  01  1
023  95  =
024  92 RTN
```

(b) Parameter-Eingabe: wie bei Programm Q0m

(c) Aufruf für Standard-Zeichnung durch Monitor (Bild 5.7-2):
SBR + (für y-Achse) und SBR = (für Zeichnung)

Bild 5.7-2
Linearitäts-Test für W4m (Monitor)

Programm W5m: Monitor für W5

Zweck: bequeme Bedienung des Kurven-Plotters W5.
Funktionsroutinen (vom Anwender bereitzustellen):

$f_1(x)$: beginnt mit Lbl A, endet mit RTN;
$f_2(x)$: beginnt mit Lbl B, endet mit RTN;
$f_3(x)$: beginnt mit Lbl C, endet mit RTN;
$f_4(x)$: beginnt mit Lbl D, endet mit RTN;
$f_5(x)$: beginnt mit Lbl A', endet mit RTN.

(Übergabe von Argument x und Ergebnis f: wie üblich im Anzeigeregister.)
Parameter-Eingabe, Aufruf für Standard-Zeichnung: wie bei Programm W2m.

Eignung: TI-59
Speicherbereichsverteilung: Grundstellung (6 Op 17)
Programm laden (zusammen mit W5): 1 Magnetkartenhälfte einlesen (Block 2)
Winkelmodus: beliebig; Anzeigeformat: Standard (INV Eng, INV Fix)

Programmkenndaten

Speicherbedarf: 95 Programmschritte, 7 Datenregister ($R_{10}-R_{16}$ für Monitor)
Labels: +, =, CLR'; abs. Adressen: ja; T-Reg.: verwendet; Flags: keine
SBR-Ebenen / Klammer-Ebenen / unvollständige Op.-Ebenen: 2/0/7

Liste zu Programm W5m

```
355  76 LBL
356  20 CLR'
357  75  -
358  43 RCL
359  13  13
360  95  =
361  55  ÷
362  43 RCL
363  16  16
364  85  +
365  01  1
366  85  +
367  69 OP
368  10  10
369  55  ÷
370  02  2
371  95  =
372  69 OP
373  26  26
374  72 ST*
375  06  06
376  43 RCL
377  15  15
378  92 RTN
379  76 LBL
380  95  =
381  43 RCL
382  14  14
383  75  -
384  43 RCL
385  13  13
386  95  =
387  55  ÷
388  01  1
389  08  8
390  95  =
391  42 STO
392  16  16
393  43 RCL
394  10  10
395  42 STO
396  15  15
397  32 X:T
398  00  0
399  42 STO
400  06  06
401  32 X:T
402  11  A
403  71 SBR
404  20 CLR'
405  12  B
406  71 SBR
407  20 CLR'
408  13  C
409  71 SBR
410  20 CLR'
411  14  D
412  71 SBR
413  20 CLR'
414  16  A'
415  71 SBR
416  20 CLR'
417  71 SBR
418  02  2
419  40  40
420  43 RCL
421  11  11
422  44 SUM
423  15  15
424  43 RCL
425  15  15
426  32 X:T
427  43 RCL
428  12  12
429  77 GE
430  03  3
431  98  98
432  92 RTN
433  76 LBL
434  85  +
435  69 OP
436  00  00
437  06  6
438  00  0
439  69 OP
440  04  04
441  52 EE
442  06  6
443  22 INV
444  52 EE
445  69 OP
446  01  01
447  69 OP
448  05  05
449  92 RTN
```

Archivierung des Programms: Speicherbereichsverteilung in Grundstellung (6 Op 17). Programm eintasten (zusammen mit W5). [Eingabe von CLR': 2nd CLR.] Block 2 auf eine Magnetkartenhälfte aufzeichnen.

Programm W6m: Monitor für W6

Zweck: bequeme Bedienung des Kurven-Plotters W6.
Funktionsroutinen (vom Anwender bereitzustellen):

$f_1(x)$: beginnt mit Lbl A, endet mit RTN;
$f_2(x)$: beginnt mit Lbl B, endet mit RTN;
$f_3(x)$: beginnt mit Lbl C, endet mit RTN;
$f_4(x)$: beginnt mit Lbl D, endet mit RTN;
$f_5(x)$: beginnt mit Lbl A', endet mit RTN;
$f_6(x)$: beginnt mit Lbl B', endet mit RTN.

(Übergabe von Argument x und Ergebnis f: wie üblich im Anzeigeregister.)
Parameter-Eingabe, Aufruf für Standard-Zeichnung: wie bei Programm W2m

Eignung: TI-59
Speicherbereichsverteilung: Grundstellung (6 Op 17)
Programm laden (zusammen mit W6): 1 Magnetkartenhälfte einlesen (Block 2)
Winkelmodus: beliebig; Anzeigeformat: Standard (INV Eng, INV Fix)

Programmkenndaten

Speicherbedarf: 98 Programmschritte, 7 Datenregister ($R_{10}-R_{16}$ für Monitor)
Labels: +, =, CLR', abs. Adressen: ja; T-Reg.: verwendet; Flags: keine
SBR-Ebenen / Klammer-Ebenen / unvollständige Op.-Ebenen: 2/0/7

Liste zu Programm W6m

Adresse	Code	Taste
360	76	LBL
361	20	CLR'
362	75	-
363	43	RCL
364	13	13
365	95	=
366	55	÷
367	43	RCL
368	16	16
369	85	+
370	01	1
371	85	+
372	69	OP
373	10	10
374	55	÷
375	02	2
376	95	=
377	69	OP
378	27	27
379	72	ST*
380	07	07
381	43	RCL
382	15	15
383	92	RTN
384	76	LBL
385	95	=
386	43	RCL
387	14	14
388	75	-
389	43	RCL
390	13	13
391	95	=
392	55	÷
393	01	1
394	08	8
395	95	=
396	42	STO
397	16	16
398	43	RCL
399	10	10
400	42	STO
401	15	15
402	32	X:T
403	00	0
404	42	STO
405	07	07
406	32	X:T
407	11	A
408	71	SBR
409	20	CLR'
410	12	B
411	71	SBR
412	20	CLR'
413	13	C
414	71	SBR
415	20	CLR'
416	14	D
417	71	SBR
418	20	CLR'
419	16	A'
420	71	SBR
421	20	CLR'
422	17	B'
423	71	SBR
424	20	CLR'
425	71	SBR
426	02	2
427	40	40
428	43	RCL
429	11	11
430	44	SUM
431	15	15
432	43	RCL
433	15	15
434	32	X:T
435	43	RCL
436	12	12
437	77	GE
438	04	4
439	03	03
440	92	RTN
441	76	LBL
442	85	+
443	69	OP
444	00	00
445	06	6
446	00	0
447	69	OP
448	04	04
449	52	EE
450	06	6
451	22	INV
452	52	EE
453	69	OP
454	01	01
455	69	OP
456	05	05
457	92	RTN

Archivierung des Programms: Speicherbereichsverteilung in Grundstellung (6 Op 17). Programm eintasten (zusammen mit W6). [Eingabe von CLR': 2nd CLR.] Block 2 auf eine Magnetkartenhälfte aufzeichnen.

Linearitäts-Test

(a) Funktionsroutinen:

$f_1(x) = 1 - x$, $f_2(x) = x$:

```
000  76 LBL
001  11  A
002  94 +/-
003  85  +
004  01  1
005  95  =
006  76 LBL
007  12  B
008  92 RTN
```

$f_3(x) = |x - \frac{2}{3}|$:

```
009  76 LBL
010  13  C
011  75  -
012  02  2
013  55  ÷
014  03  3
015  95  =
016  50 I×I
017  92 RTN
```

$f_4(x) = 1 - f_3(x)$:

```
018  76 LBL
019  14  D
020  13  C
021  94 +/-
022  85  +
023  01  1
024  95  =
025  92 RTN
```

$f_5(x) = |x - \frac{1}{3}|$:

```
026  76 LBL     030  35 1/X
027  16 A'      031  95  =
028  75  -      032  50 I×I
029  03  3      033  92 RTN
```

$f_6(x) = 1 - f_5(x)$:

```
034  76 LBL     038  85  +
035  17 B'      039  01  1
036  16 A'      040  95  =
037  94 +/-     041  92 RTN
```

(b) Parameter-Eingabe: wie bei Programm Q0m

(c) Aufruf für Standard-Zeichnung durch Monitor (Bild 5.7-3).

SBR + (für y-Achse) und SBR = (für Zeichnung)

Bild 5.7-3 Linearitäts-Test für W6m (Monitor)

Programm W7m: Monitor für W7

Zweck: bequeme Bedienung des Kurven-Plotters W7.

Funktionsroutinen (vom Anwender bereitzustellen):

$f_1(x)$: beginnt mit Lbl A, endet mit RTN;
$f_2(x)$: beginnt mit Lbl B, endet mit RTN;
$f_3(x)$: beginnt mit Lbl C, endet mit RTN;
$f_4(x)$: beginnt mit Lbl D, endet mit RTN;
$f_5(x)$: beginnt mit Lbl A', endet mit RTN;
$f_6(x)$: beginnt mit Lbl B', endet mit RTN;
$f_7(x)$: beginnt mit Lbl C', endet mit RTN.

(Übergabe von Argument x und Ergebnis f: wie üblich im Anzeigeregister.)

Parameter-Eingabe, Aufruf für Standard-Zeichnung: wie bei Programm W2m.

Eignung: TI-59
Speicherbereichsverteilung: Grundstellung (6 Op 17)
Programm laden (zusammen mit W7): 1 Magnetkartenhälfte einlesen (Block 2)
Winkelmodus: beliebig; Anzeigeformat: Standard (INV Eng, INV Fix)

Programmkenndaten

Speicherbedarf: 101 Programmschritte, 7 Datenregister ($R_{10}-R_{16}$ für Monitor)
Labels: +, =, CLR'; abs. Adressen: ja; T-Reg.: verwendet; Flags: keine
SBR-Ebenen / Klammer-Ebenen / unvollständige Op.-Ebenen: 2/0/7

Liste zu Programm W7m

365	76	LBL	391	43	RCL	417	20	CLR'	443	43	RCL
366	20	CLR'	392	14	14	418	13	C	444	12	12
367	75	-	393	75	-	419	71	SBR	445	77	GE
368	43	RCL	394	43	RCL	420	20	CLR'	446	04	4
369	13	13	395	13	13	421	14	D	447	08	08
370	95	=	396	95	=	422	71	SBR	448	92	RTN
371	55	÷	397	55	÷	423	20	CLR'	449	76	LBL
372	43	RCL	398	01	1	424	16	A'	450	85	+
373	16	16	399	08	8	425	71	SBR	451	69	OP
374	85	+	400	95	=	426	20	CLR'	452	00	00
375	01	1	401	42	STO	427	17	B'	453	06	6
376	85	+	402	16	16	428	71	SBR	454	00	0
377	69	OP	403	43	RCL	429	20	CLR'	455	69	OP
378	10	10	404	10	10	430	18	C'	456	04	04
379	55	÷	405	42	STO	431	71	SBR	457	52	EE
380	02	2	406	15	15	432	20	CLR'	458	06	6
381	95	=	407	32	X:T	433	71	SBR	459	22	INV
382	69	OP	408	00	0	434	02	2	460	52	EE
383	28	28	409	42	STO	435	40	40	461	69	OP
384	72	ST*	410	08	08	436	43	RCL	462	01	01
385	08	08	411	32	X:T	437	11	11	463	69	OP
386	43	RCL	412	11	A	438	44	SUM	464	05	05
387	15	15	413	71	SBR	439	15	15	465	92	RTN
388	92	RTN	414	20	CLR'	440	43	RCL			
389	76	LBL	415	12	B	441	15	15			
390	95	=	416	71	SBR	442	32	X:T			

Archivierung des Programms: Speicherbereichsverteilung in Grundstellung (6 Op 17). Programm eintasten (zusammen mit W7). [Eingabe von CLR': 2nd CLR.] Block 2 auf eine Magnetkartenhälfte aufzeichnen.

Programm W8m: Monitor für W8

Zweck: bequeme Bedienung des Kurven-Plotters W8.
Funktionsroutinen (vom Anwender bereitzustellen):

$f_1(x)$: beginnt mit Lbl A, endet mit RTN;
$f_2(x)$: beginnt mit Lbl B, endet mit RTN;
$f_3(x)$: beginnt mit Lbl C, endet mit RTN;
$f_4(x)$: beginnt mit Lbl D, endet mit RTN;
$f_5(x)$: beginnt mit Lbl A', endet mit RTN;
$f_6(x)$: beginnt mit Lbl B', endet mit RTN;
$f_7(x)$: beginnt mit Lbl C', endet mit RTN;
$f_8(x)$: beginnt mit Lbl D', endet mit RTN.

(Übergabe von Argument x und Ergebnis f: wie üblich im Anzeigeregister.)
Parameter-Eingabe, Aufruf für Standard-Zeichnung: wie bei Programm W2m

Eignung: TI-59
Speicherbereichsverteilung: Grundstellung (6 Op 17)
Programm laden (zusammen mit W8): 1 Magnetkartenhälfte einlesen (Block 2)
Winkelmodus: beliebig; Anzeigeformat: Standard (INV Eng, INV Fix)

Programmkenndaten

Speicherbedarf: 104 Programmschritte, 7 Datenregister ($R_{10}-R_{16}$ für Monitor)
Labels: +, =, CLR'; abs. Adressen: ja, T-Reg.: verwendet; Flags: keine
SBR-Ebenen / Klammer-Ebenen / unvollständige Op.-Ebenen: 2/0/7

Liste zu Programm W8m

```
370  76 LBL
371  20 CLR'
372  75  -
373  43 RCL
374  13  13
375  95  =
376  55  ÷
377  43 RCL
378  16  16
379  85  +
380  01  1
381  85  +
382  69 OP
383  10  10
384  55  ÷
385  02  2
386  95  =
387  69 OP
388  29  29
389  72 ST*
390  09  09
391  43 RCL
392  15  15
393  92 RTN
394  76 LBL
395  95  =
396  43 RCL
397  14  14
398  75  -
399  43 RCL
400  13  13
401  95  =
402  55  ÷
403  01  1
404  08  8
405  95  =
406  42 STO
407  16  16
408  43 RCL
409  10  10
410  42 STO
411  15  15
412  32 X:T
413  00  0
414  42 STO
415  09  09
416  32 X:T
417  11  A
418  71 SBR
419  20 CLR'
420  12  B
421  71 SBR
422  20 CLR'
423  13  C
424  71 SBR
425  20 CLR'
426  14  D
427  71 SBR
428  20 CLR'
429  16 A'
430  71 SBR
431  20 CLR'
432  17 B'
433  71 SBR
434  20 CLR'
435  18 C'
436  71 SBR
437  20 CLR'
438  19 D'
439  71 SBR
440  20 CLR'
441  71 SBR
442  02  2
443  40  40
444  43 RCL
445  11  11
446  44 SUM
447  15  15
448  43 RCL
449  15  15
450  32 X:T
451  43 RCL
452  12  12
453  77  GE
454  04  4
455  13  13
456  92 RTN
457  76 LBL
458  85  +
459  69 OP
460  00  00
461  06  6
462  00  0
463  69 OP
464  04  04
465  52 EE
466  06  6
467  22 INV
468  52 EE
469  69 OP
470  01  01
471  69 OP
472  05  05
473  92 RTN
```

Archivierung des Programms: Speicherbereichsverteilung in Grundstellung (6 Op 17). Programm eintasten (zusammen mit W8). [Eingabe von CLR': 2nd CLR.] Block 2 auf eine Magnetkartenhälfte aufzeichnen.

6 Monitor-Unterstützung für Histogramm-Plotter

6.1 Monitor-Unterstützung für Histogramm-Plotter vom Typ Y

Programm Y1m: Monitor und Makro-Monitor für Y1

Zweck: bequeme Bedienung des Histogramm-Plotters Y1.
Funktionsroutine f(x) (vom Anwender bereitzustellen):
beginnt mit Lbl A, endet mit RTN.
(Übergabe von Argument x und Ergebnis f: wie üblich im Anzeigeregister.)

Parameter-Eingabe:	x_{min} in R_{10}	y_{min} in R_{13}
	Δx in R_{11}	y_{max} in R_{14}
	x_{max} in R_{12}	

Aufruf für Standard-Zeichnung (1 Streifen, erzeugt durch Monitor):
SBR + (für y-Achse) und SBR = (für Zeichnung).
Aufruf für n-fache Vergrößerung (n Streifen, erzeugt durch Makro-Monitor):
n SBR × (für y-Achse, Zeichnung und Paßmarken) [n = 2, 3, 4, ...]

Eignung: TI-59
Speicherbereichsverteilung: Grundstellung (6 Op 17)
Programm laden (zusammen mit Y1): 1 Magnetkartenhälfte einlesen (Block 2)
Winkelmodus: beliebig; Anzeigeformat: Standard (INV Eng, INV Fix)

Programmkenndaten

Speicherbedarf: 116 Programmschritte, 9 Datenregister ($R_{05}-R_{06}$ für Makro-Monitor, $R_{10}-R_{16}$ für Monitor)
Labels: +, =, ×; abs. Adressen: ja; T-Reg.: verwendet; Flags: keine
SBR-Ebenen / Klammer-Ebenen / unvollständige Op.-Ebenen: 4/0/6

Liste zu Programm Y1m

```
331  76 LBL    360  01   1     389  42 STO    418  98 ADV
332  95  =     361  85   +     390  06  06    419  98 ADV
333  43 RCL    362  69 OP      391  75  -     420  98 ADV
334  14  14    363  10  10     392  48 EXC    421  97 DSZ
335  75  -     364  55   ÷     393  13  13    422  05   5
336  43 RCL    365  02   2     394  95  =     423  04   4
337  13  13    366  95   =     395  55  ÷     424  01  01
338  95  =     367  71 SBR     396  43 RCL    425  43 RCL
339  55  ÷     368  02   2     397  05  05    426  06  06
340  01  1     369  40  40     398  95  =     427  42 STO
341  08  8     370  43 RCL     399  44 SUM    428  14  14
342  95  =     371  11  11     400  14  14    429  92 RTN
343  42 STO    372  44 SUM     401  43 RCL    430  76 LBL
344  16  16    373  15  15     402  13  13    431  85  +
345  43 RCL    374  43 RCL     403  44 SUM    432  69 OP
346  10  10    375  15  15     404  13  13    433  00  00
347  42 STO    376  32 X:T     405  48 EXC    434  06   6
348  15  15    377  43 RCL     406  14  14    435  00   0
349  32 X:T    378  12  12     407  22 INV    436  69 OP
350  32 X:T    379  77  GE     408  44 SUM    437  04  04
351  11  A     380  03   3     409  13  13    438  52 EE
352  75  -     381  50  50     410  71 SBR    439  06   6
353  43 RCL    382  92 RTN     411  85  +     440  22 INV
354  13  13    383  76 LBL     412  71 SBR    441  52 EE
355  95  =     384  65   ×     413  95  =     442  69 OP
356  55  ÷     385  42 STO     414  98 ADV    443  01  01
357  43 RCL    386  05  05     415  98 ADV    444  69 OP
358  16  16    387  43 RCL     416  71 SBR    445  05  05
359  85  +     388  14  14     417  85  +     446  92 RTN
```

Archivierung des Programms: Speicherbereichsverteilung in Grundstellung (6 Op 17). Programm eintasten (zusammen mit Y1). Block 2 auf eine Magnetkartenhälfte aufzeichnen.

Linearitäts-Test

(a) Funktionsroutine f(x): wie bei Programm Q0m

(b) Parameter-Eingabe: wie bei Programm Q0m

(c) Aufruf für Standard-Zeichnung durch Monitor (Bild 6.1-1):
SBR + (für y-Achse) und SBR = (für Zeichnung)

(d) Aufruf für 2-fache Vergrößerung durch Makro-Monitor (Bild 6.1-2):
2 SBR × (für y-Achse, Zeichnung und Paßmarken)

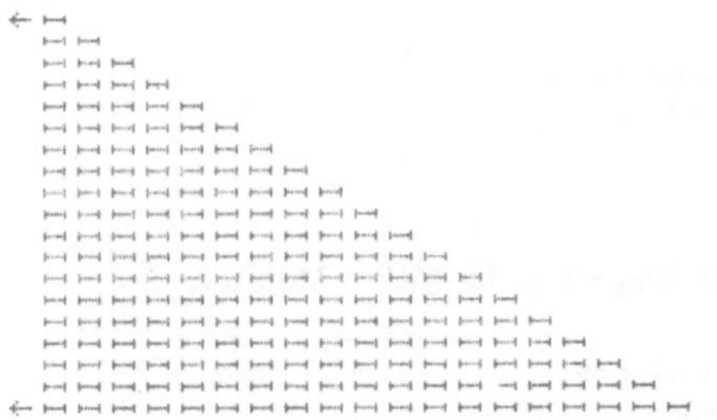

Bild 6.1-1
Linearitäts-Test
für Y1m und Z1m
(Monitor)

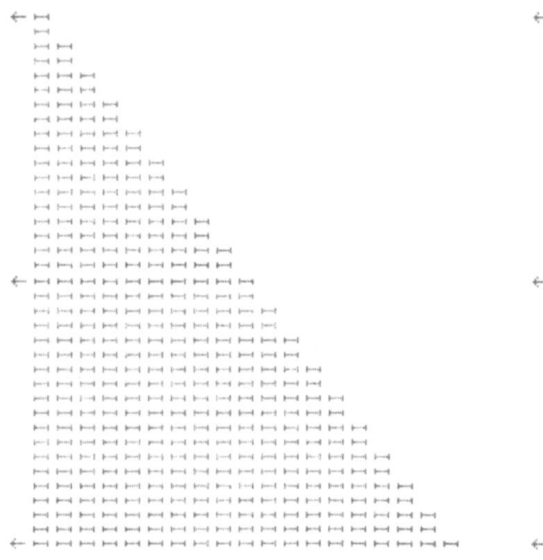

Bild 6.1-2
Linearitäts-Test für Y1m und Z1m (Makro-Monitor) [links y-Achse, rechts Paßmarken]

6.2 Monitor-Unterstützung für Histogramm-Plotter vom Typ Z

Programm Z1m: Monitor und Makro-Monitor für Z1

Zweck: bequeme Bedienung des Histogramm-Plotters Z1.
Funktionsroutine f(x) (vom Anwender bereitzustellen):
beginnt mit Lbl A, endet mit RTN.
(Übergabe von Argument x und Ergebnis f: wie üblich im Anzeigeregister.)

Parameter-Eingabe: Code in R_{09}	x_{min} in R_{10}	y_{min} in R_{13}
	Δx in R_{11}	y_{max} in R_{14}
	x_{max} in R_{12}	

Aufruf für Standard-Zeichnung, Aufruf für n-fache Vergrößerung: wie bei Programm Y1m.

Eignung: TI-59
Speicherbereichsverteilung: Grundstellung (6 Op 17)
Programm laden (zusammen mit Z1): 1 Magnetkartenhälfte einlesen (Block 2)
Winkelmodus: beliebig; Anzeigeformat: Standard (INV Eng, INV Fix)

Programmkenndaten

Speicherbedarf: 116 Programmschritte, 10 Datenregister ($R_{05}-R_{06}$ für Makro-Monitor, R_{09} für Code, $R_{10}-R_{16}$ für Monitor)
Labels: +, =, ×; abs. Adressen: ja; T-Reg.: verwendet; Flags: keine
SBR-Ebenen / Klammer-Ebenen / unvollständige Op.-Ebenen: 2/0/7

Liste zu Programm Z1m

318	76	LBL	347	01	1	376	42	STO	405	98	ADV
319	95	=	348	85	+	377	06	06	406	98	ADV
320	43	RCL	349	69	OP	378	75	-	407	98	ADV
321	14	14	350	10	10	379	48	EXC	408	97	DSZ
322	75	-	351	55	÷	380	13	13	409	05	5
323	43	RCL	352	02	2	381	95	=	410	03	3
324	13	13	353	95	=	382	55	÷	411	88	88
325	95	=	354	71	SBR	383	43	RCL	412	43	RCL
326	55	÷	355	02	2	384	05	05	413	06	06
327	01	1	356	40	40	385	95	=	414	42	STO
328	08	8	357	43	RCL	386	44	SUM	415	14	14
329	95	=	358	11	11	387	14	14	416	92	RTN
330	42	STO	359	44	SUM	388	43	RCL	417	76	LBL
331	16	16	360	15	15	389	13	13	418	85	+
332	43	RCL	361	43	RCL	390	44	SUM	419	69	OP
333	10	10	362	15	15	391	13	13	420	00	00
334	42	STO	363	32	X⇌T	392	48	EXC	421	06	6
335	15	15	364	43	RCL	393	14	14	422	00	0
336	32	X⇌T	365	12	12	394	22	INV	423	69	OP
337	32	X⇌T	366	77	GE	395	44	SUM	424	04	04
338	11	A	367	03	3	396	13	13	425	52	EE
339	75	-	368	37	37	397	71	SBR	426	06	6
340	43	RCL	369	92	RTN	398	85	+	427	22	INV
341	13	13	370	76	LBL	399	71	SBR	428	52	EE
342	95	=	371	65	×	400	95	=	429	69	OP
343	55	÷	372	42	STO	401	98	ADV	430	01	01
344	43	RCL	373	05	05	402	98	ADV	431	69	OP
345	16	16	374	43	RCL	403	71	SBR	432	05	05
346	85	+	375	14	14	404	85	+	433	92	RTN

Archivierung des Programms: Speicherbereichsverteilung in Grundstellung (6 Op 17). Programm eintasten (zusammen mit Z1). Block 2 auf eine Magnetkartenhälfte aufzeichnen.

Linearitäts-Test

(a) Funktionsroutine f(x): wie bei Programm Q0m

(b) Parameter-Eingabe:

(Code:) 24 STO 09	(x_{min}:) 0 STO 10	(y_{min}:) 0 STO 13
	(Δx:) 18 1/x STO 11	(y_{max}:) 1 STO 14
	(x_{max}:) 1 STO 12	

(c) Aufruf für Standard-Zeichnung durch Monitor (Bild 6.1-1):
SBR + (für y-Achse) und SBR = (für Zeichnung)

(d) Aufruf für 2-fache Vergrößerung durch Makro-Monitor (Bild 6.1-2):
2 SBR × (für y-Achse, Zeichnung und Paßmarken)

Programm Z1m/2: Monitor und Makro-Monitor für Z1 (Doppel-Histogramm)

Zweck: bequeme Bedienung des Histogramm-Plotters Z1 zur Herstellung von Doppel-Histogrammen.

Funktionsroutinen (vom Anwender bereitzustellen):

$f_1(x)$: beginnt mit Lbl A, endet mit RTN;

$f_2(x)$: beginnt mit Lbl B, endet mit RTN.

(Übergabe von Argument x und Ergebnis f: wie üblich im Anzeigeregister.)

Parameter-Eingabe:		
Code 1 in R_{08}	x_{min} in R_{10}	y_{min} in R_{13}
Code 2 in R_{09}	Δx in R_{11}	y_{max} in R_{14}
	x_{max} in R_{12}	

Aufruf für Standard-Zeichnung, Aufruf für n-fache Vergrößerung: wie bei Programm Y1m.

Eignung: TI-59
Speicherbereichsverteilung: Grundstellung (6 Op 17)
Programm laden (zusammen mit Z1): 1 Magnetkartenhälfte einlesen (Block 2)
Winkelmodus: beliebig; Anzeigeformat: Standard (INV Eng, INV Fix)

Programmkenndaten

Speicherbedarf: 135 Programmschritte, 11 Datenregister ($R_{05}-R_{06}$ für Makro-Monitor, $R_{08}-R_{09}$ für Codes, $R_{10}-R_{16}$ für Monitor)
Labels: +, =, X; abs. Adressen: ja; T-Reg.: verwendet; Flags: keine
SBR-Ebenen / Klammer-Ebenen / unvollständige Op.-Ebenen: 2/0/7

Liste zu Programm Z1m/2

```
318  75  -      352  08  8      386  03  3      420  98  ADV
319  43  RCL    353  95  =      387  61  61     421  98  ADV
320  13  13     354  42  STO    388  92  RTN    422  71  SBR
321  95  =      355  16  16     389  76  LBL    423  85  +
322  55  ÷      356  43  RCL    390  65  ×      424  98  ADV
323  43  RCL    357  10  10     391  42  STO    425  98  ADV
324  16  16     358  42  STO    392  05  05     426  98  ADV
325  85  +      359  15  15     393  43  RCL    427  97  DSZ
326  01  1      360  32  X:T    394  14  14     428  05  5
327  85  +      361  32  X:T    395  42  STO    429  04  4
328  69  OP     362  11  A      396  06  06     430  07  07
329  10  10     363  71  SBR    397  75  -      431  43  RCL
330  55  ÷      364  03  3      398  48  EXC    432  06  06
331  43  RCL    365  18  18     399  13  13     433  42  STO
332  09  09     366  43  RCL    400  95  =      434  14  14
333  48  EXC    367  15  15     401  55  ÷      435  92  RTN
334  08  08     368  12  B      402  43  RCL    436  76  LBL
335  42  STO    369  71  SBR    403  05  05     437  85  +
336  09  09     370  03  3      404  95  =      438  69  OP
337  02  2      371  18  18     405  44  SUM    439  00  00
338  95  =      372  69  OP     406  14  14     440  06  6
339  61  GTO    373  00  00     407  43  RCL    441  00  0
340  02  2      374  69  OP     408  13  13     442  69  OP
341  40  40     375  05  05     409  44  SUM    443  04  04
342  76  LBL    376  43  RCL    410  13  13     444  52  EE
343  95  =      377  11  11     411  48  EXC    445  06  6
344  43  RCL    378  44  SUM    412  14  14     446  22  INV
345  14  14     379  15  15     413  22  INV    447  52  EE
346  75  -      380  43  RCL    414  44  SUM    448  69  OP
347  43  RCL    381  15  15     415  13  13     449  01  01
348  13  13     382  32  X:T    416  71  SBR    450  69  OP
349  95  =      383  43  RCL    417  85  +      451  05  05
350  55  ÷      384  12  12     418  71  SBR    452  92  RTN
351  01  1      385  77  GE     419  95  =
```

Archivierung des Programms: Speicherbereichsverteilung in Grundstellung (6 Op 17). Programm eintasten (zusammen mit Z1). Block 2 auf eine Magnetkartenhälfte aufzeichnen.

Linearitäts-Test

(a) Funktionsroutinen $f_1(x)$ und $f_2(x)$: wie bei Programm Q2m

(b) Parameter-Eingabe:

(Code 1:) 24 STO 08	(x_{min}:) 0 STO 10	(y_{min}:) 0 STO 13
(Code 2:) 74 STO 09	(Δx:) 6 1/x STO 11	(y_{max}:) 1 STO 14
	(x_{max}:) 1 STO 12	

(c) Aufruf für Standard-Zeichnung durch Monitor (Bild 6.2-1):
SBR + (für y-Achse) und SBR = (für Zeichnung)

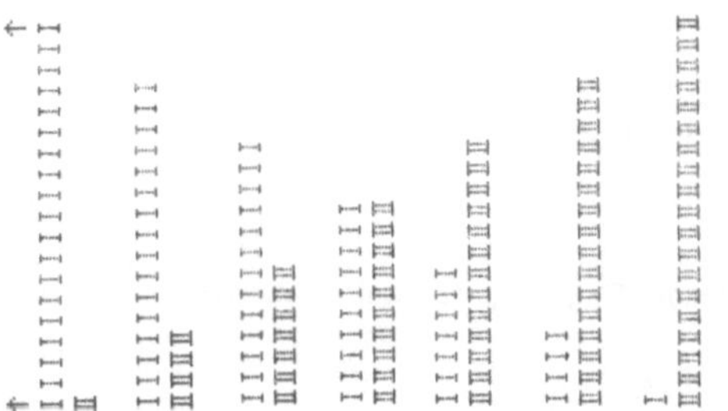

Bild 6.2-1
Linearitäts-Test für Z1m/2 (Monitor)

(d) Aufruf für 2-fache Vergrößerung durch Makro Monitor (Bild 6.2-2):
2 SBR X (für y-Achse, Zeichnung und Paßmarken)

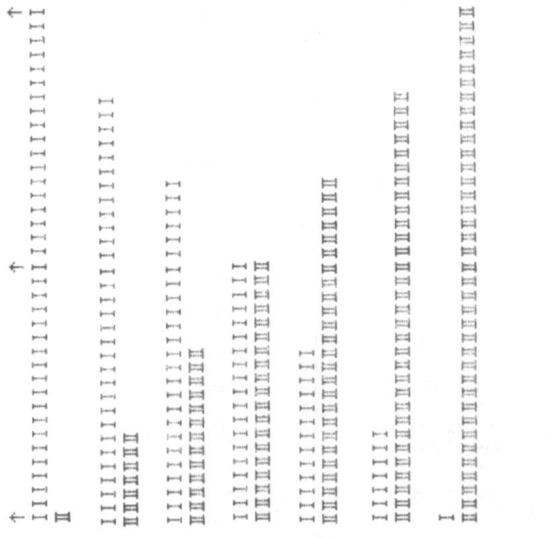

Bild 6.2-2
Linearitäts-Test für Z1m/2 (Makro-Monitor) [links y-Achse, rechts Paßmarken]

Programm Z1m/3: Monitor und Makro-Monitor für Z1 (Dreifach-Histogramm)

Zweck: bequeme Bedienung des Histogramm-Plotters Z1 zur Herstellung von Dreifach-Histogrammen.

Funktionsroutinen (vom Anwender bereitzustellen):

$f_1(x)$: beginnt mit Lbl A, endet mit RTN;
$f_2(x)$: beginnt mit Lbl B, endet mit RTN;
$f_3(x)$: beginnt mit Lbl C, endet mit RTN.

(Übergabe von Argument x und Ergebnis f: wie üblich im Anzeigeregister.)

Parameter-Eingabe:

Code 1 in R_{07}	x_{min} in R_{10}	y_{min} in R_{13}
Code 2 in R_{08}	Δx in R_{11}	y_{max} in R_{14}
Code 3 in R_{09}	x_{max} in R_{12}	

Aufruf für Standard-Zeichnung, Aufruf für n-fache Vergrößerung: wie bei Programm Y1m

Eignung: TI-59
Speicherbereichsverteilung: Grundstellung (6 Op 17)
Programm laden (zusammen mit Z1): 1 Magnetkartenhälfte einlesen (Block 2)
Winkelmodus: beliebig; Anzeigeformat: Standard (INV Eng, INV Fix)

Programmkenndaten

Speicherbedarf: 143 Programmschritte, 12 Datenregister ($R_{05}-R_{06}$ für Makro-Monitor, $R_{07}-R_{09}$ für Codes, $R_{10}-R_{16}$ für Monitor)
Labels: +, =, X; abs. Adressen: ja; T-Reg.: verwendet; Flags: keine
SBR-Ebenen / Klammer-Ebenen / unvollständige Op.-Ebenen: 2/0/7

Liste zu Programm Z1m/3

```
318  75  -      354  08  8      390  32  X:T    426  71  SBR
319  43  RCL    355  95  =      391  43  RCL    427  95  =
320  13  13     356  42  STO    392  12  12     428  98  ADV
321  95  =      357  16  16     393  77  GE     429  98  ADV
322  55  ÷      358  43  RCL    394  03  3      430  71  SBR
323  43  RCL    359  10  10     395  63  63     431  85  +
324  16  16     360  42  STO    396  92  RTN    432  98  ADV
325  85  +      361  15  15     397  76  LBL    433  98  ADV
326  01  1      362  32  X:T    398  65  ×      434  98  ADV
327  85  +      363  32  X:T    399  42  STO    435  97  DSZ
328  69  OP     364  11  A      400  05  05     436  05  5
329  10  10     365  71  SBR    401  43  RCL    437  04  4
330  55  ÷      366  03  3      402  14  14     438  15  15
331  43  RCL    367  18  18     403  42  STO    439  43  RCL
332  09  09     368  43  RCL    404  06  06     440  06  06
333  48  EXC    369  15  15     405  75  -      441  42  STO
334  08  08     370  12  B      406  48  EXC    442  14  14
335  48  EXC    371  71  SBR    407  13  13     443  92  RTN
336  07  07     372  03  3      408  95  =      444  76  LBL
337  42  STO    373  18  18     409  55  ÷      445  85  +
338  09  09     374  43  RCL    410  43  RCL    446  69  OP
339  02  2      375  15  15     411  05  05     447  00  00
340  95  =      376  13  C      412  95  =      448  06  6
341  61  GTO    377  71  SBR    413  44  SUM    449  00  0
342  02  2      378  03  3      414  14  14     450  69  OP
343  40  40     379  18  18     415  43  RCL    451  04  04
344  76  LBL    380  69  OP     416  13  13     452  52  EE
345  95  =      381  00  00     417  44  SUM    453  06  6
346  43  RCL    382  69  OP     418  13  13     454  22  INV
347  14  14     383  05  05     419  48  EXC    455  52  EE
348  75  -      384  43  RCL    420  14  14     456  69  OP
349  43  RCL    385  11  11     421  22  INV    457  01  01
350  13  13     386  44  SUM    422  44  SUM    458  69  OP
351  95  =      387  15  15     423  13  13     459  05  05
352  55  ÷      388  43  RCL    424  71  SBR    460  92  RTN
353  01  1      389  15  15     425  85  +
```

Archivierung des Programms: Speicherbereichsverteilung in Grundstellung (6 Op 17). Programm eintasten (zusammen mit Z1). Block 2 auf eine Magnetkartenhälfte aufzeichnen.

Linearitäts-Test

(a) Funktionsroutinen $f_1(x)$, $f_2(x)$ und $f_3(x)$: wie bei Programm Q3m
(b) Parameter-Eingabe:

(Code 1:) 24 STO 07
(Code 2:) 74 STO 08
(Code 3:) 32 STO 09

(x_{min}:) 0 STO 10
(Δx:) 6 1/x STO 11
(x_{max}:) 1 STO 12

(y_{min}:) 0 STO 13
(y_{max}:) 1 STO 14

(c) Aufruf für Standard-Zeichnung durch Monitor (Bild 6.2-3):
SBR + (für y-Achse) und SBR = (für Zeichnung)

(d) Aufruf für 2-fache Vergrößerung durch Makro-Monitor (Bild 6.2-4):
2 SBR X (für y-Achse, Zeichnung und Paßmarken)

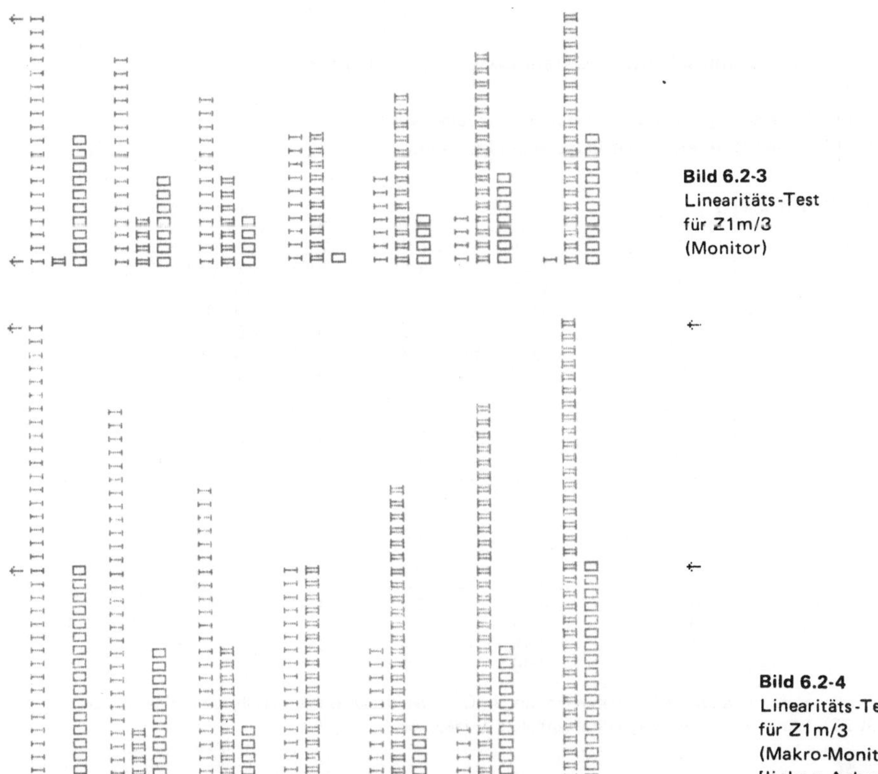

Bild 6.2-3
Linearitäts-Test für Z1m/3 (Monitor)

Bild 6.2-4
Linearitäts-Test für Z1m/3 (Makro-Monitor) [links y-Achse, rechts Paßmarken]

Programm Z2m: Monitor für Z2

Zweck: bequeme Bedienung des Histogramm-Plotters Z2.

Funktionsroutinen (vom Anwender bereitzustellen):

$f_1(x)$ (für Kurve): beginnt mit Lbl A, endet mit RTN;

$f_2(x)$ (für Histogramm): beginnt mit Lbl B, endet mit RTN.

(Übergabe von Argument x und Ergebnis f: wie üblich im Anzeigeregister.)

Parameter-Eingabe:			
	Code 1 in R_{08}	x_{min} in R_{10}	y_{min} in R_{13}
	Code 2 in R_{09}	Δx in R_{11}	y_{max} in R_{14}
		x_{max} in R_{12}	

Aufruf für Standard-Zeichnung (1 Streifen, erzeugt durch Monitor):
SBR + (für y-Achse) und SBR = (für Zeichnung)

Eignung: TI-59
Speicherbereichsverteilung: Grundstellung (6 Op 17)
Programm laden (zusammen mit Z2): 1 Magnetkartenhälfte einlesen (Block 2)
Winkelmodus: beliebig; Anzeigeformat: Standard (INV Eng, INV Fix)

Programmkenndaten

Speicherbedarf: 81 Programmschritte, 9 Datenregister ($R_{08}-R_{09}$ für Codes, $R_{10}-R_{16}$ für Monitor)
Labels: +, =; abs. Adressen: ja; T-Reg.: verwendet; Flags: keine
SBR-Ebenen / Klammer-Ebenen / unvollständige Op.-Ebenen: 2/0/7

Liste zu Programm Z2m

```
394  75   -      415  43 RCL     436  43 RCL     457  92 RTN
395  43 RCL      416  13  13     437  15  15     458  76 LBL
396  13  13      417  95  =      438  11  A      459  85  +
397  95   =      418  55  ÷      439  71 SBR     460  69 OP
398  55   ÷      419  01  1      440  03   3     461  00  00
399  43 RCL      420  08  8      441  94  94     462  06  6
400  16  16      421  95  =      442  71 SBR     463  00  0
401  85   +      422  42 STO     443  02   2     464  69 OP
402  01   1      423  16  16     444  40  40     465  04  04
403  85   +      424  43 RCL     445  43 RCL     466  52 EE
404  69 OP       425  10  10     446  11  11     467  06  6
405  10  10      426  42 STO     447  44 SUM     468  22 INV
406  55   ÷      427  15  15     448  15  15     469  52 EE
407  02   2      428  32 X:T     449  43 RCL     470  69 OP
408  95   =      429  32 X:T     450  15  15     471  01  01
409  92 RTN      430  12  B      451  32 X:T     472  69 OP
410  76 LBL      431  71 SBR     452  43 RCL     473  05  05
411  95   =      432  03  3      453  12  12     474  92 RTN
412  43 RCL      433  94  94     454  77  GE
413  14  14      434  42 STO     455  04   4
414  75   -      435  02  02     456  29  29
```

Archivierung des Programms: Speicherbereichsverteilung in Grundstellung (6 Op 17). Programm eintasten (zusammen mit Z2). Block 2 auf eine Magnetkartenhälfte aufzeichnen.

Linearitäts-Test

(a) Funktionsroutinen $f_1(x)$ und $f_2(x)$: wie bei Programm Q2m

(b) Parameter-Eingabe:

(Code 1:) 51 STO 08	(x_{min}:) 0 STO 10	(y_{min}:) 0 STO 13
(Code 2:) 24 STO 09	(Δx:) 18 1/x STO 11	(y_{max}:) 1 STO 14
	(x_{max}:) 1 STO 12	

(c) Aufruf für Standard-Zeichnung durch Monitor (Bild 6.2-5):
SBR + (für y-Achse) und SBR = (für Zeichnung)

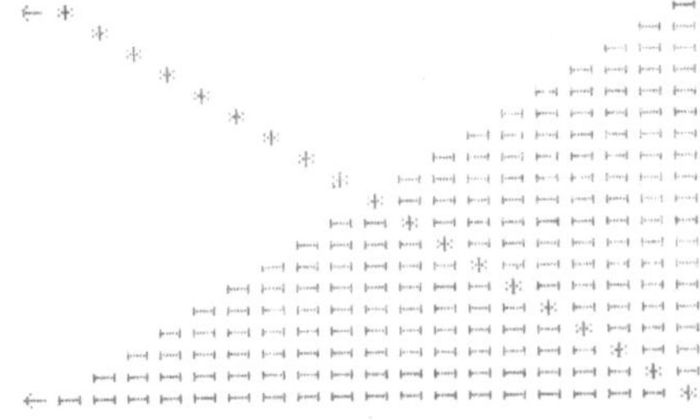

Bild 6.2-5
Linearitäts-Test
für Z2m
(Monitor)

7 Prompter-Unterstützung für Parameter-Eingabe

Programm P0: Prompter bei fixen Symbolen

Zweck: bequeme Parameter-Eingabe bei Monitor-Programmen mit fixen Symbolen, nämlich Q0m–Q3m, S1m–S4m, T1m–T4m, W2m–W8m, Y1m
Aufruf: 4 Op 17 SBR
Parameter-Eingabe: der Prompter fragt über den Drucker einzeln nach den Parametern (wobei der alte Wert in der Anzeige erscheint); gegebenenfalls neuen Wert eintasten; R/S drücken; nach Eingabe des letzten Parameters blinkt in der Anzeige „479.59" (kennzeichnet Ende des Promptens); Blinken löschen durch CLR

Eignung: TI-59
Speicherbereichsverteilung: (vor Laden des Programms:) Grundstellung (6 Op 17); Aufruf: 4 Op 17 SBR – (zurück bleibt Grundstellung)
Programm laden: 1 Magnetkartenhälfte einlesen (Block 3)
Winkelmodus: beliebig; **Anzeigeformat:** Standard (INV Eng, INV Fix)

Programmkenndaten

Speicherbedarf: 91 Programmschritte, 6 Datenregister (R_{01} für Adressen, $R_{10}-R_{14}$ für Monitor-Parameter)
Labels: –; abs. Adressen: ja; T-Reg.: nicht verwendet; Flags: keine
SBR-Ebenen / Klammer-Ebenen / unvollständige Op.-Ebenen: 1/0/4

Liste zu Programm P0

```
480  76 LBL
481  75  -
482  69 OP
483  00  00
484  09  9
485  42 STO
486  01  01
487  04  4
488  04  4
489  00  0
490  00  0
491  03  3
492  00  0
493  02  2
494  04  4
495  03  3
496  01  1
497  71 SBR
498  05   5
499  58  58
500  01  1
501  06  6
502  01  1
503  07  7
504  02  2
505  07  7
506  03  3
507  07  7
508  01  1
509  03  3
510  71 SBR
511  05   5
512  58  58
513  04  4
514  04  4
515  00  0
516  00  0
517  03  3
518  00  0
519  01  1
520  03  3
521  04  4
522  04  4
523  71 SBR
524  05   5
525  58  58
526  04  4
527  05  5
528  00  0
529  00  0
530  03  3
531  00  0
532  02  2
533  04  4
534  03  3
535  01  1
536  71 SBR
537  05   5
538  58  58
539  04  4
540  05  5
541  00  0
542  00  0
543  03  3
544  00  0
545  01  1
546  03  3
547  04  4
548  04  4
549  71 SBR
550  05   5
551  58  58
552  98 ADV
553  98 ADV
554  98 ADV
555  06  6
556  69 OP
557  17  17
558  69 OP
559  01  01
560  69 OP
561  05  05
562  69 OP
563  21  21
564  73 RC*
565  01  01
566  91 R/S
567  72 ST*
568  01  01
569  99 PRT
570  92 RTN
```

Archivierung des Programms: Speicherbereichsverteilung (für Eintasten des Programms): 4 Op 17. Programm eintasten. Speicherbereichsverteilung durch 6 Op 17 auf Grundstellung setzen. Block 3 auf eine Magnetkartenhälfte aufzeichnen.

Musterbeispiel

Bequeme Parameter-Eingabe beim Linearitäts-Test zu Programm Q0m (Bild 5.1-1 und Bild 5.1-2). Prompter-Protokoll:

```
X MIN
              0.
DELTA
 .0555555556        (= 1/18)
X MAX
              1.
Y MIN
              0.
Y MAX
              1.
```

Programm P1: Prompter bei 1 variablen Symbol

Zweck: bequeme Parameter-Eingabe bei Monitor-Programmen mit 1 variablen Symbol, nämlich R1m, U1m–U4m, Z1m

Aufruf, Parameter-Eingabe: wie bei Programm P0

Eignung: TI-59
Speicherbereichsverteilung: (vor Laden des Programms:) Grundstellung (6 Op 17); Aufruf: 4 Op 17 SBR – (zurück bleibt Grundstellung)
Programm laden: 1 Magnetkartenhälfte einlesen (Block 3)
Winkelmodus: beliebig; Anzeigeformat: Standard (INV Eng, INV Fix)

Programmkenndaten

Speicherbedarf: 102 Programmschritte, 7 Datenregister (R_{01} für Adressen, R_{09} für Code, $R_{10}-R_{14}$ für Monitor-Parameter)
Labels: –; abs. Adressen: ja; T-Reg.: nicht verwendet; Flags: keine
SBR-Ebenen / Klammer-Ebenen / unvollständige Op.-Ebenen: 1/0/4

Liste zu Programm P1

```
480  76 LBL     506  02  2     532  01  1     558  01  1
481  75  -      507  04  4     533  03  3     559  03  3
482  69 OP      508  03  3     534  04  4     560  04  4
483  00  00     509  01  1     535  04  4     561  04  4
484  08  8      510  71 SBR    536  71 SBR    562  71 SBR
485  42 STO     511  05   5    537  05   5    563  05   5
486  01  01     512  71  71    538  71  71    564  71  71
487  01  1      513  01  1     539  04  4     565  98 ADV
488  05  5      514  06  6     540  05  5     566  98 ADV
489  03  3      515  01  1     541  00  0     567  98 ADV
490  02  2      516  07  7     542  00  0     568  06  6
491  01  1      517  02  2     543  03  3     569  69 OP
492  06  6      518  07  7     544  00  0     570  17  17
493  01  1      519  03  3     545  02  2     571  69 OP
494  07  7      520  07  7     546  04  4     572  01  01
495  00  0      521  01  1     547  03  3     573  69 OP
496  00  0      522  03  3     548  01  1     574  05  05
497  71 SBR     523  71 SBR    549  71 SBR    575  69 OP
498  05   5     524  05   5    550  05   5    576  21  21
499  71  71     525  71  71    551  71  71    577  73 RC*
500  04  4      526  04  4     552  04  4     578  01  01
501  04  4      527  04  4     553  05  5     579  91 R/S
502  00  0      528  00  0     554  00  0     580  72 ST*
503  00  0      529  00  0     555  00  0     581  01  01
504  03  3      530  03  3     556  03  3     582  99 PRT
505  00  0      531  00  0     557  00  0     583  92 RTN
```

Archivierung des Programms: Speicherbereichsverteilung (für Eintasten des Programms): 4 Op 17. Programm eintasten. Speicherbereichsverteilung durch 6 Op 17 auf Grundstellung setzen. Block 3 auf eine Magnetkartenhälfte aufzeichnen.

Musterbeispiel

Bequeme Parameter-Eingabe beim Linearitäts-Test zu Programm Z1m (Bild 6.1-1 und Bild 6.1-2).
Prompter-Protokoll:

```
CODE
             24.
X MIN
              0.
DELTA
  .0555555556      (= 1/18)
X MAX
              1.
Y MIN
              0.
Y MAX
              1.
```

Programm P2: Prompter bei 2 variablen Symbolen

Zweck: bequeme Parameter-Eingabe bei Monitor-Programmen mit 2 variablen Symbolen, nämlich R2m, V1m–V4m, Z1m/2, Z2m
Aufruf, Parameter-Eingabe: wie bei Prompter P0

Eignung: TI-59
Speicherbereichsverteilung: (vor Laden des Programms:) Grundstellung (6 Op 17); Aufruf: 4 Op 17 SBR – (zurück bleibt Grundstellung)
Programm laden: 1 Magnetkartenhälfte einlesen (Block 3)
Winkelmodus: beliebig; Anzeigeformat: Standard (INV Eng, INV Fix)

Programmkenndaten

Speicherbedarf: 117 Programmschritte, 8 Datenregister (R_{01} für Adressen, $R_{08}-R_{09}$ für Codes, $R_{10}-R_{14}$ für Monitor-Parameter)
Labels: –; abs. Adressen: ja; T-Reg.: nicht verwendet; Flags: keine
SBR-Ebenen / Klammer-Ebenen / unvollständige Op.-Ebenen: 1/0/4

Liste zu Programm P2

480	76	LBL	510	71	SBR	540	04	4	570	00	0
481	75	-	511	05	5	541	00	0	571	01	1
482	69	OP	512	84	84	542	00	0	572	03	3
483	00	00	513	04	4	543	03	3	573	04	4
484	07	7	514	04	4	544	00	0	574	04	4
485	42	STO	515	00	0	545	01	1	575	71	SBR
486	01	01	516	00	0	546	03	3	576	05	5
487	01	1	517	03	3	547	04	4	577	84	84
488	05	5	518	00	0	548	04	4	578	98	ADV
489	03	3	519	02	2	549	71	SBR	579	98	ADV
490	02	2	520	04	4	550	05	5	580	98	ADV
491	01	1	521	03	3	551	84	84	581	06	6
492	06	6	522	01	1	552	04	4	582	69	OP
493	01	1	523	71	SBR	553	05	5	583	17	17
494	07	7	524	05	5	554	00	0	584	69	OP
495	00	0	525	84	84	555	00	0	585	01	01
496	02	2	526	01	1	556	03	3	586	69	OP
497	71	SBR	527	06	6	557	00	0	587	05	05
498	05	5	528	01	1	558	02	2	588	69	OP
499	84	84	529	07	7	559	04	4	589	21	21
500	01	1	530	02	2	560	03	3	590	73	RC*
501	05	5	531	07	7	561	01	1	591	01	01
502	03	3	532	03	3	562	71	SBR	592	91	R/S
503	02	2	533	07	7	563	05	5	593	72	ST*
504	01	1	534	01	1	564	84	84	594	01	01
505	06	6	535	03	3	565	04	4	595	99	PRT
506	01	1	536	71	SBR	566	05	5	596	92	RTN
507	07	7	537	05	5	567	00	0			
508	00	0	538	84	84	568	00	0			
509	03	3	539	04	4	569	03	3			

Archivierung des Programms: Speicherbereichsverteilung (für Eintasten des Programms): 4 Op 17. Programm eintasten. Speicherbereichsverteilung durch 6 Op 17 auf Grundstellung setzen. Block 3 auf eine Magnetkartenhälfte aufzeichnen.

Musterbeispiel

Bequeme Parameter-Eingabe beim Linearitäts-Test zu Programm V2m (Bild 5.4-2).
Prompter-Protokoll:

```
CODE1
              51.
CODE2
              47.
X MIN
               0.
DELTA
 .0555555556        (= 1/18)
X MAX
               1.
Y MIN
               0.
Y MAX
               1.
```

Programm P3: Prompter bei 3 variablen Symbolen

> *Zweck:* bequeme Parameter-Eingabe bei Monitor-Programmen mit 3 variablen Symbolen, nämlich R3m, Z1m/3
>
> *Aufruf, Parameter-Eingabe:* wie bei Prompter P0

Eignung: TI-59
Speicherbereichsverteilung: (vor Laden des Programms:) Grundstellung (6 Op 17); Aufruf: 4 Op 17 SBR – (zurück bleibt Grundstellung)
Programm laden: 1 Magnetkartenhälfte einlesen (Block 3)
Winkelmodus: beliebig; Anzeigeformat: Standard (INV Eng, INV Fix)

Programmkenndaten

Speicherbedarf: 130 Programmschritte, 9 Datenregister (R_{01} für Adressen, $R_{07}-R_{09}$ für Codes, $R_{10}-R_{14}$ für Monitor-Parameter)
Labels: –; abs. Adressen: ja; T-Reg.: nicht verwendet; Flags: keine
SBR-Ebenen / Klammer-Ebenen / unvollständige Op.-Ebenen: 1/0/4

Liste zu Programm P3

```
480  76 LBL
481  75  -
482  69 OP
483  00  00
484  06  6
485  42 STO
486  01  01
487  01  1
488  05  5
489  03  3
490  02  2
491  01  1
492  06  6
493  01  1
494  07  7
495  00  0
496  02  2
497  71 SBR
498  05   5
499  97  97
500  01  1
501  05  5
502  03  3
503  02  2
504  01  1
505  06  6
506  01  1
507  07  7
508  00  0
509  03  3
510  71 SBR
511  05   5
512  97  97
513  01  1
514  05  5
515  03  3
516  02  2
517  01  1
518  06  6
519  01  1
520  07  7
521  00  0
522  04  4
523  71 SBR
524  05   5
525  97  97
526  04  4
527  04  4
528  00  0
529  00  0
530  03  3
531  00  0
532  02  2
533  04  4
534  03  3
535  01  1
536  71 SBR
537  05   5
538  97  97
539  01  1
540  06  6
541  01  1
542  07  7
543  02  2
544  07  7
545  03  3
546  07  7
547  01  1
548  03  3
549  71 SBR
550  05   5
551  97  97
552  04  4
553  04  4
554  00  0
555  00  0
556  03  3
557  00  0
558  01  1
559  03  3
560  04  4
561  04  4
562  71 SBR
563  05   5
564  97  97
565  04  4
566  05  5
567  00  0
568  00  0
569  03  3
570  00  0
571  02  2
572  04  4
573  03  3
574  01  1
575  71 SBR
576  05   5
577  97  97
578  04  4
579  05  5
580  00  0
581  00  0
582  03  3
583  00  0
584  01  1
585  03  3
586  04  4
587  04  4
588  71 SBR
589  05   5
590  97  97
591  98 ADV
592  98 ADV
593  98 ADV
594  06  6
595  69 OP
596  17  17
597  69 OP
598  01  01
599  69 OP
600  05  05
601  69 OP
602  21  21
603  73 RC*
604  01  01
605  91 R/S
606  72 ST*
607  01  01
608  99 PRT
609  92 RTN
```

Archivierung des Programms: Speicherbereichsverteilung (für Eintasten des Programms): 4 Op 17. Programm eintasten. Speicherbereichsverteilung durch 6 Op 17 auf Grundstellung setzen. Block 3 auf eine Magnetkartenhälfte aufzeichnen.

Musterbeispiel

Bequeme Parameter-Eingabe beim Linearitäts-Test zu Programm Z1m/3 (Bild 6.2-3 und Bild 6.2-4).
Prompter-Protokoll:

```
CODE1
              24.
CODE2
              74.
CODE3
              32.
X MIN
               0.
DELTA
  .1666666667      (= 1/6)
X MAX
               1.
Y MIN
               0.
Y MAX
               1.
```

8 Anwendungen

8.1 Darstellung von Funktionen in Kurvenform

- *Beispiel 8.1-1:* (Ausführliches Musterbeispiel für TI-59 und TI-58/58C.) Man skizziere eine freie gedämpfte Schwingung (zusammen mit einer x-Achse). Die Schwingung hat die Form $y = \exp(-x)\cos(2\pi x)$ (x im Bogenmaß). –

Im folgenden wird diese Aufgabe in mehreren Versionen (mit zunehmendem Bedienungskomfort) gelöst.

I. *Versionen ohne Monitor* (für TI-58/58C und TI-59)

(a) Nach Tabelle 4 der Einleitung ist ein schnelles Programm vom Typ S (1 Kurve und x-Achse) empfehlenswert, z.B. Programm S3 (x-Achse in Streifenmitte); es wird in Block 2 geladen. Die Steuerung des Plottens erfolgt durch nachstehendes Hauptprogramm, das an Programm S3 angehängt wird. (Zum Zeichnen einer einfachen y-Achse wurde Programmteil C0 aus Anhang C eingebaut.) Aufruf zum Plotten: SBR SBR [Ergebnis: Bild 8.1-1].

```
295  76 LBL     309  69 OP      323  55  ÷      337  02  02
296  71 SBR     310  05  05     324  43 RCL     338  40  40
297  69 OP      311  00  0      325  00  00     339  93  .
298  00  00     312  42 STO     326  22 INV     340  01  1
299  06  6      313  00  00     327  23 LNX     341  44 SUM
300  00  0      314  70 RAD     328  65  ×      342  00  00
301  69 OP      315  32 X:T     329  09  9      343  43 RCL
302  04  04     316  32 X:T     330  85  +      344  00  00
303  52 EE      317  65  ×      331  01  1      345  32 X:T
304  06  6      318  02  2      332  00  0      346  02  2
305  22 INV     319  65  ×      333  93  .      347  77 GE
306  52 EE      320  89  π      334  05  5      348  03  03
307  69 OP      321  95  =      335  95  =      349  16  16
308  01  01     322  39 COS     336  71 SBR     350  92 RTN
```

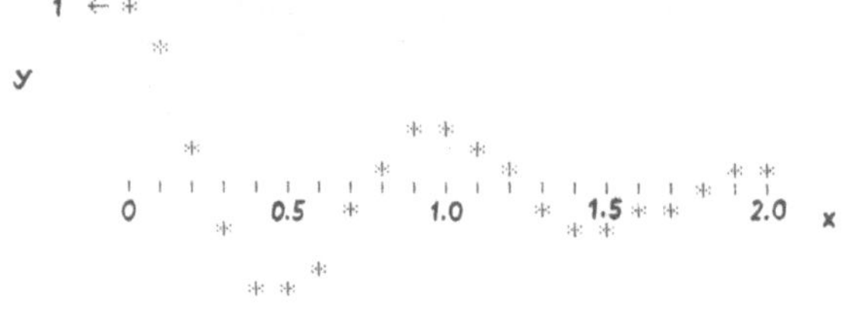

Bild 8.1-1
Freie gedämpfte Schwingung
$y = \exp(-x)\cos(2\pi x)$

(b) Auch Programm Q2 ist hier verwendbar, indem die x-Achse als zweite Kurve aufgefaßt wird. Die Steuerung des Plottens geschieht durch folgendes Hauptprogramm, das an Programm Q2 angehängt wird. Aufruf: SBR SBR [Ergebnis: Bild 8.1-1].

```
342  76 LBL     357  05  05     372  95  =      387  71 SBR
343  71 SBR     358  01  1      373  39 COS     388  02  02
344  69 OP      359  00  0      374  55  ÷      389  40  40
345  00  00     360  42 STO     375  43 RCL     390  93  .
346  06  6      361  02  02     376  00  00     391  01  1
347  00  0      362  00  0      377  22 INV     392  44 SUM
348  69 OP      363  42 STO     378  23 LNX     393  00  00
349  04  04     364  00  00     379  65  ×      394  43 RCL
350  52 EE      365  70 RAD     380  09  9      395  00  00
351  06  6      366  32 X:T     381  85  +      396  32 X:T
352  22 INV     367  32 X:T     382  01  1      397  02  2
353  52 EE      368  65  ×      383  00  0      398  77 GE
354  69 OP      369  02  2      384  93  .      399  03  03
355  01  01     370  65  ×      385  05  5      400  67  67
356  69 OP      371  89  π      386  95  =      401  92 RTN
```

II. *Versionen mit Monitor (und Prompter)* (für TI-59)

(a) Höheren Komfort bietet die Unterstützung durch Monitor (und Prompter); ein steuerndes Hauptprogramm des Benutzers erübrigt sich. Zunächst wird die Funktionsroutine für die Schwingung exp (− x) cos (2πx) als Unterprogramm in Block 1 eingetastet:

```
000  76 LBL     006  65  ×      012  22 INV
001  11  A      007  89  π      013  23 LNX
002  70 RAD     008  95  =      014  95  =
003  65  ×      009  39 COS     015  92 RTN
004  32 X:T     010  55  ÷
005  02  2      011  32 X:T
```

Die Funktionsroutine kann wahlweise auch Klammern (statt =) enthalten:

```
000  76 LBL     006  02  2      012  55  ÷
001  11  A      007  65  ×      013  32 X:T
002  53  (      008  89  π      014  22 INV
003  70 RAD     009  54  )      015  23 LNX
004  65  ×      010  53  (      016  54  )
005  32 X:T     011  39 COS     017  92 RTN
```

Programm S3 (mit Monitor S3m) wird in Block 2 eingelesen.

Als Grenzen für x sind die Werte 0 und 2 zweckmäßig. Eine günstige Schrittweite ist Δx = 0.1.

Die Funktionswerte liegen innerhalb y = − 1 und y = + 1, was die Grenzen für y liefert.

Die Parameter-Eingabe erfolgt nun entweder *händisch*

(x_{min}:)	0 STO 10	(y_{min}:)	1 +/−	STO 13
(Δx:)	.1 STO 11	(y_{max}:)	1	STO 14
(x_{max}:)	2 STO 12			

oder bequemer mittels Prompter. Nach Tabelle 4 der Einleitung gehört zum Monitor S3m der Prompter P0, der in Block 3 geladen wird; Aufruf: 4 Op 17 SBR −; nach jeder Daten-Eingabe R/S drücken, abschließendes Blinken durch CLR löschen. Prompter-Protokoll:

```
X MIN                       Y MIN
           0.                        -1.
DELTA                       Y MAX
          0.1                         1.
X MAX
           2.
```

Das Zeichnen der y-Achse geschieht durch den Aufruf SBR +; die Herstellung von Kurve und x-Achse übernimmt der Monitor S3m durch den Aufruf SBR = [Ergebnis: Bild 8.1-1].

(b) Auch Programm Q2 ist durch Monitor und Prompter unterstützbar. Programm Q2 (mit Monitor Q2m) wird in Block 2 eingelesen, Prompter P0 in Block 3. Funktionsroutine wie oben bei II. (a), aber ergänzt durch eine Funktionsroutine für die x-Achse (= zweite Kurve) y = 0:

```
000  76 LBL     006  65  ×      012  22 INV     016  76 LBL
001  11  A      007  89  π      013  23 LNX     017  12  B
002  70 RAD     008  95  =      014  95  =      018  00  0
003  65  ×      009  39 COS     015  92 RTN     019  92 RTN
004  32 X⇅T     010  55  ÷
005  02  2      011  32 X⇅T
```

[Ergebnis: Bild 8.1-1.] Nach Tabelle 4 der Einleitung enthält der Monitor Q2m als Zusatz-Einrichtung einen Makro-Monitor, so daß hier auf einfache Weise Vergrößerungen (bei verbesserter Auflösung) hergestellt werden können.

Bei Vergrößerung in der *y-Richtung* (automatisch besorgt durch Makro-Monitor) ist es oft günstig, die Darstellung auch in der *x-Richtung* zu vergrößern, indem man die Schrittweite Δx verkleinert (z.B. halbiert für zweifache Vergrößerung, hier: Δx = 0.05). Prompter-Protokoll:

```
X MIN                    Y MIN
         0.                        -1.
DELTA                    Y MAX
         0.05                       1.
X MAX
         2.
```

Aufruf für zweifache Vergrößerung: 2 SBR X; man erhält die Darstellung aufgeteilt auf zwei Streifen (Bild 8.1-2).

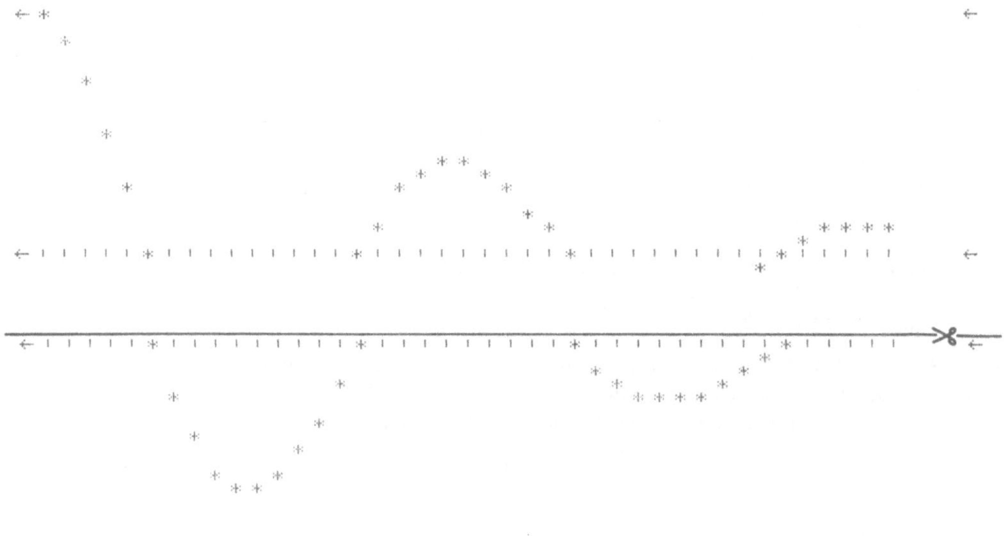

Bild 8.1-2 Einzelstreifen einer zweifachen Vergrößerung [links y-Achse, rechts Paßmarken; oben erster Streifen, unten zweiter Streifen]

Der erste Streifen wird nicht verändert. Beim zweiten Streifen wird der obere leere Rand mit einer Schere entfernt (Bild 8.1-2). Dann wird der zweite Streifen an den ersten so angeklebt, daß entsprechende Pfeile der y-Achse (und der Paßmarken) zur Deckung kommen. Zuletzt wird der rechte Rand (mit den Paßmarken) abgeschnitten [Ergebnis: Bild 8.1-3].

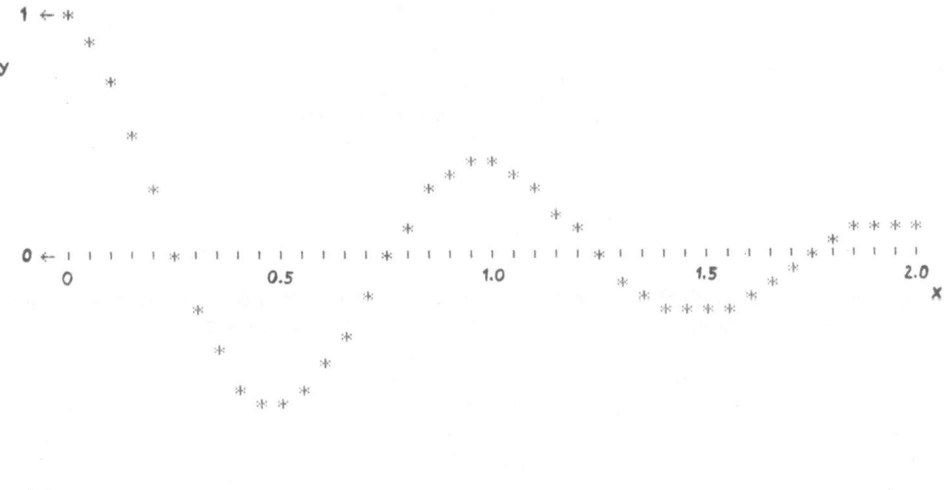

Bild 8.1-3 Freie gedämpfte Schwingung $y = \exp(-x)\cos(2\pi x)$ [zweifache Vergrößerung]

- *Beispiel 8.1-2:* (Für TI-59.) Man skizziere die Lade- und Entladekurve eines Kondensators (zusammen mit einer x-Achse). Die Kurven haben die Form $y = 1 - \exp(-x)$ und $y = \exp(-x)$. –

(a) Aus Tabelle 4 der Einleitung entnimmt man, daß ein schnelles Programm vom Typ T (zwei Kurven und x-Achse) geeignet ist, z.B. Programm T1 (x-Achse am unteren Streifenrand); es wird zusammen mit Monitor T1m in Block 2 geladen. Die Funktionsroutinen für Lade- und Entladekurve werden als Unterprogramme in Block 1 eingetastet:

```
000  76 LBL     005  94 +/-     010  76 LBL
001  11  A      006  85  +      011  12  B
002  94 +/-     007  01  1      012  94 +/-
003  22 INV     008  95  =      013  22 INV
004  23 LNX     009  92 RTN     014  23 LNX
                                015  92 RTN
```

Als Grenzen für x sind die Werte 0 und 3 zweckmäßig. Eine günstige Schrittweite ist $\Delta x = 0.2$. Die Funktionswerte liegen innerhalb 0 und 1, was die Grenzen für y liefert. Nach Tabelle 4 der Einleitung gehört zum Monitor T1m der Prompter P0, der in Block 3 geladen wird; Aufruf: 4 Op 17 SBR –; nach jeder Daten-Eingabe R/S drücken, abschließendes Blinken durch CLR löschen. Prompter-Protokoll:

```
X MIN                Y MIN
         0.                    0.
DELTA                Y MAX
         0.2                   1.
X MAX
         3.
```

Das Zeichnen der y-Achse geschieht durch den Aufruf SBR +; die Herstellung der beiden Kurven und der x-Achse übernimmt der Monitor T1m durch den Aufruf SBR = [Ergebnis: Bild 8.1-4].

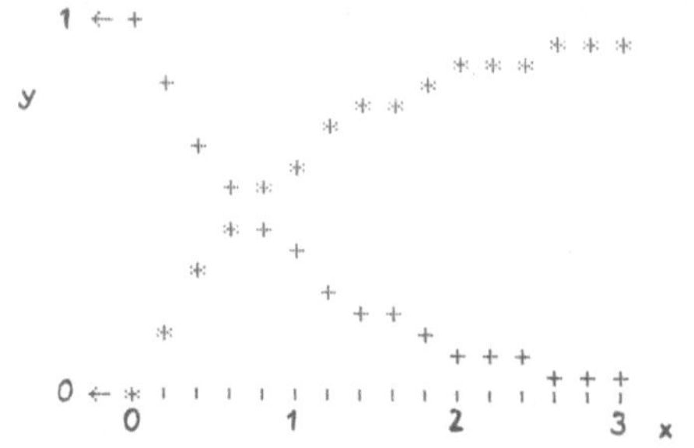

Bild 8.1-4
Lade- und Entladekurve eines Kondensators
* $y = 1 - \exp(-x)$
+ $y = \exp(-x)$

(b) Auch Programm W3 (mit Monitor W3m) ist hier passend. Funktionsroutinen wie oben bei (a), aber ergänzt durch eine Funktionsroutine für die x-Achse (= dritte Kurve) y = 0:

```
000  76 LBL    005  94 +/-    010  76 LBL    016  76 LBL
001  11  A     006  85  +     011  12  B     017  13  C
002  94 +/-    007  01  1     012  94 +/-    018  00  0
003  22 INV    008  95  =     013  22 INV    019  92 RTN
004  23 LNX    009  92 RTN    014  23 LNX
                              015  92 RTN
```

[Ergebnis: Bild 8.1-4.] Nach Tabelle 4 der Einleitung enthält der Monitor W3m einen Makro-Monitor, so daß hier unmittelbar Vergrößerungen möglich sind. Bild 8.1-5 zeigt das Ergebnis einer zweifachen Vergrößerung bei halbierter Schrittweite ($\Delta x = 0.1$, Eingabe z.B. händisch durch .1 STO 11); Aufruf: 2 SBR X

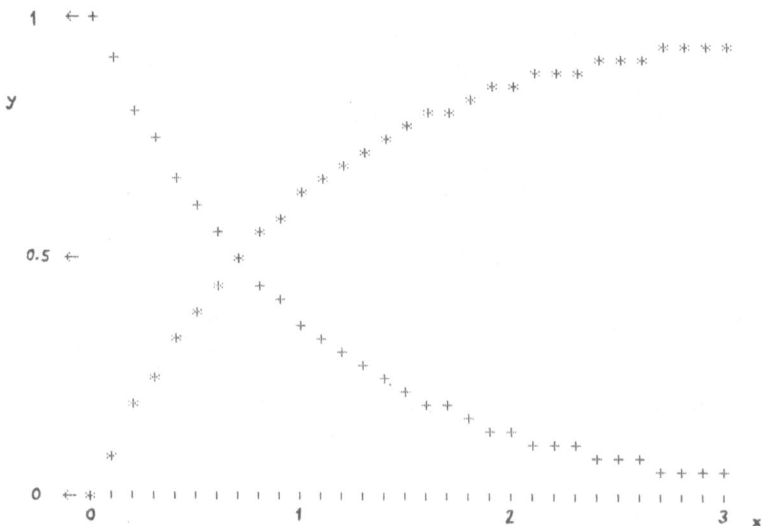

Bild 8.1-5 Lade- und Entladekurve eines Kondensators [zweifache Vergrößerung]
* $y = 1 - \exp(-x)$, + $y = \exp(-x)$

• *Beispiel 8.1-3:* (Herstellung von Vergrößerungen mit Monitor allein [ohne Makro-Monitor]; für TI-59.) Man skizziere die Exponentialfunktionen $\exp(-x^n)$ $(n = 1, 2, 3)$ zusammen mit einer x-Achse. –

(a) Aus Tabelle 4 der Einleitung erkennt man, daß Programm W4 passend ist (x-Achse = vierte Kurve); es wird zusammen mit Monitor W4m in Block 2 geladen. Prompter P0 wird in Block 3 eingelesen. Die Funktionsroutinen für $\exp(-x)$, $\exp(-x^2)$, $\exp(-x^3)$ und x-Achse $(y = 0)$ werden als Unterprogramme in Block 1 eingetastet:

```
000  76 LBL     003  76 LBL     007  76 LBL     013  76 LBL
001  13  C      004  12  B      008  11  A      014  14  D
002  65  ×      005  33 X²      009  94 +/-     015  00  0
                006  95  =      010  22 INV     016  92 RTN
                                011  23 LNX
                                012  92 RTN
```

Als Grenzen für x sind die Werte 0 und 2 zweckmäßig. Eine günstige Schrittweite ist $\Delta x = 0.1$. Die Funktionswerte liegen innerhalb 0 und 1, was die Grenzen für y liefert. Prompter-Protokoll:

```
X MIN               Y MIN
        0.                  0.
DELTA               Y MAX
        0.1                 1.
X MAX
        2.
```

Das Zeichnen der y-Achse erfolgt durch den Aufruf SBR +; die Herstellung der vier Kurven übernimmt der Monitor W4m durch den Aufruf SBR = [Ergebnis: Bild 8.1-6].

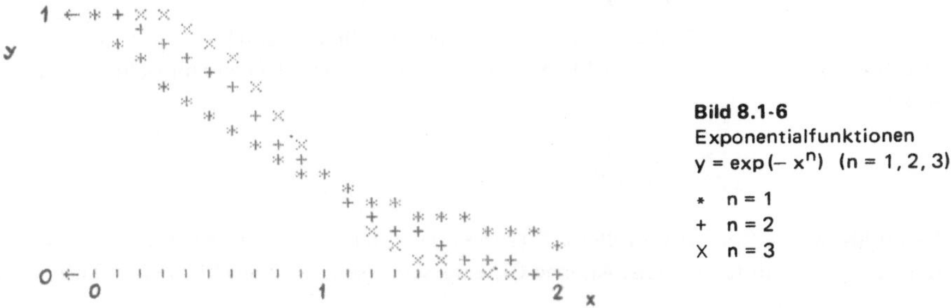

Bild 8.1-6
Exponentialfunktionen
$y = \exp(-x^n)$ $(n = 1, 2, 3)$
* n = 1
+ n = 2
X n = 3

(b) Die Herstellung einer Vergrößerung mit Monitor allein ist einfach (wenn auch nicht so bequem wie mit Makro-Monitor). Der y-Bereich (hier 0 bis 1) wird für eine zweifache Vergrößerung in zwei Hälften geteilt (0 bis 1/2, 1/2 bis 1). Jede Hälfte wird separat auf einem Streifen dargestellt, wobei die y-Grenzen über den Prompter für jeden Streifen neu eingegeben werden. Prompter-Protokolle:

(Parameter für unteren Streifen:)

```
X MIN               Y MIN
        0.                  0.
DELTA               Y MAX
        0.1                 0.5
X MAX
        2.
```

(Parameter für oberen Streifen:)

```
X MIN               Y MIN
        0.                  0.5
DELTA               Y MAX
        0.1                 1.
X MAX
        2.
```

Zeichnen der y-Achse: Aufruf SBR +
Zeichnen der Kurven: Aufruf SBR = [Ergebnis: Bild 8.1-7]
Gegebenenfalls Herstellung von Paßmarken am rechten Rand: Adv Adv SBR +

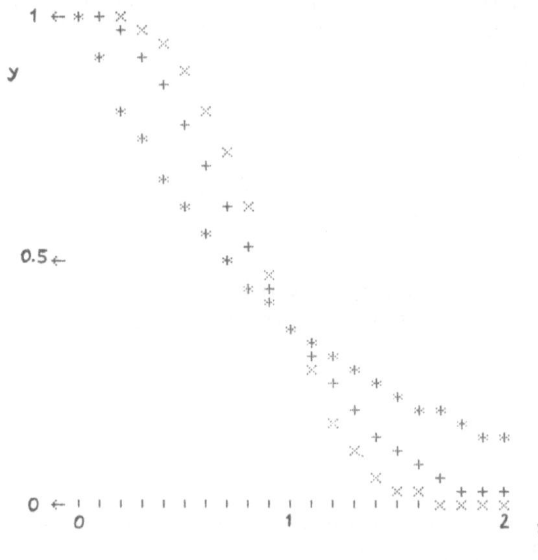

Bild 8.1-7
Exponentialfunktionen
$y = \exp(-x^n)$ $(n = 1, 2, 3)$
[zweifache Vergrößerung]

* n = 1
\+ n = 2
X n = 3

- *Beispiel 8.1-4:* (Geänderte y-Achse; Zeichnen einer höheren transzendenten Funktion; für TI-59.) Man skizziere die Gamma-Funktion $\Gamma(x)$ zwischen $x = -4$ und $x = 4$. –

Eine passende Funktionsroutine (z.B. Programm 1.2 aus Band 3/I dieser Reihe) wird in Block 1 eingelesen. Label B wird für die x-Achse (y = 0) verwendet, indem folgende Programmschritte neu eingetastet werden:

```
173  76 LBL
174  12  B
175  00  0
176  92 RTN
```

Programm Q2 (mit Monitor Q2m) wird in Block 2 geladen. Die Standard-y-Achse C0 wird geändert durch Eintasten von Programmteil C2 (aus Anhang C), eingeschlossen zwischen Lbl + und RTN:

```
453  76 LBL     460  02  2      467  22 INV     474  52 EE
454  85  +      461  22 INV     468  52 EE      475  69 OP
455  06  6      462  52 EE      469  69 OP      476  01  01
456  00  0      463  69 OP      470  02  02     477  69 OP
457  69 OP      464  03  03     471  52 EE      478  05 .05
458  04  04     465  52 EE      472  02  2      479  92 RTN
459  52 EE      466  02  2      473  22 INV
```

(Zur Eingabe von RTN in Schritt 479: Speicherbereichsverteilung durch 5 Op 17 vorübergehend auf 559.49 setzen.) Prompter P0 wird in Block 3 eingelesen.

Zur Erzielung ausreichender Auflösung in x-Richtung erfolgt das Zeichnen der Gamma-Funktion getrennt nach Argumentbereichen.

I. *Negativer Argumentbereich* $(-4 < x < 0)$

Prompter-Protokoll:

```
X MIN                    Y MIN
          -4.                      -6.
DELTA                    Y MAX
          0. 1                      6.
X MAX
          0.
```

Durch vierfache Vergrößerung (mit Makro-Monitor) wird eine brauchbare Auflösung in y-Richtung erreicht (Bild 8.1-8); Aufruf: 4 SBR X

Bemerkung: Pole der Gamma-Funktion bewirken Blinken, bereiten aber während des Plottens keine Schwierigkeiten.

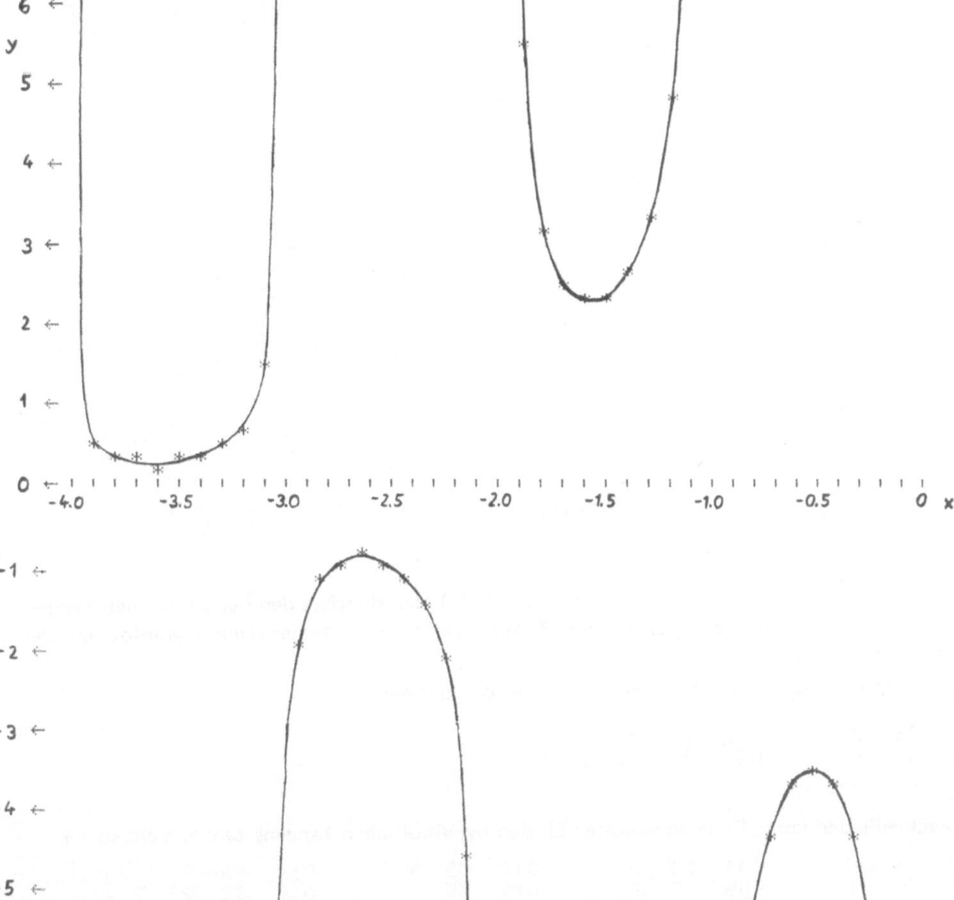

Bild 8.1-8 Gamma-Funktion für negative Argumentwerte $y = \Gamma(x), -4 < x < 0$

II. *Positiver Argumentbereich* $(0 < x \leqslant 4)$

Prompter-Protokoll:

```
X MIN                    Y MIN
           0.                       0.
DELTA                    Y MAX
           0. 1                     6.
X MAX
           4.
```

Wegen des kleineren y-Bereichs (jetzt $y_{min} = 0$ statt -6) genügt hier zweifache Vergrößerung, um denselben Maßstab wie bei I. zu erreichen (Bild 8.1-9); Aufruf: 2 SBR X

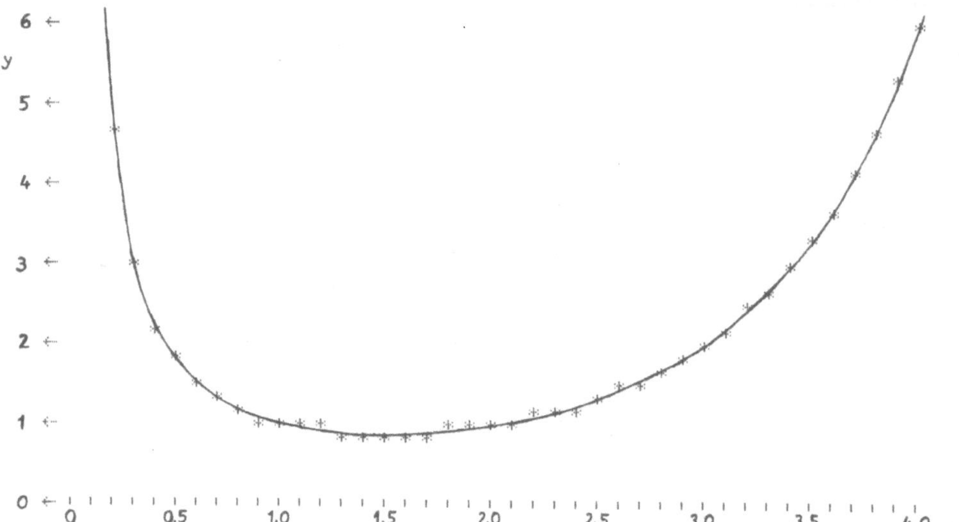

Bild 8.1-9 Gamma-Funktion für positive Argumentwerte $y = \Gamma(x)$, $0 < x \leqslant 4$

- *Beispiel 8.1-5:* (Geänderte Plotter-Symbole; für TI-59.) Man skizziere den hyperbolischen Tangens tanh x (zwischen x = 0 und x = 2) mit dem Plotter-Symbol ‚Plus', ferner seine Asymptote mit dem Plotter-Symbol ‚Punkt'. –

Die Asymptote liegt bei y = 1; zugehörige Funktionsroutine:

```
000  76 LBL      002  01  1
001  12  B       003  92 RTN
```

Eine schnelle und kurze Funktionsroutine für den hyperbolischen Tangens tanh x sieht so aus:

```
004  76 LBL      008  23 LNX      012  95  =       016  75  -
005  11  A       009  33 X²       013  55  ÷       017  02  2
006  94 +/-      010  75  -       014  53  (       018  95  =
007  22 INV      011  01  1       015  94 +/-      019  92 RTN
```

Die Funktionsroutine für tanh x kann wahlweise auch Klammern (statt =) enthalten:

```
004  76 LBL     009  53  (      014  54  )      019  02  2
005  11  A      010  53  (      015  55  ÷      020  54  )
006  94 +/-     011  33 X²      016  53  (      021  54  )
007  22 INV     012  75  -      017  94 +/-     022  92 RTN
008  23 LNX     013  01  1      018  75  -
```

Als Alternative ist schließlich Programm MU-10 von Modul 10 (Mathematik-Modul) zur Berechnung von tanh x einsetzbar:

```
004  76 LBL     006  36 PGM     008  13  C
005  11  A      007  10  10     009  92 RTN
```

Programm V2 (mit Monitor V2m) wird in Block 2 geladen. Prompter P2 wird in Block 3 eingelesen. Nach Tabelle 8 der Einleitung haben die verlangten Plotter-Symbole + und · die Codes 47 und 40. Prompter-Protokoll:

```
CODE1              X MIN              Y MIN
        47.                  0.                 0.
CODE2              DELTA              Y MAX
        40.                  0.1                1.
                   X MAX
                             2.
```

Das Zeichnen der y-Achse erfolgt durch den Aufruf SBR +; die Herstellung von Kurve, Asymptote und x-Achse übernimmt der Monitor V2m durch den Aufruf SBR = [Ergebnis: Bild 8.1-10].

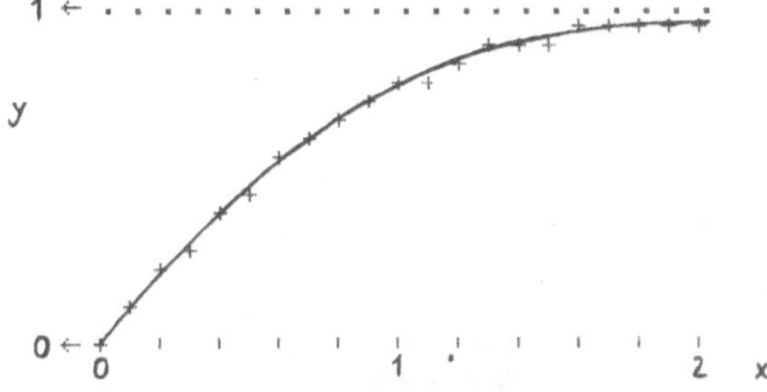

Bild 8.1-10
Hyperbolischer Tangens (und Asymptote)
y = tanh x, $0 \leqslant x \leqslant 2$

- *Beispiel 8.1-6:* (Verwendung von Monitor als Unterprogramm eines Benutzer-Hauptprogramms; für TI-59.) Man skizziere einige Wurfparabeln. –

Die Gleichung einer Wurfparabel[1)] (idealisiert: Geschoßbahn, Wasserstrahl) lautet $Y = X \tan\alpha - X^2 g/(2 v_0^2 \cos^2\alpha)$, wobei X horizontale Koordinate, Y vertikale Koordinate, α Neigungswinkel, v_0 Abfluggeschwindigkeit, g Fallbeschleunigung. Die größtmögliche Wurfweite wird bei $\alpha = 45°$ erreicht und ist $X_{max} = v_0^2/g$. Es ist vorteilhaft, die Gleichung der Wurfparabel durch Division durch X_{max} dimensionslos zu machen: $y = x \tan\alpha - x^2/(2\cos^2\alpha)$ mit den dimensionslosen Koordinaten $x = X/X_{max}$ und $y = Y/X_{max}$ (wobei $X_{max} = v_0^2/g$).
Funktionsroutine:

```
000  76 LBL     004  43 RCL     008  33 X²      012  95  =
001  11  A      005  00  00     009  55  ÷      013  92 RTN
002  65  ×      006  75  -      010  43 RCL
003  32 X:T     007  32 X:T     011  04  04
```

1) Vgl. jedes Physikbuch. – Ferner: *Markuschewitsch, A. I.* (1954): Bemerkenswerte Kurven. (Kleine Ergänzungsreihe zu den Hochschulbüchern für Mathematik, Nr. VII.) Deutscher Verlag der Wissenschaften, Berlin. (Übersetzung aus dem Russischen.)

Das schnelle Programm S1 (mit Monitor S1m) wird in Block 2 geladen. Die Standard-y-Achse C0 wird ersetzt durch Programmteil C1 (aus Anhang C), eingeschlossen zwischen Lbl + und RTN:

```
348  76 LBL     354  69 OP      360  69 OP      366  69 OP
349  85  +      355  04  04     361  01  01     367  03  03
350  69 OP      356  52 EE      362  52 EE      368  69 OP
351  00  00     357  06  6      363  02  2      369  05  05
352  06  6      358  22 INV     364  22 INV     370  92 RTN
353  00  0      359  52 EE      365  52 EE
```

Statt eines Prompters wird zur Parameter-Eingabe im folgenden ein Benutzer-Hauptprogramm (Aufruf: E) eingesetzt; es verwendet y-Achsen-Routine und Monitor als Unterprogramme:

```
371  76 LBL     381  65  ×      391  93  .      401  42 STO
372  15  E      382  02  2      392  00  0      402  14  14
373  42 STO     383  95  =      393  05  5      403  71 SBR
374  00  00     384  42 STO     394  42 STO     404  85  +
375  60 DEG     385  04  04     395  11  11     405  71 SBR
376  30 TAN     386  00  0      396  01  1      406  95  =
377  48 EXC     387  42 STO     397  42 STO     407  98 ADV
378  00  00     388  10  10     398  12  12     408  98 ADV
379  39 COS     389  42 STO     399  93  .      409  92 RTN
380  33 X²      390  13  13     400  05  5
```

Zum ‚Schießen' (Zeichnen einer Wurfparabel) mit Neigungswinkel α ($0° < \alpha < 90°$) ist bloß folgendes zu tun: Neigungswinkel α (in Grad) eintasten, E drücken. Zum Beispiel Aufruf zur Herstellung von Bild 8.1-11: 75 E

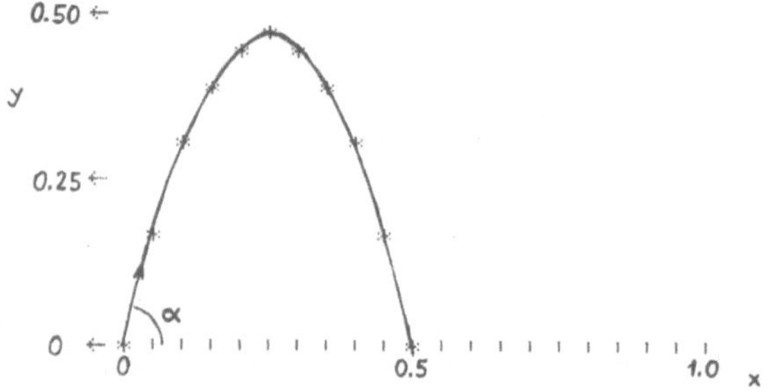

Bild 8.1-11
Wurfparabel
(Neigungswinkel α = 75°)

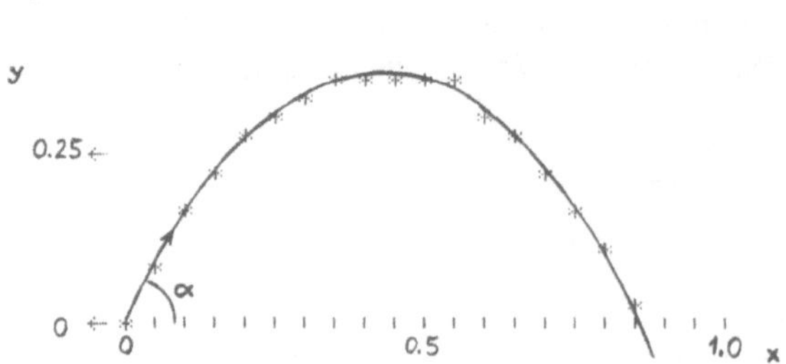

Bild 8.1-12
Wurfparabel
(Neigungswinkel α = 60°)

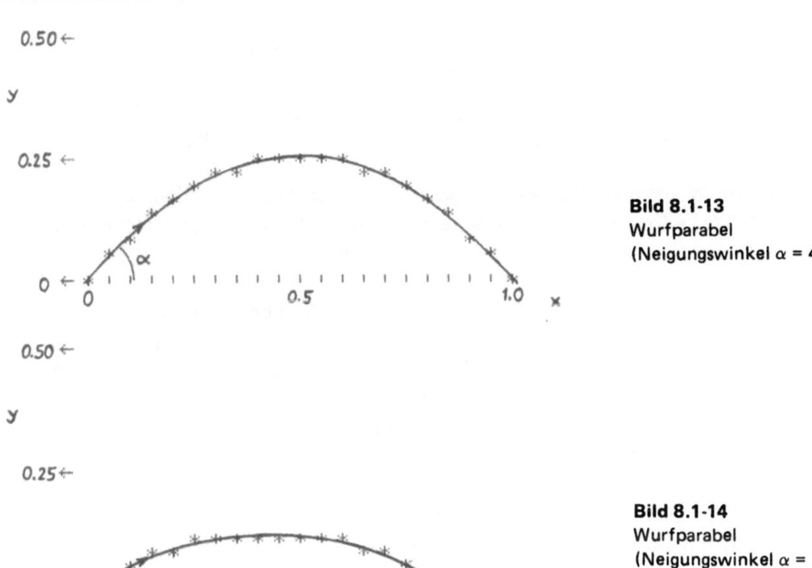

Bild 8.1-13
Wurfparabel
(Neigungswinkel $\alpha = 45°$)

Bild 8.1-14
Wurfparabel
(Neigungswinkel $\alpha = 30°$)

- *Beispiel 8.1-7:* (Für TI-59.) Man skizziere in einem einzigen Diagramm die Wurfparabeln aus Beispiel 8.1-6 zusammen mit ihrer Einhüllenden. –

Innerhalb der Einhüllenden liegen alle jene Stellen, die von Wurfparabeln erreichbar sind. Mit denselben Bezeichnungen wie in Beispiel 8.1-6 ist die Gleichung der Einhüllenden (die selbst eine Parabel darstellt) $Y = v_0^2/(2g) - \frac{1}{2}(g/v_0^2)\,X^2$ oder in dimensionslosen Koordinaten $y = \frac{1}{2} - \frac{1}{2}x^2$.
Es sind sechs Kurven zu zeichnen (4 Wurfparabeln, Einhüllende, x-Achse). Zur Verkürzung der Laufzeit ist es zweckmäßig, die Konstanten der Wurfparabeln in Datenregistern (hier $R_{20}-R_{27}$) abzuspeichern:

R_{20}	R_{21}	R_{22}	R_{23}	R_{24}	R_{25}	R_{26}	R_{27}
tan 75°	$2\cos^2 75°$	tan 60°	$2\cos^2 60°$	tan 45°	$2\cos^2 45°$	tan 30°	$2\cos^2 30°$

Zur Kontrolle Auflistung durch 20 INV List:

```
3.732050808      20            1.        24
.1339745962      21            1.        25
1.732050808      22   .5773502692        26
        0.5      23           1.5        27
```

Funktionsroutinen (Wurfparabeln):

```
000  76 LBL     014  76 LBL     028  76 LBL     042  76 LBL
001  11  A      015  12  B      029  13  C      043  14  D
002  65  ×      016  65  ×      030  65  ×      044  65  ×
003  32 X⇄T     017  32 X⇄T     031  32 X⇄T     045  32 X⇄T
004  43 RCL     018  43 RCL     032  43 RCL     046  43 RCL
005  20  20     019  22  22     033  24  24     047  26  26
006  75  -      020  75  -      034  75  -      048  75  -
007  32 X⇄T     021  32 X⇄T     035  32 X⇄T     049  32 X⇄T
008  33 X²      022  33 X²      036  33 X²      050  33 X²
009  55  ÷      023  55  ÷      037  55  ÷      051  55  ÷
010  43 RCL     024  43 RCL     038  43 RCL     052  43 RCL
011  21  21     025  23  23     039  25  25     053  27  27
012  95  =      026  95  =      040  95  =      054  95  =
013  92 RTN     027  92 RTN     041  92 RTN     055  92 RTN
```

(Einhüllende:)

```
056  76 LBL     060  02  2      064  05  5
057  16 A'      061  94 +/-     065  95  =
058  33 X²      062  85  +      066  92 RTN
059  55  ÷      063  93  .
```

(x-Achse:)

```
067  76 LBL
068  17 B'
069  00  0
070  92 RTN
```

Programm W6 (mit Monitor W6m) wird in Block 2 geladen. Prompter P0 wird in Block 3 eingelesen. Wie in Beispiel 8.1-3 (b) wird eine zweifache Vergrößerung mit Monitor allein erzeugt (durch Teilung des y-Bereichs: 0 bis 1/4, 1/4 bis 1/2). Prompter-Protokolle:

(Parameter für unteren Streifen:)

```
X MIN                 Y MIN
          0.                     0.
DELTA                 Y MAX
      0.025                   0.25
X MAX
          1.
```

(Parameter für oberen Streifen:)

```
X MIN                 Y MIN
          0.                   0.25
DELTA                 Y MAX
      0.025                    0.5
X MAX
          1.
```

Zeichnen der y-Achse: Aufruf SBR +
Zeichnen der Kurven: Aufruf SBR = [Ergebnis: Bild 8.1-15]

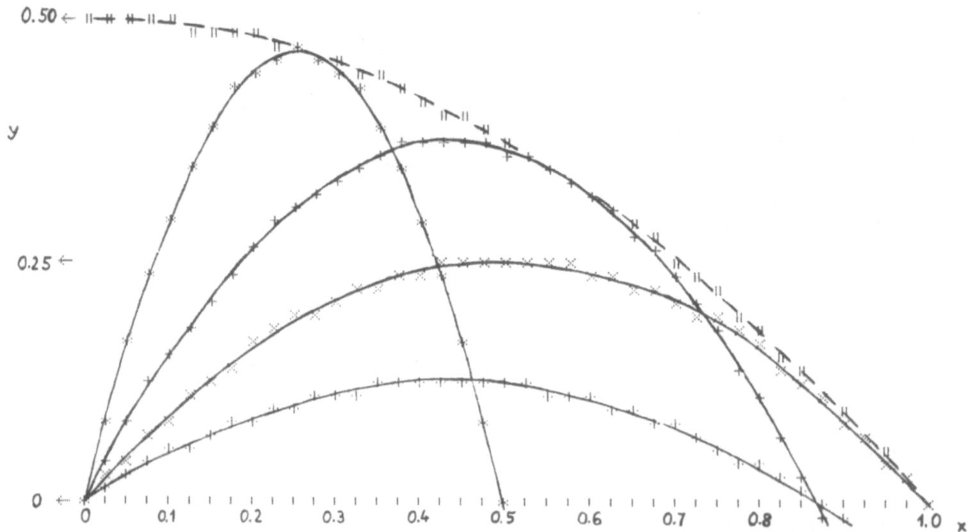

Bild 8.1-15 Wurfparabeln und Einhüllende

- *Beispiel 8.1-8:* (Transzendente Kurve; für TI-59.) Man skizziere eine *Zykloide* (Radlinie, Rollkurve). Cartesische Gleichung: $y = \arccos(1-x) - \sqrt{x(2-x)}$ (x im Bogenmaß, $0 \leqslant x \leqslant 2$).[1] –

[1] Vgl. z.B. *Bronstein, I. N.* und *K. A. Semendjajew* (1979): Taschenbuch der Mathematik. (§ 1.3: Gleichungen und Parameterdarstellungen elementarer Kurven.) Nauka, Moskau, und Teubner, Leipzig.

Funktionsroutinen: (x-Achse:)

```
000  76 LBL    007  32 X⇄T    014  95  =      021  76 LBL
001  11  A     008  02  2     015  22 INV     022  12  B
002  70 RAD    009  95  =     016  39 COS     023  89  π
003  65  ×     010  34 √x     017  75  -      024  92 RTN
004  53  (     011  32 X⇄T    018  32 X⇄T
005  94 +/-    012  85  +     019  95  =
006  85  +     013  01  1     020  92 RTN
```

Programm Q2 (mit Monitor Q2m) wird in Block 2 geladen. Die Standard-y-Achse C0 wird ersetzt durch Programmteil C1 (aus Anhang C) (ähnlich wie in Beispiel 8.1-4). Prompter P0 wird in Block 3 eingelesen. Prompter-Protokoll:

```
X MIN                 Y MIN
        0.                        0.
DELTA                 Y MAX
        0.2            3.141592654    (= π)
X MAX
        2.
```

Zeichnen der oberen y-Achse: Aufruf SBR +
Zeichnen der oberen Kurvenhälfte: Aufruf SBR =

Die untere Kurvenhälfte, die zur oberen symmetrisch ist, läßt sich sehr einfach durch Vertauschen der y-Grenzen zeichnen; Prompter-Protokoll:

```
X MIN                 Y MIN
        0.             3.141592654    (= π)
DELTA                 Y MAX
        0.2                       0.
X MAX
        2.
```

Zeichnen der unteren y-Achse: Aufruf SBR +
Zeichnen der unteren Kurvenhälfte: Aufruf SBR = [Ergebnis: Bild 8.1-16]

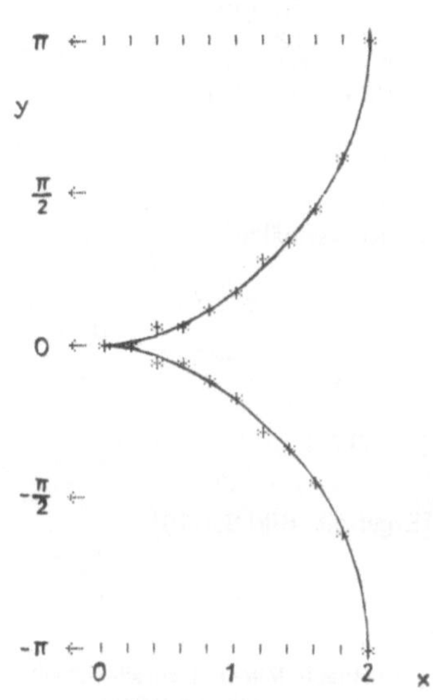

Bild 8.1-16 Zykloide

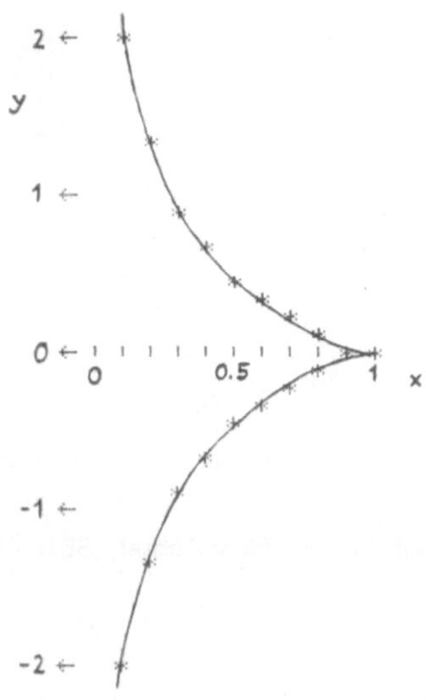

Bild 8.1-17 Traktrix

• *Beispiel 8.1-9:* (Transzendente Kurve; für TI-59.) Man skizziere eine *Traktrix* (Schleppkurve, Meridianschnitt der Pseudosphäre). Cartesische Gleichung:
$y = \operatorname{arcosh}(1/x) - \sqrt{1-x^2} = \ln[(1+\sqrt{1-x^2})/x] - \sqrt{1-x^2}$ $(0 < x \leqslant 1)$. –
Funktionsroutinen für Plotter Q2 (mit Monitor Q2m, y-Achse C1):

```
000  76 LBL     008  95  =      016  01  01
001  11  A      009  34 ΓX      017  95  =
002  42 STO     010  85  +      018  23 LNX
003  01  01     011  32 X:T     019  75  -
004  33 X²      012  01  1      020  32 X:T
005  94 +/-     013  95  =      021  95  =
006  85  +      014  55  ÷      022  92 RTN
007  01  1      015  43 RCL
```

(x-Achse:)

```
023  76 LBL
024  12  B
025  00  0
026  92 RTN
```

Protokolle von Prompter P0:

(für obere Kurvenhälfte:)

```
X MIN           Y MIN
        0.              0.
DELTA           Y MAX
       0.1              2.
X MAX
        1.
```

(für untere Kurvenhälfte:)

```
X MIN           Y MIN
        0.              2.
DELTA           Y MAX
       0.1              0.
X MAX
        1.
```

Aufruf zum Plotten: SBR + (für y-Achse), SBR = (für Monitor) [Ergebnis: Bild 8.1-17]

• *Beispiel 8.1-10:* (Algebraische Kurve 3. Ordnung; für TI-59.) Man skizziere ein *Cartesisches Blatt.* Cartesische Gleichung: $x^3 + 3xy^2 + y^2 - x^2 = 0$[1]. –
Die Gleichung läßt sich umformen auf $y = \pm x\sqrt{(1-x)/(1+3x)}$ $(-1/3 < x \leqslant 1)$. Zum Zeichnen der oberen Kurvenhälfte genügt der Absolutbetrag. Funktionsroutinen für Plotter Q2 (mit Monitor Q2m, y-Achse C1):

```
000  76 LBL     007  55  ÷      014  95  =
001  11  A      008  53  (      015  34 ΓX
002  94 +/-     009  94 +/-     016  65  ×
003  85  +      010  65  ×      017  32 X:T
004  32 X:T     011  03  3      018  95  =
005  01  1      012  85  +      019  50 I×I
006  95  =      013  04  4      020  92 RTN
```

(x-Achse:)

```
021  76 LBL
022  12  B
023  00  0
024  92 RTN
```

Protokolle von Prompter P0:

(für obere Kurvenhälfte:)

```
X MIN           Y MIN
      -0.3              0.
DELTA           Y MAX
      0.05             0.4
X MAX
        1.
```

(für untere Kurvenhälfte:)

```
X MIN           Y MIN
      -0.3             0.4
DELTA           Y MAX
      0.05              0.
X MAX
        1.
```

Aufruf zum Plotten: SBR + (für y-Achse), SBR = (für Monitor) [Ergebnis: Bild 8.1-18]

---

[1] Vgl. *Loria, G.* (1930): Curve piane speciali algebriche e trascendenti. (2 vol.) Hoepli, Milano. Deutsche Übersetzung: Spezielle algebraische und transzendente ebene Kurven. (2 Bände.) Teubner, Leipzig 1910/11.

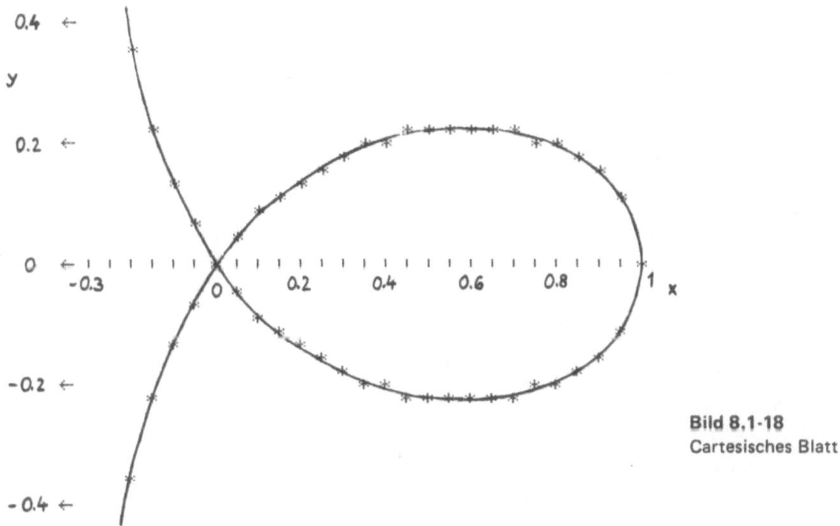

Bild 8.1-18
Cartesisches Blatt

- *Beispiel 8.1-11:* (Algebraische Kurve 3. Ordnung, für TI-59.) Man skizziere eine *Zissoide* (Efeukurve). Cartesische Gleichung: $x^3 + xy^2 - y^2 = 0$. –
Die Gleichung ist umformbar auf $y = \pm x^{3/2}/\sqrt{1-x}$ $(0 \leqslant x < 1)$. Funktionsroutinen für Plotter Q2 (mit Monitor Q2m, y-Achse C1):

```
                                                     (x-Achse:)
000  76 LBL     005  55  ÷      010  54  )
001  11  A      006  53  (      011  34 ΓX          014  76 LBL
002  65  ×      007  01  1      012  95  =          015  12  B
003  32 X⇅T     008  75  -      013  92 RTN         016  00  0
004  34 ΓX      009  32 X⇅T                         017  92 RTN
```

Protokolle von Prompter P0:

(für obere Kurvenhälfte:)

```
X MIN          Y MIN
        0.             0.
DELTA          Y MAX
       0.1             2.
X MAX
        1.
```

(für unter Kurvenhälfte:)

```
X MIN          Y MIN
        0.             2.
DELTA          Y MAX
       0.1             0.
X MAX
        1.
```

Aufruf zum Plotten: SBR + (für y-Achse), SBR = (für Monitor) [Ergebnis: Bild 8.1-19]

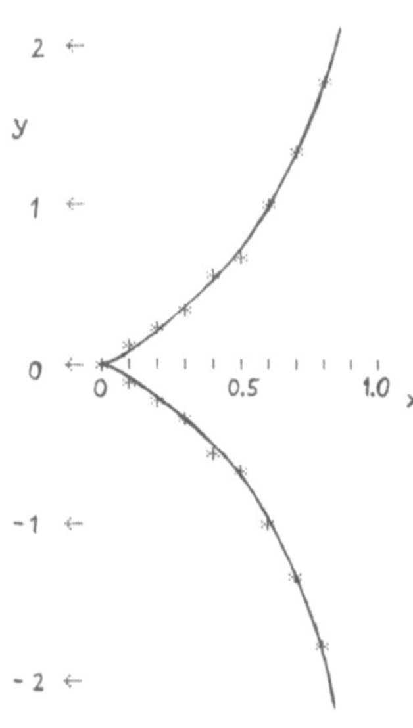

Bild 8.1-19 Zissoide

Bild 8.1-20 Strophoide

- *Beispiel 8.1-12:* (Algebraische Kurve 3. Ordnung; für TI-59.) Man skizziere eine *Strophoide* (Bandkurve). Cartesische Gleichung: $x^3 + xy^2 + x^2 - y^2 = 0$. –

Die Gleichung läßt sich umformen auf $y = \pm x \sqrt{(1+x)/(1-x)}$ $(-1 \leqslant x < 1)$. Zum Zeichnen der oberen Kurvenhälfte genügt der Absolutbetrag. Funktionsroutinen für Plotter Q2 (mit Monitor Q2m, y-Achse C1):

```
000  76 LBL    006  55  ÷     012  34 √X
001  11  A     007  53  (     013  65  ×
002  85  +     008  94 +/-    014  32 X:T
003  32 X:T    009  85  +     015  95  =
004  01  1     010  02  2     016  50 I×I
005  95  =     011  95  =     017  92 RTN
```

(x-Achse:)

```
018  76 LBL
019  12  B
020  00  0
021  92 RTN
```

Protokolle von Prompter P0:

(für obere Kurvenhälfte:)

```
X MIN            Y MIN
        -1.               0.
DELTA            Y MAX
        0. 1              0. 5
X MAX
        0. 5
```

(für untere Kurvenhälfte:)

```
X MIN            Y MIN
        -1.               0. 5
DELTA            Y MAX
        0. 1              0.
X MAX
        0. 5
```

Aufruf zum Plotten: SBR + (für y-Achse), SBR = (für Monitor) [Ergebnis: Bild 8.1-20]

- *Beispiel 8.1-13:* (Algebraische Kurve 4. Ordnung; für TI-59.) Man skizziere eine *Konchoide* (Muschelkurve). Cartesische Gleichung: $(x-1)^2\,(x^2+y^2) - x^2 = 0$. –

Die Gleichung ist umformbar auf $y = \pm x^{3/2} \sqrt{2-x}/(x-1)$ $(0 \leqslant x \leqslant 2)$. Zum Zeichnen der oberen Kurvenhälfte genügt der Absolutbetrag. Funktionsroutinen für Plotter Q2 (mit Monitor Q2m, y-Achse C1):

```
000  76 LBL      008  85  +       016  01  1        (x-Achse:)
001  11  A       009  32 X⇌T      017  85  +
002  65  ×       010  02  2       018  32 X⇌T       022  76 LBL
003  53  (       011  54  )       019  95  =        023  12  B
004  40 IND      012  54  )       020  50 I×I       024  00  0
005  65  ×       013  34 √X       021  92 RTN       025  92 RTN
006  53  (       014  55  ÷
007  94 +/-      015  53  (
```

Protokolle von Prompter P0:

(für obere Kurvenhälfte:)

```
X MIN            Y MIN
        0.               0.
DELTA            Y MAX
       0.1               2.
X MAX
        2.
```

(für untere Kurvenhälfte:)

```
X MIN            Y MIN
        0.               2.
DELTA            Y MAX
       0.1               0.
X MAX
        2.
```

Aufruf zum Plotten: SBR + (für y-Achse), SBR = (für Monitor) [Ergebnis: Bild 8.1-21]

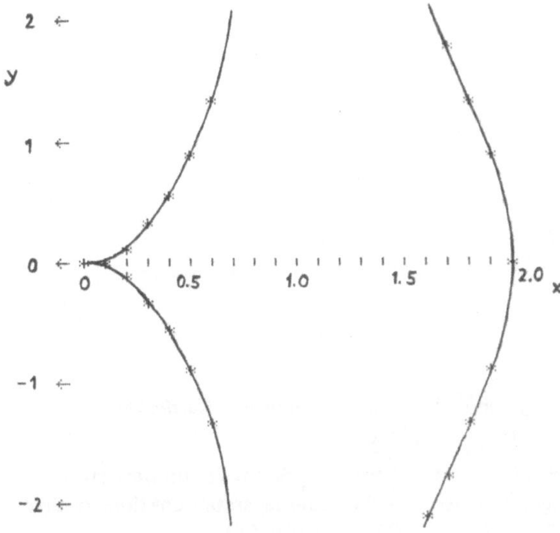

Bild 8.1-21
Konchoide

- *Beispiel 8.1-14:* (Algebraische Kurve 4. Ordnung, für TI-59.) Man skizziere eine *Lemniskate* (Schleifenkurve). Cartesische Gleichung: $(x^2 + y^2)^2 - 2(x^2 - y^2) = 0$[1]. – Die Gleichung läßt sich umformen auf $y = \pm\sqrt{\sqrt{1 + 4x^2} - x^2 - 1}$ $(-\sqrt{2} \leqslant x \leqslant \sqrt{2})$. Funktionsroutinen für Plotter Q2 (mit Monitor Q2m, y-Achse C2):

```
000  76 LBL      006  85  +       012  75  -        (x-Achse:)
001  11  A       007  01  1       013  01  1
002  33 X²       008  95  =       014  95  =        017  76 LBL
003  65  ×       009  34 √X       015  34 √X        018  12  B
004  32 X⇌T      010  75  -       016  92 RTN       019  00  0
005  04  4       011  32 X⇌T                        020  92 RTN
```

---

1) Vgl. *Lockwood, E. H.* (1961). A Book of Curves. University Press, Cambridge. – Ferner: *Fladt, K.* (1962): Analytische Geometrie spezieller ebener Kurven. Akademische Verlagsgesellschaft, Frankfurt/Main.

Protokolle von Prompter P0:

(für obere Kurvenhälfte:)

```
X MIN              Y MIN
        -1.4                0.
DELTA              Y MAX
        0.1                 0.6
X MAX
        1.4
```

(für untere Kurvenhälfte:)

```
X MIN              Y MIN
        -1.4                0.6
DELTA              Y MAX
        0.1                 0.
X MAX
        1.4
```

Aufruf zum Plotten: SBR + (für y-Achse), SBR = (für Monitor) [Ergebnis: Bild 8.1-22]

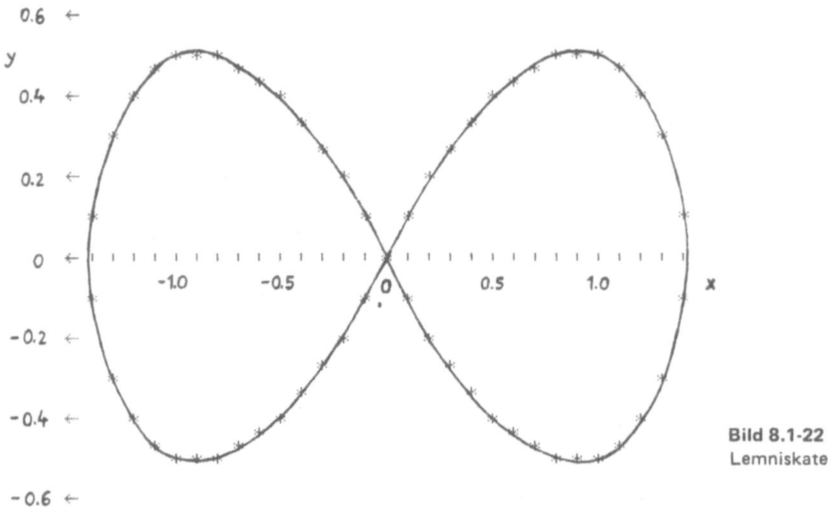

Bild 8.1-22
Lemniskate

- *Beispiel 8.1-15:* (Algebraische Kurve 4. Ordnung; für TI-59.) Man skizziere eine *Kardioide* (Herzkurve). Cartesische Gleichung: $(x^2 + y^2 - x)^2 - x^2 - y^2 = 0$. –
Die Gleichung ist umformbar auf $y = \pm\sqrt{\frac{1}{2} + x\,(1-x) \pm \sqrt{\frac{1}{4} + x}}$ $(-\frac{1}{4} \leqslant x \leqslant 2)$. Im Bereich $-\frac{1}{4} \leqslant x \leqslant 0$ hat jede Kurvenhälfte zwei Zweige; für jeden Zweig ist eine separate Funktionsroutine vorzusehen. Funktionsroutinen für Plotter R3 (mit Monitor R3m, y-Achse C2):

(erster Zweig:)

```
000  76 LBL   013  65  ×
001  11  A    014  53  (
002  85  +    015  40 IND
003  32 X⇌T   016  75  -
004  93  .    017  01  1
005  02  2    018  54  )
006  05  5    019  85  +
007  95  =    020  93  .
008  34 √X    021  05  5
009  76 LBL   022  95  =
010  70 RAD   023  34 √X
011  75  -    024  92 RTN
012  32 X⇌T
```

(zweiter Zweig:)

```
025  76 LBL   036  32 X⇌T
026  12  B    037  85  +
027  32 X⇌T   038  32 X⇌T
028  00  0    039  93  .
029  77  GE   040  02  2
030  60 DEG   041  05  5
031  09  9    042  95  =
032  94 +/-   043  34 √X
033  92 RTN   044  94 +/-
034  76 LBL   045  61 GTO
035  60 DEG   046  70 RAD
```

(x-Achse:)

```
047  76 LBL
048  13  C
049  00  0
050  92 RTN
```

Für beide Zweige wird das gleiche Plotter-Symbol gewählt (‚Stern', Code 51). Protokolle von Prompter P3:

(für obere Kurvenhälfte:)

```
CODE1             X MIN              Y MIN
       51.               -0.25               0.
CODE2             DELTA              Y MAX
       51.               0.125               1.5
CODE3             X MAX
       20.                  2.
```

(für untere Kurvenhälfte:)

```
CODE1             X MIN              Y MIN
       51.               -0.25               1.5
CODE2             DELTA              Y MAX
       51.               0.125               0.
CODE3             X MAX
       20.                  2.
```

Aufruf zum Plotten: SBR + (für y-Achse), SBR = (für Monitor) [Ergebnis: Bild 8.1-23]

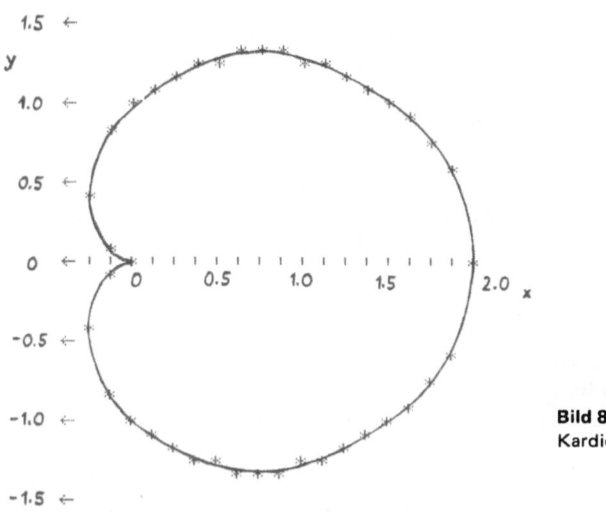

Bild 8.1-23
Kardioide

- *Beispiel 8.1-16:* (Algebraische Kurve 4. Ordnung; für TI-59.) Man skizziere eine *Rhodonee* (Rosenkurve). Cartesische Gleichung: $(x^2 + y^2)^2 + x^3 - 3xy^2 = 0$. –

  Die Gleichung läßt sich umformen auf $y = \pm\sqrt{\frac{x}{2}\,(3 - 2x \mp \sqrt{9 - 16x}}$ $(-1 \leqslant x \leqslant \frac{9}{16})$.

  Im Bereich $0 \leqslant x \leqslant \frac{9}{16}$ hat jede Kurvenhälfte zwei Zweige; für jeden Zweig ist eine separate Funktionsroutine vorzusehen. Funktionsroutinen für Plotter R3 (mit Monitor R3m, y-Achse C7):

(erster Zweig:)

```
000  76 LBL   015  32 X⇌T
001  11  A    016  65  ×
002  65  ×    017  32 X⇌T
003  32 X⇌T   018  02  2
004  01  1    019  85  +
005  06  6    020  03  3
006  94 +/-   021  95  =
007  85  +    022  65  ×
008  09  9    023  32 X⇌T
009  95  =    024  55  ÷
010  34 √X    025  02  2
011  94 +/-   026  95  =
012  76 LBL   027  34 √X
013  70 RAD   028  92 RTN
014  75  -
```

(zweiter Zweig:)

```
029  76 LBL   041  85  +
030  12  B    042  09  9
031  32 X⇌T   043  95  =
032  00  0    044  34 √X
033  77  GE   045  61 GTO
034  60 DEG   046  70 RAD
035  32 X⇌T   047  76 LBL
036  65  ×    048  60 DEG
037  32 X⇌T   049  09  9
038  01  1    050  94 +/-
039  06  6    051  92 RTN
040  94 +/-
```

(x-Achse:)

```
052  76 LBL
053  13  C
054  00  0
055  92 RTN
```

Für beide Zweige wird das gleiche Plotter-Symbol gewählt (‚Stern', Code 51). Protokolle von Prompter P3:

(für obere Kurvenhälfte:)

```
CODE1          X MIN          Y MIN
      51.             -1.            0.
CODE2          DELTA          Y MAX
      51.             0.1            1.125
CODE3          X MAX
      20.             0.5
```

(für untere Kurvenhälfte:)

```
CODE1          X MIN          Y MIN
      51.             -1.            1.125
CODE2          DELTA          Y MAX
      51.             0.1            0.
CODE3          X MAX
      20.             0.5
```

Aufruf zum Plotten: SBR + (für y-Achse),
SBR = (für Monitor)
[Ergebnis: Bild 8.1-24]

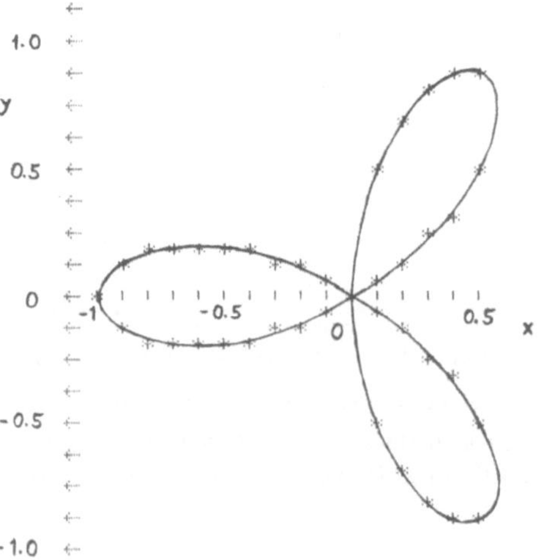

Bild 8.1-24
Rhodonee

• *Beispiel 8.1-17:* (Algebraische Kurve 6. Ordnung; für TI-59.) Man skizziere eine *Astroide* (Sternkurve). Cartesische Gleichung: $(x^2 + y^2 - 1)^3 + 27x^2 y^2 = 0$. –
Die Gleichung ist äquivalent zu $x^{2/3} + y^{2/3} = 1$, was sich umformen läßt auf $y = \pm\sqrt{[1-(x^2)^{1/3}]^3}$ $(-1 \leqslant x \leqslant 1)$. Funktionsroutinen für Plotter Q2 (mit Monitor Q2m, y-Achse C1):

```
000  76 LBL     006  95  =      012  33 X²
001  11  A      007  94 +/-     013  95  =
002  33 X²      008  85  +      014  34 √X
003  22 INV     009  01  1      015  92 RTN
004  45 Y^X     010  95  =
005  03  3      011  65  ×
```

(x-Achse:)

```
016  76 LBL
017  12  B
018  00  0
019  92 RTN
```

Protokolle von Prompter P0:

(für obere Kurvenhälfte:)

```
X MIN                 Y MIN
        -1.                      0.
DELTA                 Y MAX
 .0833333333 (= 1/12)            1.
X MAX
         1.
```

(für untere Kurvenhälfte:)

```
X MIN                 Y MIN
        -1.                      1.
DELTA                 Y MAX
 .0833333333 (= 1/12)            0.
X MAX
         1.
```

Aufruf zum Plotten: SBR + (für y-Achse), SBR = (für Monitor) [Ergebnis: Bild 8.1-25]

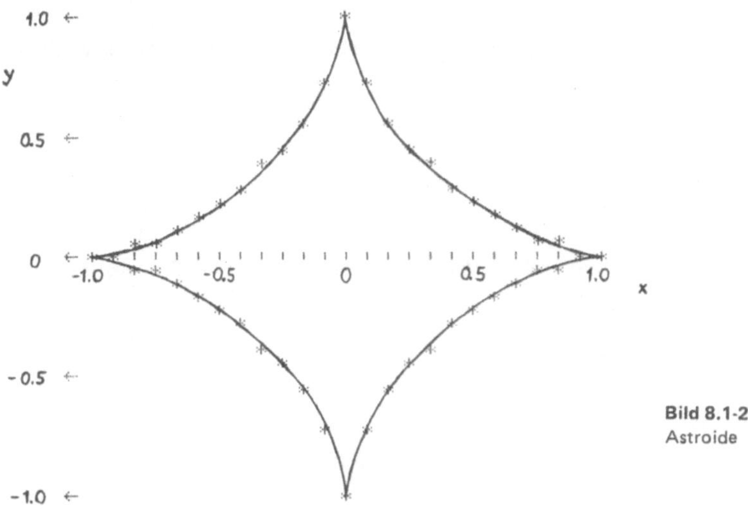

Bild 8.1-25
Astroide

• *Beispiel 8.1-18:* (Plotten von beliebigen Kurven; für TI-59.) Man skizziere die algebraische Kurve 4. Ordnung mit der cartesischen Gleichung $y^4 - 2y^2 - 2x^3 + 3x^2 = 0$.[1) –

Die Gleichung ist umformbar auf $y = \pm\sqrt{1 \pm (x-1)\sqrt{2x+1}}$. Ohne von vornherein Argumentgrenzen zu kennen, kann man eine beliebige Kurve plotten, indem man für jeden Zweig der Kurve eine Funktionsroutine vorsieht und unzulässige Argumentwerte durch einen Test (mit Fehlerausgang) abfängt.

---

1) *Hauser, W.* und *W. Burau* (1958): Integrale algebraischer Funktionen und ebene algebraische Kurven. Deutscher Verlag der Wissenschaften, Berlin.

Funktionsroutinen für Plotter R3 (mit Monitor R3m, y-Achse C0):

(lokales Unterprogramm:)

```
000  76 LBL
001  60 DEG
002  65  ×
003  32 X⇄T
004  02  2
005  85  +
006  01  1
007  95  =
008  34 √X
009  65  ×
010  53  (
011  32 X⇄T
012  75  -
013  01  1
014  54  )
015  92 RTN
```

(erster Zweig:)

```
016  76 LBL
017  11  A
018  71 SBR
019  60 DEG
020  61 GTO
021  57 ENG
```

(zweiter Zweig:)

```
022  76 LBL
023  12  B
024  71 SBR
025  60 DEG
026  94 +/-
027  76 LBL
028  57 ENG
029  85  +
030  01  1
031  95  =
032  34 √X
```

(Test:)

```
033  69 OP
034  19  19
035  87 IFF
036  07  07
037  52 EE
038  92 RTN
039  76 LBL
040  52 EE
```

(Fehlerausgang:)

```
041  09  9
042  94 +/-
043  22 INV
044  86 STF
045  07  07
046  24 CE
047  92 RTN
```

(x-Achse:)

```
048  76 LBL
049  13  C
050  00  0
051  92 RTN
```

Für einen ersten Probelauf werden über Prompter P3 versuchsweise folgende Parameter eingegeben:

```
CODE1          X MIN          Y MIN
       51.            -1.             0.
CODE2          DELTA          Y MAX
       51.            0. 1            2.
CODE3          X MAX
       20.             3.
```

Aufruf zum Plotten: SBR + (für y-Achse), SBR = (für Monitor); als Ergebnis des Probelaufs erhält man Bild 8.1-26.

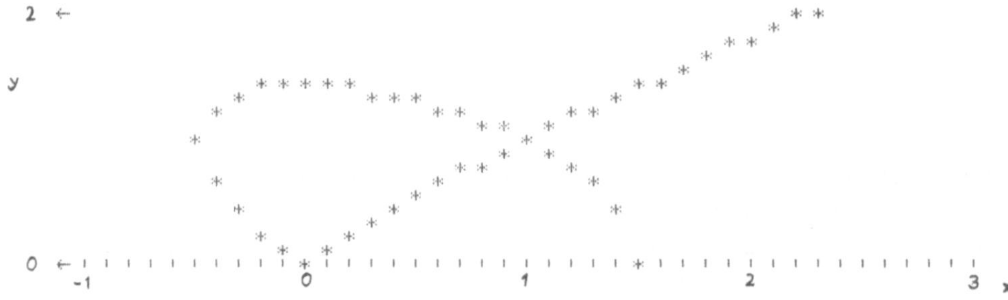

Bild 8.1-26 Kurve 4. Ordnung (Probelauf)

Aus Bild 8.1-26 entnimmt man nun zweckmäßigere Parameter (neue x- und y-Grenzen); neues Prompter-Protokoll:

(für obere Kurvenhälfte:)

```
CODE1          X MIN           Y MIN
       51.            -0.5             0.
CODE2          DELTA           Y MAX
       51.             0.1             1.5
CODE3          X MAX
       20.             1.6
```

(für untere Kurvenhälfte:)

```
CODE1          X MIN           Y MIN
       51.            -0.5             1.5
CODE2          DELTA           Y MAX
       51.             0.1             0.
CODE3          X MAX
       20.             1.6
```

Die Standard-y-Achse C0 wird ersetzt durch Programmteil C2 (aus Anhang C).

Aufruf zum Plotten:
SBR + (für y-Achse),
SBR = (für Monitor);
endgültiges Ergebnis: Bild 8.1-27.

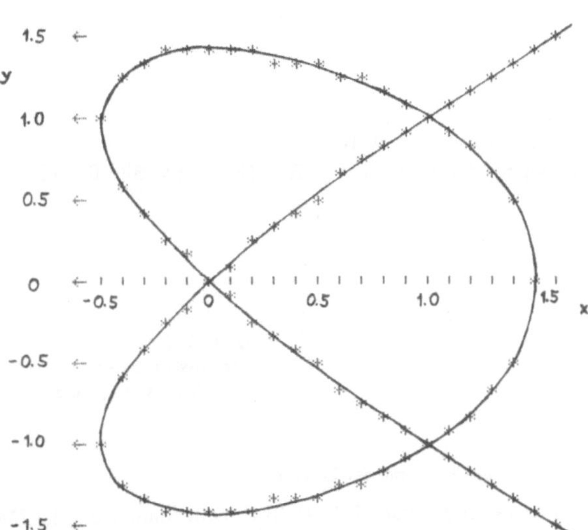

Bild 8.1-27
Kurve 4. Ordnung

8.2 Darstellung von Daten in Kurvenform

- *Beispiel 8.2-1:* (Statistische Daten; für TI-59.) Die Anzahl y von heißen Getränken, die bei englischen Fußballspielen verkauft werden, hängt eng zusammen mit der Lufttemperatur x zur Spielzeit. Eine Untersuchung brachte folgendes Ergebnis:[1)]

x (Lufttemperatur in °C)	0	5	10	15	20
y (Anzahl von heißen Getränken)	61	50	38	29	20

[1)] Nach *Blitz, A. R.* (1975): Statistics. A workbook for professional students. Cassell, London.

Man skizziere diesen Zusammenhang. Ferner bestimme man die Regressionsgerade und den Korrelationskoeffizienten. –

Die fünf y-Werte werden in den Datenregistern $R_{20}-R_{24}$ abgespeichert. Zur Kontrolle Auflistung durch 20 INV List:

```
61.    20        29.   23
50.    21        20.   24
38.    22
```

Der schnelle Plotter S1 (mit Monitor S1m, y-Achse C1) wird in Block 2 geladen. Die ‚Funktionsroutine' in Block 1 ruft die y-Werte zurück:

```
000  76 LBL       003  73 RC*
001  11  A        004  15  15
002  98 ADV       005  92 RTN
```

(Der Vorschubbefehl ADV in der Funktionsroutine dient zum Strecken der Darstellung.) Über den Prompter P0 (in Block 3) werden die Datenregister-Grenzen (‚x_{min}', ‚x_{max}') und der Datenregister-Abstand (‚Delta') sowie die y-Grenzen eingegeben. Prompter-Protokoll:

```
X MIN                 Y MIN
          20.                   20.
DELTA                 Y MAX
           1.                   60.
X MAX
          24.
```

Zeichnen der y-Achse: Aufruf SBR +
Zeichnen der Kurve: Aufruf SBR = [Ergebnis: Bild 8.2-1]

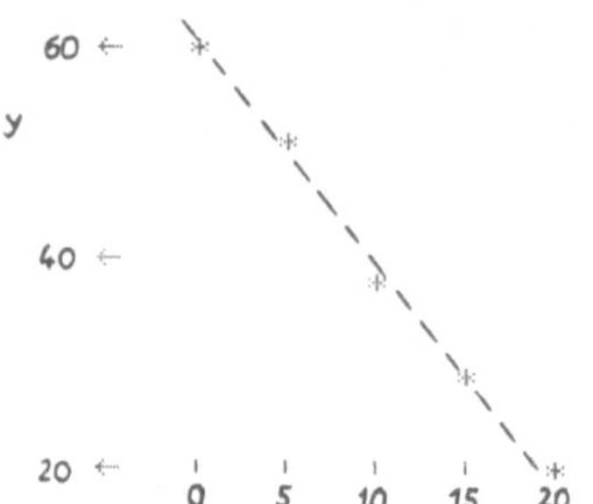

Bild 8.2-1
Statistische Daten
und Regressionsgerade

Statistische Bearbeitung der Daten:

(1) Vorbereitung: Pgm 1 SBR CLR (mit Standard- oder Mathematik-Modul)

(2) Dateneingabe: 0 x ⇌ t 61 Σ+ | 5 x ⇌ t 50 Σ+ | 10 x ⇌ t 38 Σ+ | 15 x ⇌ t 29 Σ+ | 20 x ⇌ t 20 Σ+

(3) Die Konstanten a und b für die Regressionsgerade $y' = a + bx$ erhält man durch Op 12 (und x ⇌ t): a = 60.2, b = – 2.06; die Regressionsgerade lautet somit $y' = 60.2 - 2.06x$

(4) Durch x Op 14 ist die Regression sofort auswertbar:

x (Lufttemperatur in °C)	0	5	10	15	20
y' (Anzahl von heißen Getränken nach Regression)	60.2	49.9	39.6	29.3	19.0

(Die Regressionsgerade ist in Bild 8.2-1 dazugezeichnet.)

(5) Op 13 liefert den Korrelationskoeffizienten: r = – 0.998

- *Beispiel 8.2-2:* (Physikalische Daten; für TI-59.) Der Partialdruck y von gesättigtem Wasserdampf über einer ebenen Wasserfläche ist nur von der Temperatur x abhängig. Zwischen 0 °C und 40 °C hat man folgende Werte:[1)]

x (Temperatur in °C)	0	2	4	6	8	10	12	14	16	18
y (Partialdruck in mb)	6.1	7.1	8.1	9.4	10.7	12.3	14.0	16.0	18.2	20.6

x (in °C)	20	22	24	26	28	30	32	34	36	38	40
y (in mb)	23.3	26.4	29.8	33.6	37.8	42.4	47.5	53.2	59.4	66.3	73.8

Man skizziere diesen Zusammenhang. –

Prompter P0 wird in Block 3 eingelesen. Dann werden die 21 y-Werte in den Datenregistern $R_{20}-R_{40}$ abgespeichert. Zur Kontrolle Auflistung durch 20 INV List.

```
 6.1 20    16.  27    37.8 34
 7.1 21    18.2 28    42.4 35
 8.1 22    20.6 29    47.5 36
 9.4 23    23.4 30    53.2 37
10.7 24    26.4 31    59.4 38
12.3 25    29.8 32    66.3 39
14.  26    33.6 33    73.8 40
```

Funktionsroutinen für Plotter Q2 (mit Monitor Q2m, y-Achse C1):

```
                 (x-Achse:)
000  76 LBL      005  76 LBL
001  11  A       006  12  B
002  73 RC*      007  00  0
003  15  15      008  92 RTN
004  92 RTN
```

Prompter-Protokoll:

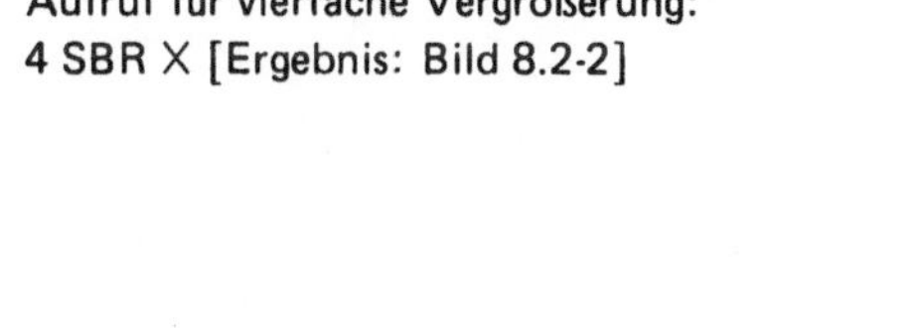

```
X MIN            Y MIN
      20.                 0.
DELTA            Y MAX
       1.                80.
X MAX
      40.
```

Aufruf für vierfache Vergrößerung:
4 SBR X [Ergebnis: Bild 8.2-2]

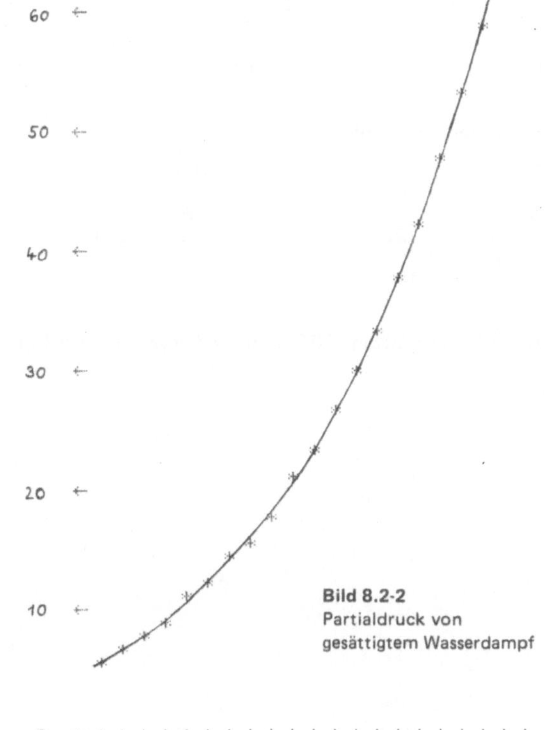

Bild 8.2-2
Partialdruck von gesättigtem Wasserdampf

1) Vgl. *Queney, P.* (1974): Éléments de Météorologie. (§ III.3: Thermodynamique de l'eau atmosphérique.) Masson, Paris.

- *Beispiel 8.2-3:* (Verarbeitung von Daten *und* Funktion; für TI-59.) Man skizziere den Fehlerverlauf der Dampfdruck-Formel $\tilde{y} = 10^{A-B/(C+x)}$ im Bereich zwischen 0 °C und 40 °C. (x Temperatur in °C, $\tilde{y}$ approximativer Dampfdruck in mb.) Die Zahlenwerte der empirischen Konstanten sind A = 9.373, B = 2346 und C = 273.2 (für gesättigten Wasserdampf über ebener Wasserfläche). –

Die Approximation $\tilde{y}$ wird im folgenden mit den exakten Dampfdruck-Daten y aus Beispiel 8.2-2 verglichen. Der Fehler (die ‚Korrektur') ist $\epsilon = y - \tilde{y}$ (dieser Wert wird zur Approximation $\tilde{y}$ dazugezählt, wenn der exakte Wert y bestimmt werden soll). Prompter P0 in Block 3, Vergleichswerte y in $R_{20} - R_{40}$ (wie in Beispiel 8.2-2).

Funktionsroutinen für Plotter Q2 (mit Monitor Q2m, y-Achse C2):

(y:)

```
000  76 LBL
001  11  A
002  55  ÷
003  02  2
004  85  +
005  02  2
006  00  0
007  95  =
008  42 STO
009  00  00
010  73 RC*
011  00  00
```

($\epsilon = y - \tilde{y}$:)

```
012  75  -
013  43 RCL
014  15  15
015  15  E
016  95  =
017  92 RTN
```

(x-Achse:)

```
018  76 LBL
019  12  B
020  00  0
021  92 RTN
```

Dampfdruck-Formel $\tilde{y}(x)$ [Aufruf E]:

```
022  76 LBL
023  15  E
024  53  (
025  94 +/-
026  75  -
027  02  2
028  07  7
029  03  3
030  93  .
031  02  2
032  54  )
033  53  (
034  35 1/X
035  65  ×
036  02  2
037  03  3
038  04  4
039  06  6
040  85  +
041  09  9
042  93  .
043  03  3
044  07  7
045  03  3
046  54  )
047  22 INV
048  28 LOG
049  92 RTN
```

Prompter-Protokoll:

```
X MIN             Y MIN
        0.                -3.
DELTA             Y MAX
        2.                 0.
X MAX
       40.
```

Aufruf zum Plotten: SBR + (für y-Achse), SBR = (für Monitor) [Ergebnis: Bild 8.2-3]

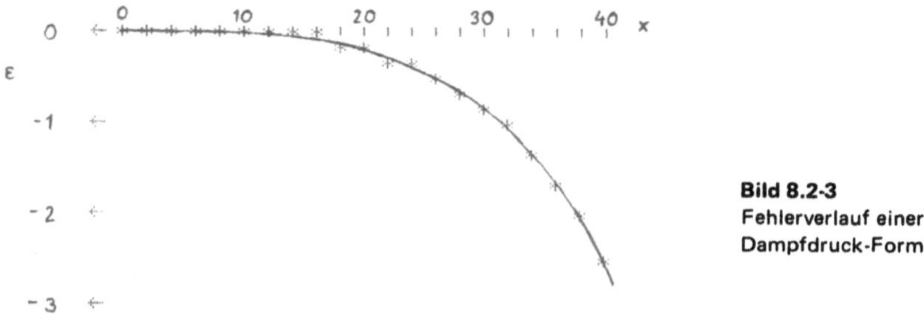

Bild 8.2-3
Fehlerverlauf einer Dampfdruck-Formel

8.3 Darstellung von Funktionen in Histogrammform

- *Beispiel 8.3-1:* (Ausführliches Musterbeispiel für TI-59 und TI-58/58C.) Man skizziere die Normalverteilungskurve (Glockenkurve) $y = Z(x) = (2\pi)^{-1/2} \exp(-x^2/2)$ zwischen $x = -3$ und $x = 3$. – Im folgenden wird diese Aufgabe in zwei Versionen (mit zunehmendem Bedienungskomfort) gelöst. Die Funktion Z(x) wird vorteilhaft durch Programm ML-14 von Modul 1 (Standard-Modul) geliefert.

I. *Version ohne Monitor* (für TI-58/58C und TI-59)

Nach Tabelle 5 der Einleitung ist Programm Y1 oder Z1 passend; es wird Programm Z1 gewählt und in Block 2 geladen. Die Steuerung des Plottens erfolgt durch nachstehendes Hauptprogramm, das an Programm Z1 angehängt wird. (Zum Plotten der y-Achse wurde Programmteil C1 aus Anhang C eingebaut.) Aufruf zum Plotten: SBR SBR [Ergebnis: Bild 8.3-1].

```
318  76 LBL
319  71 SBR
320  02  2
321  04  4
322  42 STO
323  09  09
324  69 OP
325  00  00
326  06  6
327  00  0
328  69 OP
329  04  04
330  52 EE
331  06  6
332  22 INV
333  52 EE
334  69 OP
335  01  01
336  52 EE
337  02  2
338  22 INV
339  52 EE
340  69 OP
341  03  03
342  69 OP
343  05  05
344  03  3
345  94 +/-
346  42 STO
347  00  00
348  32 X:T
349  32 X:T
350  36 PGM
351  14  14
352  11  A
353  65  ×
354  04  4
355  05  5
356  85  +
357  01  1
358  93  .
359  05  5
360  95  =
361  71 SBR
362  02  02
363  40  40
364  93  .
365  02  2
366  44 SUM
367  00  00
368  43 RCL
369  00  00
370  32 X:T
371  03  3
372  77  GE
373  03  03
374  49  49
375  92 RTN
```

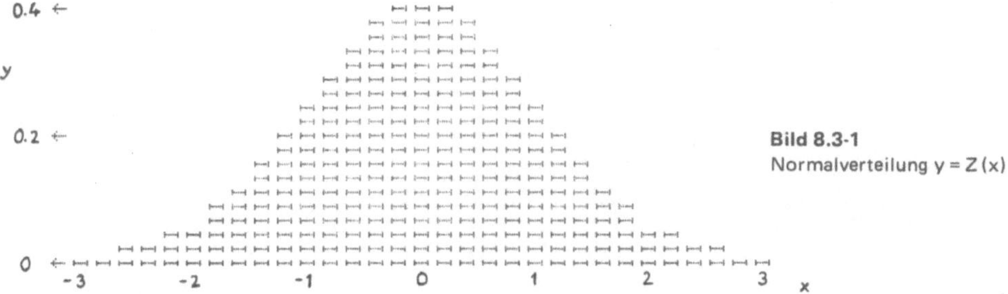

Bild 8.3-1
Normalverteilung y = Z(x)

II. *Version mit Monitor (und Prompter)* (für TI-59)

Höheren Komfort bietet die Unterstützung durch Monitor (und Prompter); ein steuerndes Hauptprogramm des Benutzers erübrigt sich. Zunächst wird die Funktionsroutine für die Normalverteilung Z(x) als Unterprogramm in Block 1 geladen (durch Eintasten):

```
000  76 LBL
001  11  A
002  36 PGM
003  14  14
004  11  A
005  92 RTN
```

Programm Z1 (mit Monitor Z1m) wird in Block 2 eingelesen. Die Standard-y-Achse C0 wird geändert durch Eintasten von Programmteil C1 (aus Anhang C), eingeschlossen zwischen Lbl + und RTN. Als Grenzen für x sind die Werte −3 und 3 verlangt. Eine günstige Schrittweite ist $\Delta x = 0.2$. Die Funktionswerte liegen innerhalb y = 0 und y = 0.4, was die Grenzen für y liefert. Als Plotter-Symbol wird der ‚Balken' gewählt (Code 24 nach Tabelle 8 der Einleitung).

Die Parameter-Eingabe erfolgt nun entweder *händisch*

(Code:) 24 STO 09	(x_{min}:) 3 +/− STO 10	(y_{min}:) 0 STO 13
	(Δx:) .2 STO 11	(y_{max}:) .4 STO 14
	(x_{max}:) 3 STO 12	

oder bequemer mittels *Prompter.* Nach Tabelle 5 der Einleitung gehört zum Monitor Z1m der Prompter P1, der in Block 3 geladen wird; Aufruf: 4 Op 17 SBR −; nach jeder Daten-Eingabe R/S drücken, abschließendes Blinken durch CLR löschen. Prompter-Protokoll:

```
CODE                 X MIN                 Y MIN
        24.                    -3.                     0.
                     DELTA                 Y MAX
                               0. 2                    0. 4
                     X MAX
                                3.
```

Das Zeichnen der y-Achse geschieht durch den Aufruf SBR +; die Herstellung des Histogramms übernimmt der Monitor Z1m durch den Aufruf SBR = [Ergebnis: Bild 8.3-1].

Nach Tabelle 5 der Einleitung enthält der Monitor Z1m als Zusatz-Einrichtung einen Makro-Monitor, so daß hier auf einfache Weise Vergrößerungen (bei verbesserter Auflösung) hergestellt werden können. Aufruf für zweifache Vergrößerung: 2 SBR X [Ergebnis: Bild 8.3-2].

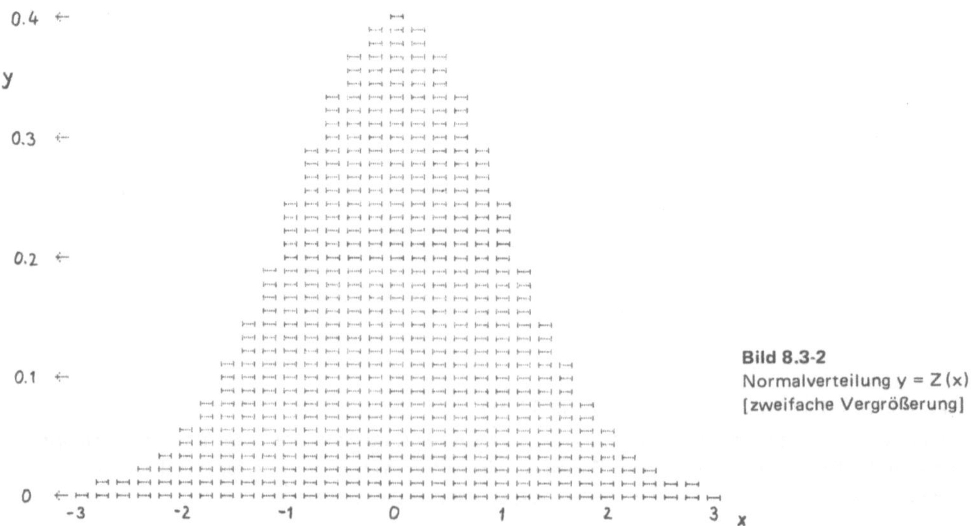

Bild 8.3-2
Normalverteilung y = Z (x)
[zweifache Vergrößerung]

• *Beispiel 8.3-2:* (Für TI-59; vgl. Beispiel 8.1-2.) Man skizziere Dichte und Verteilungsfunktion einer Exponentialverteilung.[1) –

Die Dichte ist $f(x) = \exp(-x)$ für $x \geqslant 0$ (und 0 für $x < 0$); sie wird als Histogramm dargestellt.

Die Verteilungsfunktion ist $F(x) = \int_{-\infty}^{x} f(t)\,dt = \int_{0}^{x} \exp(-t)\,dt = 1 - \exp(-x)$ für $x \geqslant 0$ (und 0 für $x < 0$); sie wird als Kurve dazugezeichnet. Nach Tabelle 5 der Einleitung eignet sich Programm Z2, das zusammen mit Monitor Z2m in Block 2 geladen wird. Die Funktionsroutinen für F(x) und f(x) werden als Unterprogramme in Block 1 eingetastet:

```
000  76 LBL      005  94 +/-      010  76 LBL
001  11  A       006  85  +       011  12  B
002  94 +/-      007  01  1       012  94 +/-
003  22 INV      008  95  =       013  22 INV
004  23 LNX      009  92 RTN      014  23 LNX
                                  015  92 RTN
```

Als Grenzen für x sind die Werte 0 und 3 zweckmäßig. Eine günstige Schrittweite ist $\Delta x = 0.2$. Die Funktionswerte liegen innerhalb 0 und 1, was die Grenzen für y liefert. Nach Tabelle 5 der Einleitung gehört zum Monitor Z2m der Prompter P2, der in Block 3 geladen wird. Aufruf: 4 Op 17 SBR –; nach jeder Daten-Eingabe R/S drücken, abschließendes Blinken durch CLR löschen.
Prompter-Protokoll:

```
CODE1              X MIN              Y MIN
        51.                  0.                 0.
CODE2              DELTA              Y MAX
        24.                  0.2                1.
                   X MAX
                             3.
```

Das Zeichnen der y-Achse geschieht durch den Aufruf SBR +; die Herstellung von Kurve und Histogramm übernimmt der Monitor Z2m durch den Aufruf SBR = [Ergebnis: Bild 8.3-3].

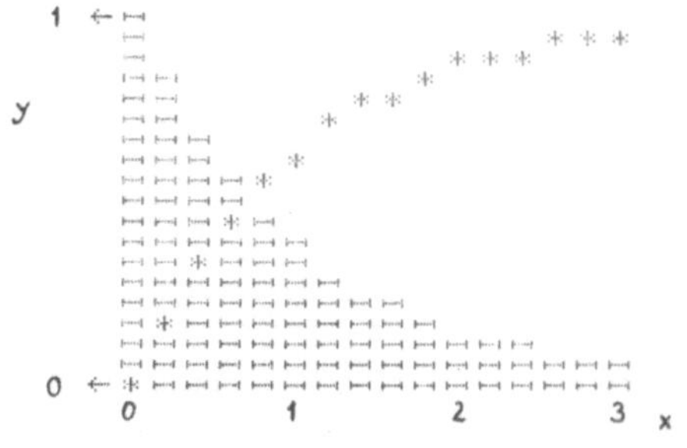

Bild 8.3-3
Dichte f und Verteilungsfunktion F einer Exponentialverteilung
⊢⊣ $y = f(x) = \exp(-x)$
* $y = F(x) = 1 - \exp(-x)$

[1) Vgl. *Bosch, K.* (1976): Elementare Einführung in die Wahrscheinlichkeitsrechnung. (§ 2.5: Spezielle stetige Verteilungen.) Rowohlt, Hamburg. – Ferner: *Ullmann, J. E.* (1976): Quantitative Methods in Management. (Ch. 9: Statistical Distributions.) McGraw-Hill, New York.

8.4 Darstellung von Daten in Histogrammform

- *Beispiel 8.4-1:* (Statistische Daten; für TI-59.) Die Zahl der zugelassenen Motorräder und PKW in Österreich ist aus folgender Aufstellung ersichtlich:[1]

Jahr	1937	1948	1958	1968	1978
Motorräder	65481	98916	322344	139649	83928
PKW	32373	34382	286051	1056290	2040268

Man stelle diese Daten graphisch dar. –

Die Motorrad-Zahlen werden in den Datenregistern $R_{20}-R_{24}$ abgespeichert, die PKW-Zahlen in den Datenregistern $R_{25}-R_{29}$. Zur Kontrolle Auflistung durch 20 INV List:

```
 65481.      20          32373.      25
 98916.      21          34382.      26
322344.      22         286051.      27
139649.      23        1056290.      28
 83928.      24        2040268.      29
```

Plotter Z1 (mit Monitor Z1m, y-Achse C1) wird in Block 2 geladen. Die ‚Funktionsroutine' in Block 1 ruft die Daten zurück:

```
000  76 LBL      004  73 RC*
001  11  A       005  15  15
002  98 ADV      006  92 RTN
003  98 ADV
```

(Die Vorschubbefehle ADV ADV in der Funktionsroutine dienen zum Strecken der Darstellung.) Über den Prompter P1 (in Block 3) werden der Code des Plotter-Symbols, die Datenregister-Grenzen (‚x_{min}', ‚x_{max}') und der Datenregister-Abstand (‚Delta') sowie die y-Grenzen eingegeben. Prompter-Protokoll zu Bild 8.4-1:

```
CODE                X MIN                Y MIN
          24.                 20.                   0.
                    DELTA                Y MAX
                               1.             400000.
                    X MAX
                              24.
```

Zeichnen der y-Achse: Aufruf SBR +
Zeichnen des Histogramms: Aufruf SBR = [Ergebnis: Bild 8.4-1]

Prompter-Protokoll zu Bild 8.4-2:

```
CODE                X MIN                Y MIN
          74.                 25.                   0.
                    DELTA                Y MAX
                               1.            2000000.
                    X MAX
                              29.
```

Zeichnen der y-Achse: Aufruf SBR +
Zeichnen des Histogramms: Aufruf SBR = [Ergebnis: Bild 8.4-2]

[1] Wiener Zeitung, 22. März 1980, S. 7.

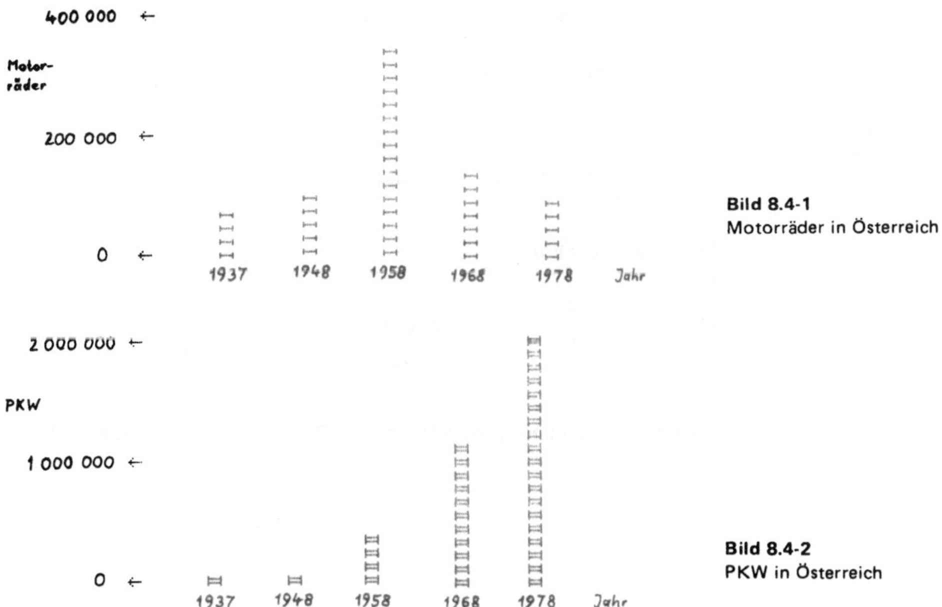

Bild 8.4-1
Motorräder in Österreich

Bild 8.4-2
PKW in Österreich

- *Beispiel 8.4-2:* (Meßdaten; für TI-59.) Schwefeldioxid (SO_2) entsteht in Städten vor allem durch die Verbrennung von Kohle und Öl in Heizanlagen. In Wien ergaben sich für das Jahr 1979 im Stadtzentrum (Stephansplatz) und am Stadtrand (Hohe Warte) folgende Monatsmittelwerte der SO_2-Immission (Konzentration in Milligramm SO_2 pro Kubikmeter Luft):[1]

SO_2-Immission (in mg/m^3), Wien 1979

Monat	I	II	III	IV	V	VI	VII	VIII	IX	X	XI	XII
Stadtzentrum	0.27	0.21	0.13	0.10	0.05	0.03	0.02	0.03	0.05	0.11	0.06	0.13
Stadtrand	0.13	0.10	0.06	0.03	0.02	0.01	0.01	0.02	0.03	0.06	0.07	0.08

Man stelle diese Daten graphisch dar. –

Prompter P2 wird in Block 3 eingelesen. Dann werden die 12 Immissionswerte des Stadtzentrums in den Datenregistern $R_{20}-R_{31}$ abgespeichert, die 12 Immissionswerte des Stadtrands in den Datenregistern $R_{32}-R_{43}$. Zur Kontrolle Auflistung durch 20 INV List:

```
0. 27    20        0. 05    28        0. 02    36
0. 21    21        0. 11    29        0. 01    37
0. 13    22        0. 06    30        0. 01    38
 0. 1    23        0. 13    31        0. 02    39
0. 05    24        0. 13    32        0. 03    40
0. 03    25         0. 1    33        0. 06    41
0. 02    26        0. 06    34        0. 07    42
0. 03    27        0. 03    35        0. 08    43
```

[1] Nach Messungen von Ing. *K. Chalupa*, Zentralanstalt für Meteorologie und Geodynamik, Wien.

Funktionsroutinen für Plotter Z1 (mit Monitor Z1m/2, y-Achse C2):

(Daten für Stadtzentrum:)

```
000  76 LBL
001  11  A
002  73 RC*
003  15  15
004  92 RTN
```

(Daten für Stadtrand:)

```
005  76 LBL     010  15  15     015  22 INV
006  12  B      011  32 X⇌T     016  44 SUM
007  01  1      012  73 RC*     017  15  15
008  02  2      013  15  15     018  32 X⇌T
009  44 SUM     014  32 X⇌T     019  92 RTN
```

Prompter Protokoll:

```
CODE1           X MIN           Y MIN
       24.             20.             0.
CODE2           DELTA           Y MAX
       74.              1.             0.3
                X MAX
                       31.
```

Aufruf für zweifache Vergrößerung: 2 SBR X [Ergebnis: Bild 8.4-3]

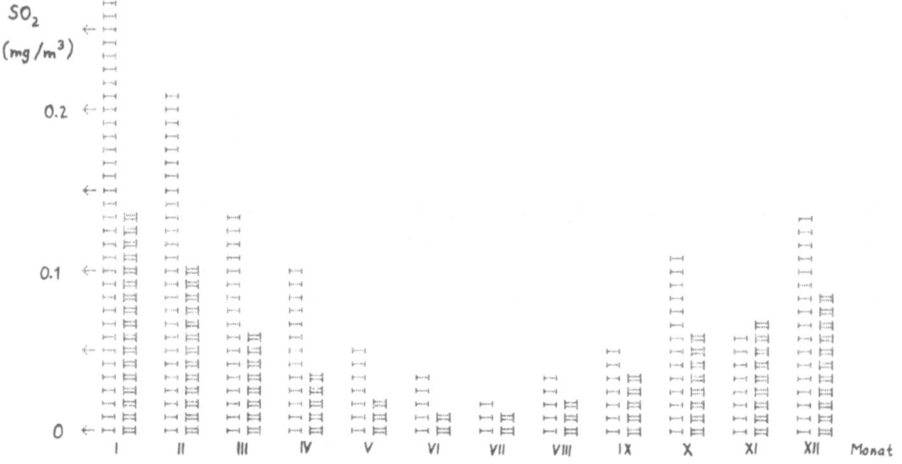

Bild 8.4-3 SO_2-Immission, Wien 1979

⊢⊣ Stadtzentrum (Stephansplatz), ⊨⊣ Stadtrand (Hohe Warte)

- *Beispiel 8.4-3:* (Meßdaten; für TI-59.) Von zwei Städten mit unterschiedlichem Klima (Wien und Hongkong) sind folgende Klimadaten bekannt:[1)]

Mitteltemperatur T (in °C), Niederschlag N (in mm)

Monat		I	II	III	IV	V	VI	VII	VIII	IX	X	XI	XII
Wien	T	−0.4	0.4	5.0	9.1	14.2	17.1	19.0	18.2	12.3	9.4	4.1	1.1
	N	39	36	42	62	67	73	85	67	70	43	50	50
Hong-kong	T	15.6	15.2	17.6	21.3	25.1	27.3	27.9	27.7	27.0	24.6	20.8	17.2
	N	33	41	78	137	290	364	395	377	281	113	45	26

Man stelle diese Daten in Klimadiagrammen dar. –

1) Vgl. *Heyer, E.* (1963): Witterung und Klima. (Anhang: Klimadaten.) Teubner, Leipzig.

(a) Das Klimadiagramm einer Station enthält den Jahresgang der Temperatur (als Kurve) und des Niederschlags (als Histogramm). Prompter P2 wird in Block 3 eingelesen. Dann werden die 12 Temperaturwerte von Wien in den Datenregistern $R_{20}-R_{31}$ abgespeichert, die 12 Niederschlagswerte in den Datenregistern $R_{32}-R_{43}$. Zur Kontrolle Auflistung durch 20 INV List:

```
-0.4   20     12.3  28     67.  36
 0.4   21      9.4  29     73.  37
 5.    22      4.1  30     85.  38
 9.1   23      1.1  31     67.  39
14.2   24     39.   32     70.  40
17.1   25     36.   33     43.  41
 19.   26     42.   34     50.  42
18.2   27     62.   35     50.  43
```

Funktionsroutinen für Plotter Z2 (mit Monitor Z2m):

(Daten für Temperatur:) (Daten für Niederschlag:)

```
000  76 LBL      009  76 LBL      017  15  15     025  32 X:T
001  11  A       010  12  B       018  55  ÷      026  22 INV
002  69 OP       011  01  1       019  01  1      027  44 SUM
003  00  00      012  02  2       020  00  0      028  15  15
004  69 OP       013  44 SUM      021  75  -      029  32 X:T
005  05  05      014  15  15      022  03  3      030  92 RTN
006  73 RC*      015  32 X:T      023  00  0
007  15  15      016  73 RC*      024  95  =
008  92 RTN
```

(Die Leerzeile Op 00 Op 05 in der Funktionsroutine dient zum Strecken der Darstellung.) Da die y-Achse C6 aus Platzmangel nicht beim Monitor in Block 2 untergebracht werden kann, wird sie in Block 1 eingetastet (eingeschlossen zwischen Lbl + und RTN):

```
031  76 LBL     038  69 OP      045  52 EE      052  22 INV
032  85  +      039  02  02     046  69 OP      053  52 EE
033  06  6      040  52 EE      047  01  01     054  69 OP
034  52 EE      041  02  2      048  69 OP      055  03  03
035  05  5      042  93  .      049  04  04     056  69 OP
036  22 INV     043  06  6      050  52 EE      057  05  05
037  52 EE      044  22 INV     051  02  2      058  92 RTN
```

(b) Zur Herstellung einer zweifachen Vergrößerung mit Monitor allein wird der Temperaturbereich (− 30 °C bis 30 °C) in zwei Hälften geteilt (− 30 °C bis 0 °C, 0 °C bis 30 °C). Jede Hälfte wird separat auf einem Streifen dargestellt, wobei die y-Grenzen über den Prompter für jeden Streifen neu eingegeben werden. Prompter-Protokolle:

(Parameter für unteren Streifen:)

```
CODE1              X MIN              Y MIN
          51.                20.                -30.
CODE2              DELTA              Y MAX
          24.                 1.                  0.
                   X MAX
                             31.
```

(Parameter für oberen Streifen:)

```
CODE1                X MIN                 Y MIN
          51.                  20.                   0.
CODE2                DELTA                 Y MAX
          24.                   1.                  30.
                     X MAX
                               31.
```

Zeichnen der y-Achse: Aufruf SBR +
Zeichnen von Kurve und Histogramm: Aufruf SBR =
Zeichnen der rechten y-Achse: Op 00 Op 05 SBR + [Ergebnis: Bild 8.4-4]

(c) Nun werden die 12 Temperaturwerte von Hongkong in den Datenregistern $R_{20}-R_{31}$ abgespeichert, die 12 Niederschlagswerte in den Datenregistern $R_{32}-R_{43}$. Zur Kontrolle Auflistung durch 20 INV List:

```
15.6   20     27.   28     290.   36
15.2   21     24.6  29     364.   37
17.6   22     20.8  30     395.   38
21.3   23     17.2  31     377.   39
25.1   24     33.   32     281.   40
27.3   25     41.   33     113.   41
27.9   26     78.   34      45.   42
27.7   27    137.   35      26.   43
```

Weiter wie oben bei (b) [Ergebnis: Bild 8.4-5]

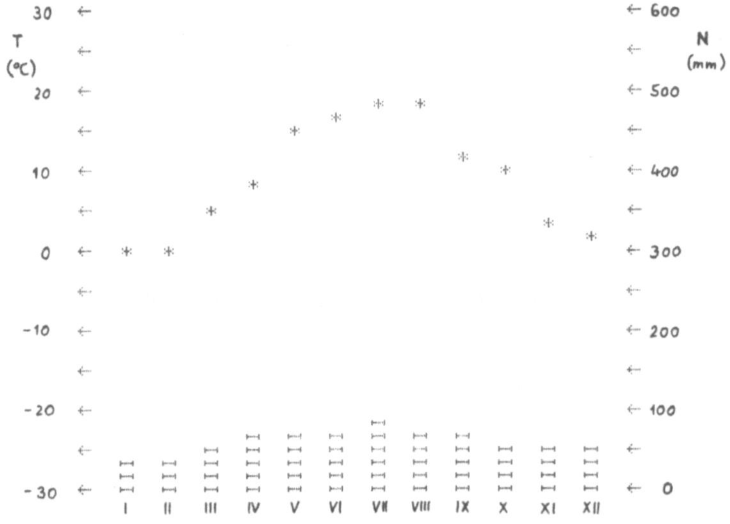

```
 30  ←                                                  ← 600
 T                                                          N
(°C) ←                                                  ←  (mm)
 20  ←                                                  ← 500
 10  ←                                                  ← 400
  0  ←                                                  ← 300
-10  ←                                                  ← 200
-20  ←                                                  ← 100
-30  ←                                                  ← 0
       I  II  III  IV  V  VI  VII  VIII  IX  X  XI  XII
```

Bild 8.4-4 Klimadiagramm für Wien (* Temperatur T, ⊢⊣ Niederschlag N)

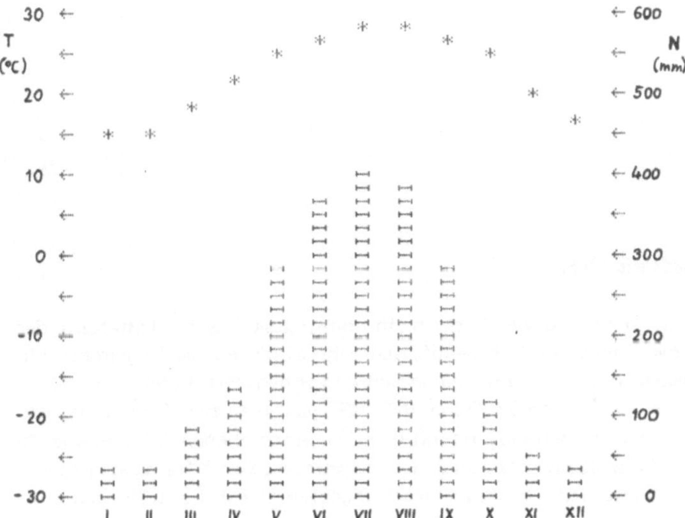

Bild 8.4-5 Klimadiagramm für Hongkong (* Temperatur T, ⊢⊣ Niederschlag N)

Anhang

Anhang A: Eingabe des Befehls HIR

Der unkonventionelle Befehl HIR hat den Code 82, der nicht unmittelbar über die Tastatur in den Programmspeicher eingebracht werden kann. Man behilft sich beim Eintasten des Programms (im Learn-Modus) mit einem redigiertechnischen Kniff: einen Schritt vor dem HIR-Befehl benutzt man den Hilfsbefehl RCL, gefolgt von der Eingabe 82. Durch BST BST geht man zwei Schritte zurück zum Hilfsbefehl RCL (Code 43) und überschreibt ihn mit dem hier vorgesehenen Programmbefehl. Der schon gesetzte HIR-Befehl (Code 82) wird durch SST übersprungen. Der Ziffercode nach dem HIR-Befehl wird durch bekannte Redigier-Maßnahmen eingebracht (z.B. Code 38 = sin).

Das Aufzeichnen eines solchen Programms auf Magnetkarte (oder Einlesen von einer Magnetkarte) und das Auflisten erfolgt wie bei konventionellen Programmen.

Bemerkung: Einige Programme dieser Sammlung enthalten keinen HIR-Befehl, nämlich Q0, Q1, R1, Y1 sowie alle Monitor- und Prompter-Programme.

- *Beispiel:* In Programm Q2 ist in Schritt 309–310 die Befehlsfolge HIR 35 einzugeben. –

In Schritt 308, das ist ein Schritt vor dem HIR-Befehl, beginnt man mit der Eingabe von RCL 82. Dann geht man durch BST BST zwei Schritte zurück zum Hilfsbefehl RCL (Code 43 in Schritt 308) und überschreibt ihn mit dem hier vorgesehenen Programmbefehl RTN (Tastenfolge INV SBR). Der schon gesetzte HIR-Befehl (Code 82) in Schritt 309 wird durch SST übersprungen. Der Ziffern-code 35 in Schritt 310 (nach dem HIR-Befehl) wird durch die Taste 1/x (= Code 35) eingebracht.

Anhang B: Korrekt gerundete Ordinatenwerte

Es folgen zwei Versionen eines modifizierten Linearitäts-Tests für Plotter-Routinen. Stellvertretend für alle Routinen dieser Sammlung (die ähnlich reagieren) soll die eingebaute Plotter-Funktion Op 07 getestet werden. (Aufruf für Test: SBR SBR.)

Version 1: Rundung durch Addition von 0.5 (Bild B-1)

```
000  76 LBL     007  09   9     014  85  +      021  31  31
001  71 SBR     008  93   .     015  93  .      022  97 DSZ
002  02   2     009  01   1     016  05  5      023  00  00
003  01   1     010  42 STO     017  95  =      024  00  00
004  42 STO     011  01  01     018  69 OP      025  12  12
005  00  00     012  43 RCL     019  07  07     026  92 RTN
006  01   1     013  01  01     020  69 OP
```

```
*
 *
  *
   *
    *
     *
      *
       *
        *
         *
          *
           *
            *
             *
              *
               *
                *
                 *
                  *
                   * *
```

Bild B-1
Modifizierter Linearitäts-Test für Op 07 (letzter Wert falsch durch inkorrekte Rundung)

Version 2: Rundung durch Addition von 0.5 sgn y (Bild B-2)

```
000  76 LBL    007  09  9     014  85  +     021  07  07
001  71 SBR    008  93  .     015  69 OP     022  69 OP
002  02  2     009  01  1     016  10  10    023  31  31
003  01  1     010  42 STO    017  55  ÷     024  97 DSZ
004  42 STO    011  01  01    018  02  2     025  00  00
005  00  00    012  43 RCL    019  95  =     026  00  00
006  01  1     013  01  01    020  69 OP     027  12  12
                                             028  92 RTN
```

```
*
 *
  *
   *
    *
     *
      *
       *
        *
         *
          *
           *
            *
             *
              *
               *
                *
                 *
                  *
                   *
```

Bild B-2
Modifizierter Linearitäts-Test für Op 07 (letzter Wert mit Recht ignoriert durch korrekte Rundung)

Bemerkung: Das zurückbleibende Blinken ist eine Eigenheit von Op 07 (bedingt durch das Ignorieren eines Werts).

Für korrekte Rundung eines Werts y auf ganze Zahl durch Bildung des ganzzahligen Teils ist folgendes zu beachten:

(1) Bei Werten $y > -0.5$ genügt für korrekte Rundung die Addition von 0.5 vor Bildung des ganzzahligen Teils.

(2) Bei Werten $y < +0.5$ genügt für korrekte Rundung die Subtraktion von 0.5 vor Bildung des ganzzahligen Teils. In Plotter-Routinen ist hier ‚nur' Position 0 betroffen, nämlich für $-1.5 < y \leqslant -0.5$; inkorrekte Rundung wirkt störend, vgl. Bild B-1 (letzter Wert: $y = -0.9$, falsch gerundet auf 0 statt -1).

(3) Die Fälle (1) und (2) lassen sich gemeinsam behandeln durch Addition von 0.5 sgn y (vgl. Bild B-2); das kostet eine unvollständige Op.-Ebene, was hier aber unwesentlich ist. Bei allen Monitor-Programmen der vorliegenden Sammlung ist diese allgemeine Form der Rundung zur Gewinnung korrekter Ordinatenwerte bereits eingebaut.

Anhang C: y-Achse (mit gleichmäßiger Teilung)

Die folgenden Programmteile dienen zum Zeichnen der y-Achse. Die y-Grenzen für Monitor-Betrieb sind den Positionen 1 und 19 zugeordnet (y_{min}: Position 1, y_{max}: Position 19); dadurch sind gleichmäßige Teilungen in 2, 3, 6 und 9 Abschnitte möglich. Position 0 wird für nachträgliche Beschriftung der x-Achse freigehalten (ist aber vom Plotter benutzbar).

Anzeigeformat: Standard (INV Eng, INV Fix). Datenregister: keine.

Programmteil C0: y-Achse mit 2 Teilstrichen

14 Programmschritte:

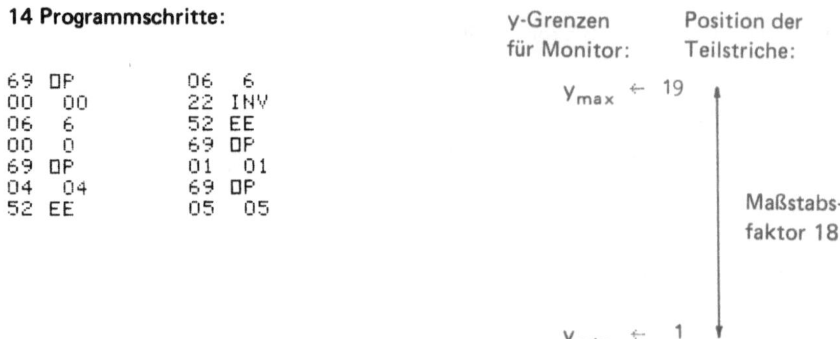

```
69 OP       06  6
00  00      22 INV
06  6       52 EE
00  0       69 OP
69 OP       01  01
04  04      69 OP
52 EE       05  05
```


Programmteil C1: y-Achse mit 3 Teilstrichen

20 Programmschritte:

```
69 OP       69 OP
00  00      01  01
06  6       52 EE
00  0       02  2
69 OP       22 INV
04  04      52 EE
52 EE       69 OP
06  6       03  03
22 INV      69 OP
52 EE       05  05
```

Programmteil C2: y-Achse mit 4 Teilstrichen

24 Programmschritte:

```
06  6     22 INV
00  0     52 EE
69 OP     69 OP
04  04    02  02
52 EE     52 EE
02  2     02  2
22 INV    22 INV
52 EE     52 EE
69 OP     69 OP
03  03    01  01
52 EE     69 OP
02  2     05  05
```

y-Grenzen für Monitor:		Position der Teilstriche:
y_{max}	←	19
	←	13
	←	7
y_{min}	←	1

Maßstabsfaktor 6

Programmteil C3: y-Achse mit 5 Teilstrichen (Version I)

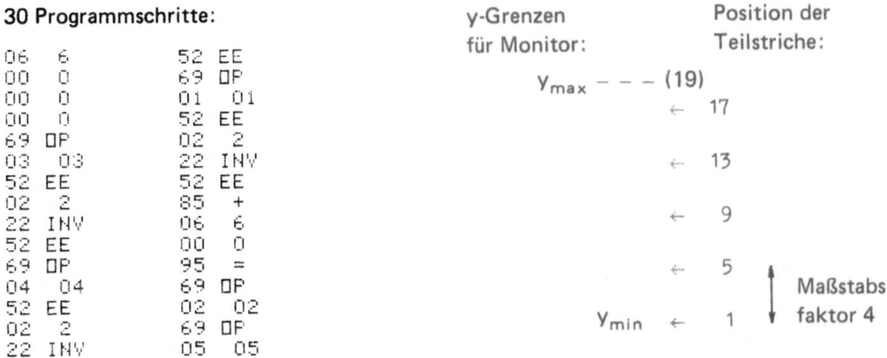

30 Programmschritte:

```
06  6     52 EE
00  0     69 OP
00  0     01  01
00  0     52 EE
69 OP     02  2
03  03    22 INV
52 EE     52 EE
02  2     85  +
22 INV    06  6
52 EE     00  0
69 OP     95  =
04  04    69 OP
52 EE     02  02
02  2     69 OP
22 INV    05  05
```


Programmteil C4: y-Achse mit 5 Teilstrichen (Version II)

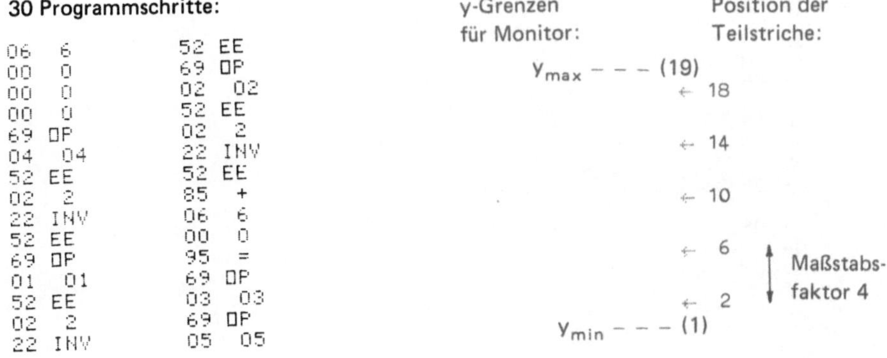

30 Programmschritte:

```
06  6     52 EE
00  0     69 OP
00  0     02  02
00  0     52 EE
69 OP     02  2
04  04    22 INV
52 EE     52 EE
02  2     85  +
22 INV    06  6
52 EE     00  0
69 OP     95  =
01  01    69 OP
52 EE     03  03
02  2     69 OP
22 INV    05  05
```

Programmteil C5: y-Achse mit 5 Teilstrichen (Version III)

30 Programmschritte:

```
06  6       52 EE
00  0       69 OP
00  0       03  03
00  0       52 EE
69 OP       02  2
01  01      22 INV
52 EE       52 EE
02  2       85  +
22 INV      06  6
52 EE       00  0
69 OP       95  =
02  02      69 OP
52 EE       04  04
02  2       69 OP
22 INV      05  05
```

y_{max} ← 19
← 15
← 11
← 7
← 3 Maßstabsfaktor 4
y_{min} – – – (1)

Programmteil C6: y-Achse mit 7 Teilstrichen

25 Programmschritte:

```
06  6       69 OP
52 EE       01  01
05  5       69 OP
22 INV      04  04
52 EE       52 EE
69 OP       02  2
02  02      22 INV
52 EE       52 EE
02  2       69 OP
93  .       03  03
06  6       69 OP
22 INV      05  05
52 EE
```

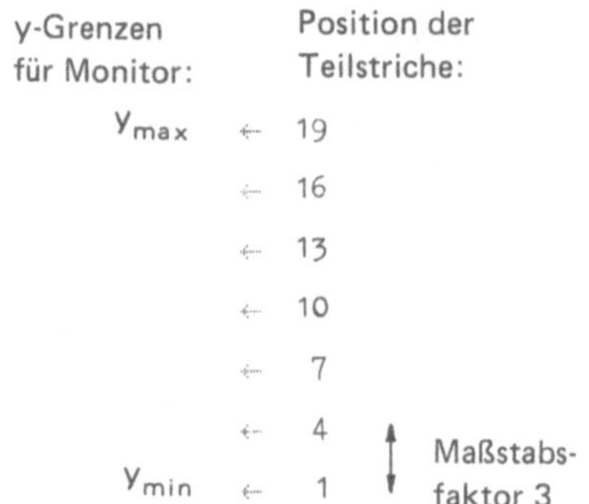

Programmteil C7: y-Achse mit 10 Teilstrichen

26 Programmschritte:

```
06  6       02  2
00  0       22 INV
00  0       52 EE
00  0       85  +
06  6       06  6
00  0       00  0
00  0       95  =
00  0       69 OP
69 OP       02  02
01  01      69 OP
69 OP       04  04
03  03      69 OP
52 EE       05  05
```

y-Grenzen für Monitor:		Position der Teilstriche:
y_{max}	←	19
	←	17
	←	15
	←	13
	←	11
	←	9
	←	7
	←	5
	←	3
y_{min}	←	1

Maßstabsfaktor 2

Namenverzeichnis

Blitz, A. R. 145
Bosch, K. 151
Bronstein, I. N. 134
Burau, W. 143
Chalupa, K. 153
Fladt, K. 139
Hauser, W. 143
Hewlett-Packard 2
Heyer, E. 154
Kahlig, P. 3
Lockwood, E. H. 139
Loria, G. 136
Markuschewitsch, A. I. 131
Queney, P. 147
Semendjajew, K. A. 134
Texas Instruments 2
Ullmann, J. E. 151

Sachverzeichnis

Anwendungen 122
Aufruf 3
Auswahl-Hilfe 4
Beispiele 122
Betriebssystem 2
Codes 6
Eingabe des Befehls HIR 158
Hierarchie-Arithmetik 1, 158
HIR-Befehl 1, 158
Histogramme 4, 65, 108, 149, 152
Klimadiagramme 154
Koordination 2
Laufzeiten 5
Linearitäts-Test 2, 7, 72, 158
Makro-Monitor 1, 4, 71, 124, 127
Monitor 1, 4, 71, 131
Ordinatenachse 160
Plotter-Symbole 6, 130
Prompter 1, 4, 117
Rundung 158
Statistik 145, 149, 151, 152
Vergrößerungen 1, 4, 71, 124, 127
Wurfparabeln 131
y-Achse 160
Zeilenroutine 2